U0287176

高中压配电网规划

—— 实用模型、方法、软件和应用

（下册）

王主丁 著

科 学 出 版 社

北 京

内 容 简 介

本书对高中压配电网规划的实用模型、方法、软件和应用进行了较为系统的介绍。全书共 11 章，涉及高压配电网网格化规划、变电站无功配置、常规网络计算分析、分布式电源接入最大承载力计算和供电能力计算，以及基于电价和电量分摊的经济评价、项目排序、投资分配模型策略、辅助决策系统和一流配电网建设策略。本书内容兼具"系统、简单、优化、实用"的特点。

本书可供从事配电网规划及应用的科研工作者、工程技术人员、研究生和相关软件研发人员参考。

图书在版编目（CIP）数据

高中压配电网规划：实用模型、方法、软件和应用（下册）/ 王主丁著. —
北京：科学出版社，2020.9

　ISBN 978-7-03-066062-6

　Ⅰ. ①高…　Ⅱ. ①王…　Ⅲ. ①配电系统-电力系统规划　Ⅳ. ①TM715

中国版本图书馆CIP数据核字(2020)第172458号

责任编辑：刘宝莉 / 责任校对：王萌萌
责任印制：吴兆东 / 封面设计：陈　敬

科 学 出 版 社 出版
北京东黄城根北街 16 号
邮政编码：100717
http://www.sciencep.com
北京虎彩文化传播有限公司 印刷
科学出版社发行　各地新华书店经销

*

2020 年 9 月第　一　版　　开本：720 × 1000 1/16
2022 年 2 月第二次印刷　　印张：20
字数：400 000
定价：150.00 元
（如有印装质量问题，我社负责调换）

作 者 简 介

　　王主丁，2000 年获得美国威斯康星大学电机工程博士学位。美国电气和电子工程师协会(IEEE)高级会员，重庆大学电气工程学院教授。曾任美国著名电力系统仿真程序开发商的高级工程师，后创办重庆星能电气有限公司。基于丰富的国内外学术研究和工作经历，提出配电网规划和计算分析的多种原创性模型和方法，形成了一整套配电网规划和评估的理论，在国际范围特别是在中国和美国的大量电力工程应用中逐步改进，其中多项技术达到国际先进或领先水平，较好地解决了实际工作中难以兼顾"落地"和"优化"的问题，并通过大量项目咨询应用于实际工程，在提升电网品质的同时，累计节省直接投资上百亿元，约占投资总额的 10%。

序 一

　　配电网直接连接用户，涉及的范围非常广大。配电网规划对电力公司的全系统可靠性和投资经济性举足轻重。长期以来，在电力公司的实践中，配电网规划以定性分析为主，然而，在计算机已经普及的情况下，正在逐渐转换为以定量计算为主的人机交互式规划。

　　该书正是在这个转换过程中应势而出。虽然在配电网规划方面国内外已发表和出版了大量文章和书籍，但大多数的理论成果与电力公司的实际规划运作之间存在较大距离，不容易"落地"应用。作者既是工作在电力软件及咨询行业的技术领导和工程师，又是大学教授。该书的主要内容基于作者给电力公司配电网各种规划项目提供的技术咨询报告，书中的模型、算法和实例基本上都是实际应用的成果。这是该书区别于其他同类书籍最显著的特点。由于作者长期的职业习惯，每当针对不同电力公司配电网规划中的新问题而开发出新的模型或算法时，作者都能将模型和算法嵌入其软件包，并适时地在理论上加以总结，发表文章。因此，该书的内容既适合配电网领域的工程技术人员和程序设计人员，也适合大学教师、本科生和研究生。

　　该书与作者的另一本书《高中压配电网可靠性评估——实用模型、方法、软件和应用》形成姊妹篇。可靠性是配电网规划中必要和主要的指标，而配电网规划除了可靠性以外，还必须保证其他技术指标和经济指标。可以将两本书互相参照阅读。与先前出版的那本姊妹篇著作一样，该书也是一本理论性和实用性并重的优秀学术专著，相信会得到读者的广泛认可。

李文沅

中国工程院外籍院士、加拿大工程院院士

2019 年 7 月于加拿大温哥华

序　二

　　配电网是电网中将发电系统和输电网与用户设施连接起来，向用户分配和供给电能的重要环节。随着我国电力系统的发展，近些年来，我国电网建设投资的重心已经有从主干输电网向配电网侧转移的趋势，配电网投资在总电网投资中的占比显著上升。而且，在目前新的电改背景下，"开源节流、精打细算"成为电力行业备受关注的问题，以避免由于单纯追求安全可靠造成的重复建设、过度建设以及其他的投资浪费。

　　该书以工程应用为目标，基于采用简单方法解决大规模复杂配电网规划问题的思路，理论和应用结合、模型与技术导则结合、数学方法和实际实施(数据、软件)结合，突破了现有方法难于兼具"系统、简单、优化、实用"特点的瓶颈；以效率效益为导向，重点阐述了作者通过理论和实际紧密结合而得到的新模型及其混合求解方法，以及由此归纳总结出的工程实用的规划原则、要点或规则，既能适应现有相关技术导则，又能适应未来电网的发展。其中比较典型的例子有：多台小容量主变站容优化组合方案，做强中压是供电安全可靠且经济的必要条件，供电网格和单元的明确定义以及基于全局统筹的优化划分，适应不确定性因素的中压环状型组网形态，经济评价中增供电量及其电价的合理分摊，每台主变与周边主变分别采用2组联络线的方式组网，无功和开关的快速优化配置，多约束情况下多个不同类型分布式电源最大承载力快速计算，以及基于"一环三分三自"的中压配电网一、二次协调规划等。

　　该书总结了王主丁教授团队历时十余年的研究和工程应用成果，其中大部分内容已在工程现场得到应用。该书的出版将为电力工业界同行、科技工作者、教师和研究生提供很好的参考。

IEEE　Fellow

2019 年 8 月于清华园

前　言

电网规划是电力公司既基础又重要的工作之一，每年各市县电网规划中通常都涉及数以亿计的资金投入。在各地区电力公司输配电网总投资中，配电网投资通常占 60%左右。优化且可行的配电网规划方案可以在明显减小总费用(含运行费用)的同时，有效节约其中占比 80%左右的投资(相关)费用，即规划的节约是最大的节约，规划的效益是最大的效益。

随着电网规模的不断扩大和快速发展，针对整个区域的配电网规划难度越来越大。尽管实际规划工作中强调项目可行性并注重"问题导向、目标导向和效率效益导向"，但因项目量巨大往往仅落实了"问题导向"，导致可"落地"方案的全局合理性和长效性不佳；而现有数学规划方法和智能启发式方法尽管较为系统，但由于建模复杂、算法不成熟及难于人工干预等致使优化方案"落地难"，少有实际应用。因此，长期以来，配电网规划都缺乏操作简单且自成优化体系的实用方法(特别是中压配电网)。

考虑到实际配电网规划中存在较多近似参数或估算数据(如预测的负荷)，过于细致复杂的模型和方法不仅难以实施而且没有必要，因此本书众多模型和方法基于简捷实用的思路采用了适度且必要的数学和软件工具，兼具"系统、简单、优化、实用"的特点，在保证规划方案全局最优或次优的基础上，实现了配电网规划规模的由大变小和相应方法的由繁变简，较好解决了实际工作中难以兼顾"优化"和"落地"的问题。相对于主要依靠笼统技术导则和主观经验进行规划的现状，本书方法系统、规范和严谨，不同水平的规划人员针对同一项目能够获得基本一致的全局规划优化方案。相对于数学规划方法和智能启发式方法，本书方法直观、简单、快速、稳定且便于人工干预，可融入相关技术原则，特别适合于工程应用。本书的模型和方法可由计算机编程实现，加上人工干预可得到较为理想的规划结果；然而，对于掌握了本书基本思路的规划人员，也可借助一般商业软件(如潮流计算)甚至仅依靠人工就能完成具体工作。

本书不是经典规划方法或类似规划技术导则的复述，也不是这些方法和技术导则的直接应用，而是在遵循"技术可行、经济最优"规划基本理念和相关技术导则基础上，侧重于实际配电网规划的合理简化模型、有效混合算法和工具软件的最新研发设计。本书是"简单的思想才有利于解决复杂问题"的理念在大规模配电网规划中的具体体现,如将供电网格/单元明确定义为尽量以两个变电站供电的站间主供和就近备供的大小适中的负荷区域。本书方法可大致归纳为以下三种:一是论证过程、结论和应用都简单的方法,如站间供电网格/单元的直观识别;二是论证过程较复杂但结论和应用都较简单的方法,如站内或辐射型供电网格/单元划分结果的并行排列;三是借助编程实现复杂或烦琐规划过程的简化方法,如供电网格/单元的精细划分。

此外,工程人员面临的困难是如何将规划模型和方法应用于实际工作中,界面友好的软件无疑是解决这一困难的极佳工具和手段。本书也对相关软件及其应用进行了介绍,旨在鼓励读者自己开发软件或使用实用商业软件解决复杂实际工程问题。目前本书部分相关成果已内嵌入 CEES 供电网计算分析及辅助决策软件(以下简称 CEES 软件)的配电网规划模块中,在国内外配电网规划中得到了较广泛的推广和使用。

王主丁负责全书内容结构设计,负责除第 10 章外各章撰写和统稿工作。参与撰写的人员如下:任泓宇、李诗春和李涛参与了第 2 章的撰写,任泓宇、张永斌和朱连欢参与了第 3 章的撰写,霍佳丽、向婷婷、叶云、王寓和陈哲参与了第 4 章的撰写,谭笑、韩俊和舒东胜参与了第 5 章的撰写,孙东雪、张代红和王付卫参与了第 6 章的撰写,孙东雪、王卫平和高华参与了第 7 章的撰写,王卫平、曾海燕、张超和韩志刚参与了第 8 章的撰写,易强红、王文玺和吴延琳参与了第 9 章的撰写,王敬宇、许晓川、张志敏、秦瑚译和周星星撰写了第 10 章,李少石、金仁云和李书钟参与了第 11 章的撰写,庞祥璐和王亚丁参与了附录的撰写。本书承天津大学的葛少云教授和中国电力科学研究院的张祖平教授审阅,两位教授提出了不少宝贵意见。国家电网四川省电力公司自贡供电公司原总工吴启富和重庆星能电气有限公司技术总监王敬宇也评阅了本书,并提出了很多修改意见。

《高中压配电网规划——实用模型、方法、软件和应用》包含了高中压配电网实际规划中的主要内容,分为上下两册。本书为下册,上册内容涉及电力需求及分布预测、变电站布点及其容量规划、网架结构中的接线模式和组网形态、高中压网架结构协调规划,以及中压配电网网格化规划、应对不确定性的配电网柔性规划、中压架空线开关配置和中压馈线无功配置。

在本书撰写过程中得到了李文沅院士和张伯明教授的大力支持和指导,在此对李院士和张教授表示衷心感谢;特别感谢我的研究生及众多工程师,书中主要材料取自我与他们合作发表的论文;还要感谢书中所引用参考文献的作者;深切感谢远在洛杉矶的家人,是他们的大力支持,使我有足够的时间潜心研究和写作。

由于作者水平有限,书中难免存在不妥之处,敬请读者批评指正。

目　　录

第1章 绪 论

电力行业是关乎国计民生的重要行业，它的发展水平不仅影响国民经济的其他部门，还涉及大量的一次能源消耗、资金配置及可持续发展等一系列战略问题。在优化资源配置提升企业效益的背景下，协调好技术和经济之间的平衡是配电网规划的重要任务之一。

1.1 引 言

电力系统可分为发电系统、输电网系统和配电网系统三个子系统。配电网是指从输电网或发电厂接收电能，通过配电设施按电压逐级分配或就地分配给各类用户的电力网。配电网规划是为满足负荷增长的需要，针对配电网现状存在的问题，采用科学的方法进行配电网建设与改造的前期工作，是提高电力系统调度运行水平和经济社会效益的关键因素[1~6]。按照电压等级的不同，配电网规划可以划分为高压配电网规划(110kV、66kV、35kV)、中压配电网规划(20kV、10kV)和低压配电网规划(0.4kV)。从时间跨度上，配电网规划可以分为近期、中期和长期三个阶段，近期规划为 5 年左右，中期规划为 5~10 年，长期规划为 15 年以上，规划年限应与国民经济和社会发展规划年限一致。

配电网规划主要内容包含配电网现状分析、电力需求预测、变电站规划、配电网络规划和规划成效分析等，涉及因素很多：各种经济技术指标约束，如投资限额、可靠性和环境约束等；负荷增长、经济政策和设备寿命等不确定性；投资费用的非连续性和阶段性；运行费用和停电损失费用与线路功率等相关因素间的非线性关系等。这些因素都导致配电网规划成为一个多维和大规模的复杂寻优问题，具有不确定性、多目标性、非线性、动态性和离散性等特点。因此，长期以来，配电网规划缺乏操作简单且自成优化体系的方法(特别是中压配电网)。

目前，实际配电网规划中主要采用传统规划方法，即基于相关规划技术导则人工拟订方案，加上人工或计算机计算分析校验。该方法在近年来的大规模城乡电网规划建设中发挥了重要作用，到 2017 年底国家电网有限公司(以下简称国家电网公司)城乡供电可靠率分别为 99.948%和 99.784%[7]，但从国内外一流电网主要指标对比来看(见表 1.1)，这些指标正面临着挑战，因此配电网规划实用模型、方法和软件的研究及其应用具有重要的现实意义。

表 1.1　国内外一流电网主要指标

电网指标	世界一流电网			国内一流电网					
	巴黎	东京	新加坡	北京	上海	广州	深圳	天津	福州
供电可靠率/%	99.99715	99.99962	99.99994	99.975	99.981	99.966	99.973	99.966	99.977
用户年均停电时间 /[min/(户·年)]	15	2	0.31	131.4	102	180	144	180	120

注：世界一流电网为 2016 年指标，国内一流电网为 2017 年指标。

1.2　配电网规划方法

1.2.1　配电网规划方法发展阶段

配电网规划方法主要经历了三个发展阶段：传统规划、自动规划和计算机辅助决策。

(1)传统规划主要基于相关规划规范[5]和技术导则[6]，凭个人经验进行规划方案的制订和评价，但定性分析多于定量计算，容易陷入"头痛医头、脚痛医脚"的局部最优解，往往使不同水平的规划人员得到完全不同的规划方案。

(2) 自动规划是借助计算机对配电网规划问题进行建模求解的规划方法，目前处于研究阶段。与传统规划相比，自动规划大大减少了规划人员的计算工作量，强化了规划方案的全局统筹和唯一性，但自动规划不能独自胜任配电网规划的具体工作，在实际规划中应用较少。其主要原因有：建模难以考虑一些实际因素，特别是一些社会因素；对于大规模配电网规划计算量大；在不同地区推广应用中易受计算稳定或参数设置的影响，适应性不强；计算过程和结果不利于规划人员的理解、判断和调整；与相关技术导则结合度不够。

(3)计算机辅助决策系统整合了规划所需的信息、模型及算法，将人的经验与自动规划相结合。目前，计算机辅助决策系统处于研究与应用阶段。

1.2.2　优化方法概述

计算机辅助决策系统是配电网规划方法发展的趋势，而自动规划优化是计算机辅助决策系统中的重要高级应用功能。自动规划优化方法一般包括数学规划方法[8,9]、启发式方法[8,9]和图论[9,10]。

1. 数学规划方法

数学规划方法通过建立数学模型来解决配电网规划问题：首先将配电网规划问题转化为数学表达式，包含目标函数和约束条件，然后采用优化方法进行求解，最终得到最优解。优化方法是在一切可能的方案中选择一个最好的方案，包括线性规划、非线性规划、整数规划、混合整数规划和动态规划。

数学规划方法和古典极值优化方法有本质上的不同,后者只能处理具有简单表达式和简单约束条件的情况,而现代数学规划问题中的目标函数和约束条件都很复杂,要求给出较为精确的数字解答,但在实际应用中仍存在这样或那样的问题,如模型简化带来的精度问题和计算耗时问题,以及针对不同计算实例可能存在的算法稳定性问题。

2. 启发式方法

启发式方法是相对于最优化算法提出的,它是一个基于直观或经验构造的算法,即在可接受的计算量(指计算时间和空间)下给出待解决优化问题每一个实例的一个可行解,该可行解与最优解的偏离程度一般不能被预测,而偏离程度很大的特殊情况也很难出现。

按照处理实际问题的智能化程度来分类,启发式规划方法可分为传统启发式方法与智能启发式方法。传统启发式方法是以对实际问题的直观分析为依托,一般情况下会设计出令人满意的规划方案。传统启发式方法十分灵活,所需计算时间不长,在配电网规划中受到专家的认可并被普遍应用。智能启发式方法是受自然界启发而获得的,正逐渐被应用于配电网规划这一研究领域。与数学规划方法相比,智能启发式方法能很好地处理优化问题中的离散变量,同时具有很好的全局寻优能力,但存在计算费时且不稳定的问题。比较有代表性的智能启发式方法有遗传算法、禁忌搜索算法、粒子群算法、模拟退火算法和蚁群算法。

3. 图论

图论以图为研究对象,是网络技术的基础。图论中的图是由若干给定的点及连接两点的线所构成的图形,这种图形通常用来描述某些事物之间的某种特定关系,用点代表事物,用连接两点的线表示相应两个事物间具有的关系。它将复杂庞大的工程系统和管理问题用图描述,可以解决很多工程设计和管理决策的最优化问题,如完成工程任务的时间最少、距离最短和费用最省等。

1.2.3 应用软件概述

配电网规划软件将现有的模型、算法和人工经验采用编程方式固化和传播,可将计算实例一次录入多次使用,是连接复杂信息理论和实际工程应用的桥梁和工具。

目前应用较为普遍的相关商业软件有 PSASP、PSS/ADEPT、DIgSILENT、ETAP 和 CEES 软件等,然而国内外目前仍没有一套普遍适用的配电网规划软件。作为本书使用的示范软件,CEES 软件是国外优秀商业软件理念与国内实际需求的结晶,兼有国内外同类产品的诸多优点。通过 CEES 软件应用于各种配电网规划的算例,可以增强实用软件在计算过程及工程应用两方面的感性认识。

随着配电网规模的不断扩大,配电网规划的复杂性日益增加,为提高规划的效率和科学性,工程适应性强(如方便、快速和稳定)的相关软件应用会越来越广泛。

1.2.4　方法及软件要求

配电网规划是一个多维和大规模的复杂寻优问题(特别是中压配电网),具有不确定性、多目标性、非线性、动态性和离散性等特点。相应的规划方案应同时满足"优化"和"落地"的要求,在节约投资和运行费用的同时保证电网的供电能力和供电质量。因此,为获得大规模复杂系统"技术可行、经济最优"或"次优"的规划方案,应基于"简单的思想才有利于解决复杂问题"的理念,并考虑相关技术导则的要求,针对各种合理简化后的规划子问题采用构思巧妙的简单方法求解。其中,"简单"不是缺乏内容的简陋和肤浅,它往往是在从简单到复杂,再从复杂到简单的研究过程中提炼形成的精约简省,这种简单通常比复杂还具有匠心,富有言外之意及其逻辑体系。

此外,方法的计算效率和适应性看似对规划问题不重要,但实际应用中同样是规划人员关注的重点,这是因为:在配电网规划过程中,可能对多个方案进行比较分析,或是需要对某个方案的若干参数进行频繁调整后再计算,这就要求算法具有很高的计算速度,太慢不能保证计算的流畅性和实用性;对于一个实际大规模配电系统,规划过程中所涉及的变量众多,不可避免地会遇到"维数灾难"问题,计算所花费的时间可能往往让人无法忍受;每个系统都具有不同于其他系统的特点,这要求算法具有很强的适应性,以保证计算的快速和稳定。

商业软件一般都具有较好的用户界面、计算精度、计算效率和适应性,随着配电网规模和复杂性的日益增加,以及各种数据接口日趋完善,应用必将越来越广泛。值得一提的是,为了实现配电网规划常态化和"所见即所得"的图形化交互操作需求,商业软件方便、灵活的界面及功能设计是至关重要的,开发人员不仅需要熟悉界面设计主要功能,也需要对相关业务知识有深入了解。

1.3　本书特点和内容

1. 本书特点

本书不是常规优化方法的直接应用,也不是基于规划技术导则以定性分析为主的规划方法的介绍,而是突出阐述兼有"系统、简单、优化、实用"特点的模型、方法和软件,用以解决实际工作中难于兼顾"优化"和"落地"的问题。

(1)实现"落地"方案的优化或优化方案的可操作性。遵循规划的基本理念(即"技术可行、经济最优"或"次优")和基本原则(即空间上全局统筹、时间上远近结合),体现落地方案的优化,达到规划的真正目的和意义;考虑各种实际的约束条件(如地理环境、管理边界和相关规划技术导则等),强化优化方案的可操作性,有效解决规划项目和建设项目"两张皮"的问题。

相对于依靠笼统技术导则和规划人员主观经验的常规工程方法,本书方法较为系统、规范和严谨,使得不同水平的规划人员能够获得基本一致的规划方案;与现有的常规优化方法相比,本书方法更为直观、简单、快速、稳定和便于人工干预。

(2)本书内容较好地诠释了大规模配电网规划中"简单的思想才有利于解决复杂问题"这一理念,相应的模型方法有三个突出特点:一是模型方法及其应用简单;二是模型方法较复杂但结论及其应用较简单;三是借助软件编程实现复杂模型方法应用过程的简化。

①对于实际的配电网规划,需要考虑的因素非常多,其中部分因素难以体现在数学规划模型中。本书基于不同配电网规划子问题的特点,在满足工程计算精度的条件下,建立适合工程应用的新颖简化规划模型,包括一些便于工程师进行直观快速估算的简化公式。

②实际规模的配电网规划一般属于大规模的混合整数非线性规划问题,现有的常规优化方法(如经典的数学规划方法或智能启发式方法)存在计算速度慢和计算不稳定的问题。为此,本书基于不同配电网规划子问题的特点,提出实用的混合求解方法。其中,许多研究实现了配电网规模的由大变小和方法的由繁变简(如直观和鲁棒的古典极值优化法和枚举法的采用),同时保证各小规模独自优化方案可以自动实现全局范围的"技术可行、经济最优"或"次优"。

③本书努力搭建配电网规划模型方法与实际工程应用之间的桥梁,用固化在软件中的实用模型和方法,直接快速提供实用而有价值的计算结果;同时本书也为配电网规划方法的应用提供一些参考范例。

④本书的模型和方法可由计算机编程自动实现,加上人工干预可得到较为理想的规划结果;而且,只要掌握了本书的基本思路,相应的规划工作也可借助一般商业软件(如潮流计算)完成,甚至仅依靠人工就可完成。

2. 本书主要内容

基于作者高中压配电网规划的研究成果,围绕兼顾"优化"且"落地"这一核心思想,重点从模型、有效混合算法和软件应用等方面设计了内容。本书主要内容有:

(1)针对高压配电网架规划,结合相关规划导则和通道规划的相关内容,基于供电分区优化划分和各分区典型接线模式技术经济比较，阐述了一套简单直观的实用优化方法，强化了规划方案的科学性和落地性。

(2)针对高压配电网无功配置，以无功补偿后的净收益值最大为目标函数，结合相关技术标准的要求，阐述了一种高压配电网无功规划优化实用模型及其三阶段启发式方法，并介绍了一种变电站容性无功补偿的近似计算方法。

(3)针对常规网络计算分析，主要介绍了潮流计算、短路计算、线损计算、供电安全水平分析和供电可靠性评估等基本电气计算模块的目的、内容、方法、校验和相关改进措施，以及 CEES 软件在配电网计算分析中的应用案例。

(4)针对分布式电源接入配电网最大承载力评估，阐述了基于约束指标相对于分布式电源容量灵敏度的分段计算方法，能够快速处理多约束情况下多个不同类型分布式电源的最大承载力计算。

(5)针对以规划应用为目的的配电网供电能力计算，基于配电网的实际定义了两种供电能力；在考虑电压约束和负荷分布影响的情况下，介绍了一套直观、有效和实用的基于分区分压的配电网整体供电能力计算模型和方法。

(6)阐述了一套用于合理计算配电网工程项目收益的思路、模型和方法。其中，由增供电量产生的收益涉及基于供电能力的电量分摊和基于资产价值的电价分摊；给出了经济评价的简化计算方法。

(7)针对配电网项目排序，阐述了直观、简单和实用的中压项目排序混合方法和高压项目基于净现值率的排序方法。

(8)针对配电网投资分配，基于现状电网和负荷增长对各地区配电网规模进行估算，并结合配电网基本发展需要、投资的经济效益及社会效益对配电网投资分配进行决策。

(9)针对配电网规划辅助决策系统，基于统一规划技术原则、统一编制项目库和统一规划技术平台的"三统一"规划思路，从基础数据获取和模型算法整合入手，借助于现有信息化系统，从整体架构设计到规划模块功能设计充分考虑配电网规划业务特点，在一系列环节实现了决策或计算细化，为电网精准规划和投资决策提供了有效的支撑。

(10)针对一流配电网建设中盲目追求高技术指标的倾向，结合我国配电网发展现状、智能化的发展方向和作者关于网架规划方面的研究成果，提出了一流配电网建设的总体思路、"5 个协调"建设策略和"1 个核心"建设任务，阐述了基于物联网、高速通信和储能的主动配电网应用前景和一流配电网的可靠性优化目标，以提升配电网的经济竞争力、供电安全性和生态可持续性。

参 考 文 献

[1] 舒印彪. 配电网规划设计[M]. 北京: 中国电力出版社, 2018.

[2] 王璟. 配电网规划[M]. 北京: 中国电力出版社, 2016.

[3] 国网北京经济技术研究院组. 电网规划设计手册[M]. 北京: 中国电力出版社, 2015.

[4] 程浩忠. 电力系统规划[M]. 2 版. 北京: 中国电力出版社, 2014.

[5] 中华人民共和国国家标准. 城市电力规划规范(GB/T 50293—2014)[S]. 北京: 中国建筑工业出版社, 2014.

[6] 中华人民共和国电力行业标准. 配电网规划设计技术导则(DL/T 5729—2016)[S]. 北京: 中国电力出版社, 2016.

[7] 国家电网公司. 强化规划引领, 加快建设一流现代配电网[N]. 国家电网报, 2018-07-03(2).

[8] 王开荣. 最优化方法[M]. 北京: 科学出版社, 2012.

[9] Cormen T H, Leiserson C E, Rivest R L, et al. 算法导论[M]. 3 版. 殷建平, 徐云, 王刚, 译. 北京: 机械工业出版社, 2013.

[10] 龚劬. 图论与网络最优化算法[M]. 重庆: 重庆大学出版社, 2009.

第2章 高压配电网网格化规划

鉴于高压配电网规划长期缺乏操作简单且自成优化体系的方法，本章在遵循现有相关技术导则的前提下，阐述了一套基于多电压等级网架结构协调和高压配电网网格优化划分的新颖、简单和直观的规划模型和方法。这些模型方法较好解决了实际工作中难于兼顾"落地"和"优化"的问题，可经编程由计算机辅助实现。只要掌握其基本思路，规划人员也可借助一般商业软件(如潮流计算)甚至仅依靠人工实施完成具体工作。

2.1 引 言

高压配电网一般指 35～110kV 电压等级的配电网，是连接输电网和中压配电网的枢纽，也是城乡基础设施建设的重要组成部分。据统计，全国发电量的 85% 经由高压配电网送给用户[1,2]，因此高压配电网规划方案的优劣值得关注。

传统的高压配电网规划大多是依靠笼统的技术导则和规划人员的主观经验，采用多方案技术经济比较进行方案优选。但这种有限方案的优选对于变电站较多的情况难以在全局范围内获得"技术可行、经济最优"的方案。为此许多学者提出了比较系统、规范和严谨的规划优化模型及其求解方法[1~4]。但这些数学规划优化方法和启发式方法存在以下不足：对于大规模系统计算量大；受计算稳定性或参数设置的影响，对不同系统的适应性不强；模型方法复杂，计算过程和结果不利于规划人员的理解、判断和调整；与相关技术导则的结合度不够。近年来，越来越多的供电企业开展了配电网网格化规划的研究和实践[5~7]。对于规模庞大的配电网，网格化规划(或基于供电分区的配电网规划)主要是为了将整个规划区域复杂的网架规划转化为相对独立的各网格内部简单的网架规划，可同时规避传统方法和优化方法存在的问题。

本章遵循技术可行经济最优这一基本规划理念，基于供电分区优化和典型接线技术经济比较，阐述了一套高压配电网网格化规划实用模型和方法[7]，包括基于多电压等级协调的"强""简""弱"网架结构选择、候选通道组网、供电分区优化模型和划分方法、目标网架接线模式选择、网架过渡策略和电力通道规划。

2.2　总　体　思　路

本节介绍了基于"强""简""弱"网架结构选择的高压配电网网格化规划流程。

2.2.1　"强""简""弱"网架选择

高压配电网与上级输电网和下级中压配电网的网架结构协调是具有战略意义的研究课题。基于规划区域的负荷密度及其发展趋势和技术装备水平，选择相互协调的不同电压等级典型网架结构(即"强""简""弱")有利于从电网整体上实现规划方案的"技术可行、经济最优"。

1. 不同电压等级"强""简""弱"的定义

1)"强""简""弱"的分类思路

不同电压等级网架结构"强""简""弱"典型协调需要首先分别定义不同电压等级的"强""简"和"弱"。一般情况下，各电压等级从"弱"到"简"再到"强"，安全可靠性会越来越高，但投资会越来越大。其中，相关技术导则中的供电可靠性指标通常是由多个电压等级电网(比如高中配电网)共同作用的结果，而且影响的因素多(如故障/计划停电率)，据此难以分别对不同电压等级的"强""简""弱"进行分类；而供电安全性(或供电安全标准[8])与可靠性不同，可以仅涉及同一电压等级，而且仅与单次停电的后果(即负荷大小和时间长短)相关而与停电概率无关，即在最大负荷时配电网单一元件停运后在规定时间内必须恢复一定大小的最低负荷。因此，本章主要基于供电安全性对不同电压等级的"强""简""弱"分别进行定义。

2)"强""简""弱"的定义

不同电压等级配电网网架结构的"强""简""弱"可分别通过其供电安全性(含接线模式和技术装备水平(如馈线自动化(feeder automation，FA))来定义。

对于输电网和高压配电网，可分别根据其是否满足供电变电站、变压器、通道和线路"$N\text{--}1$"安全校验，将满足上级供电变电站和本电压等级通道"$N\text{--}1$"安全校验的电网定义为"强"的电网(如站间联络接线)；将满足上级主变和本电压等级线路"$N\text{--}1$"安全校验但不满足上级供电变电站"$N\text{--}1$"安全校验的电网定义为"简"的电网(如环网或双辐射接线)；将不满足本电压等级线路或上级供电主变"$N\text{--}1$"安全校验的电网定义为"弱"的电网(如单线或单变)。其中，"强"较"简"的供电安全性更强(只有"强"能满足上级变电站"$N\text{--}1$"安全校验)；"强/简"与"弱"的停电时间不在一个数量级(用户年平均停电时间一般情况下分别为秒/分钟级和小时级)。

对于中压配电网，"强""简""弱"的定义与输电网和高压配电网类似，区别在于中压的"简"在上级变电站"$N–1$"停运情况下也可通过中压线路实现站间负荷转供,只是"强"和"简"的技术装备水平不同从而安全可靠性也不同("简"的技术装备水平一般为集中式"两遥"或重合器式;而"强"的技术装备水平一般涉及大范围快速复电的馈线自动化,如双电源备自投、集中式"三遥"或智能分布式)。

不同电压等级电网"强""简""弱"的定义和分类情况汇总如表 2.1 所示。可见,"强"的电网能满足上级供电变电站和本电压等级通道"$N–1$"安全校验,但占用通道较多,投资大;"简"的电网能满足本电压等级线路和供电主变"$N–1$"安全校验,通道占用和投资居中;"弱"的配电网不能满足线路和/或主变"$N–1$"安全校验,通道占用少,投资相对较小。

表 2.1　不同电压等级电网"强""简""弱"的定义

分类	"强"			"简"			"弱"		
	接线	安全性	FA	接线	安全性	FA	接线	安全性	FA
输电网或高压配网	站间联络	满足变电站和通道"$N–1$"安全校验	—	环网或双辐射	满足线路和主变"$N–1$"安全校验	—	单辐射	不满足线路或主变"$N–1$"安全校验	—
中压配网	站间联络	满足变电站和通道"$N–1$"安全校验	备自投集中式("三遥")或分布式	站间联络、自环或多辐射	满足线路和主变"$N–1$"安全校验	集中式("两遥")或重合器式	单辐射	不满足线路或主变"$N–1$"安全校验	"一遥"及更低配置

2. 高压配电网"强""简""弱"的选择策略

一般情况下,不同电压等级电网从"弱"到"简"再到"强",安全可靠性会越来越高,但投资会越来越大。不同电压等级网架结构"强""简""弱"协调就是要在安全可靠性与经济性之间寻求平衡。基于给定的上级输电网的网架结构,本章提出了如下的高压配电网"强""简""弱"的选择策略。

1) 输电网坚强情况

在上级输电网坚强的情况下,文献[9]给出了高中压典型网架结构协调的思路、模型和方法,并通过定量计算分析得到了如下的结论。

(1)高压"弱"和中压"强"配合模式最为经济(同时可以减轻城区通道压力),且安全可靠性均可满足要求;高压配电网"简"相对于"强"可靠性相当,经济性更好,但不能满足上级供电变电站"$N–1$"安全校验。

(2)现阶段我国配电网高速发展,配电网结构调整频繁,难以通过中压配电网实现短时间大规模负荷转移;与此同时,大量辐射型用户专线也削弱了中压配电网网架。对于短期内中压难于做到"强"的情况,高压配电网过渡年宜做"强"或"简",而远景年不必做"强";对于以辐射型接线为主的农村电网,推荐采用高中压"简-弱"配合模式以及高压采用 T 接方式。

2) 输电网不坚强情况

在上级输电网不坚强的情况下(如布点较为稀疏或为减轻通道压力以辐射方式深入负荷中心的 220/330kV 输电网),局部高压配电网及其下级中压配电网通常仅有一个共同的区域输电网,在该区域输电网停运的情况下,即使中压配电网坚强也难以对高压配电网形成有效的支撑。因此,为了在上级输电网不强情况下避免大范围长时间停电(或保证供电安全性),应优先尽量做强高压配电网(如110kV),使其可在不同片区输电网间进行转供,同时尽量做强/简中压以实现整体电网供电的安全、可靠和经济(在高压强的情况下中压"强""简""弱"经济性都相当,但是中压强的安全可靠性和供电能力更高,且可以应对上级高压配电网停运的情况,从而进一步提升了配电网设备利用率和经济性)。

2.2.2　网格化规划流程

本章高压配电网网格化规划流程如图 2.1 所示,包括了电网诊断、负荷预测、变电站优化规划、候选通道组网和供电分区划分、目标网架和过渡网架规划、通道规划和规划成效分析等,但重点为基于供电分区的目标网架构建,即将高压网架规划从大规模复杂的全局优化问题转化为各相对独立供电分区的小规模简单优化问题。

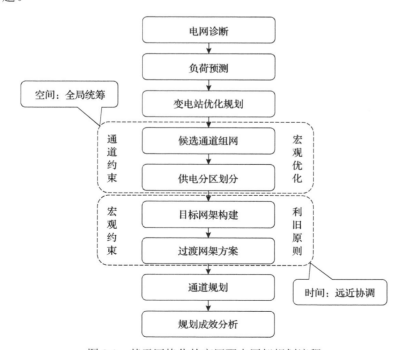

图 2.1　基于网格化的高压配电网架规划流程

作为网格化规划的关键，基于空间上全局统筹的宏观候选通道组网和供电分区划分主要用以强化规划方案的落地性和经济性。首先，为协调通道资源和规避建设风险，候选通道组网用以确定高压线路可选路径分布(或高压通道组网形态)、可选类型和极限容量；然后，为实现多电压等级电网(含上级输电网和下级中压配电网)整体的"技术可行、经济最优"或"次优"，需要选择合适的高压配电网"强""简""弱"网架结构类型，并据此在全局范围内对高压配电网供电分区进行优化划分，使得分区划分方案具有相对唯一性。

基于宏观通道组网和供电分区约束，结合现有的相关技术导则，可在各小规模供电分区内分别独自进行目标网架构建，涉及基于技术经济比较的若干典型接线模式选择。

时间上的远近协调涉及过渡网架的规划，在解决现有高压配电网存在问题的同时(即问题导向)，电网建设改造应以远景年的优化网架为目标(即目标导向)，并充分利用现有设备，尽量延长设备生命周期(即效率效益导向)，以减少规划的盲目性、重复性和投资浪费。

与候选通道组网不同，电力通道规划是基于网架规划方案并结合建设标准规划高压电力廊道并预留裕度，涉及电力通道的最终需求量。可见，在网架规划之前和之后都分别涉及了电力通道的相关内容。

对于模型方法难以处理的相关导则和专家经验约束，可采取前置和后置两种处理方法。其中，前置处理是在供电分区划分之前将相关原则和专家经验作为通道费用或是否可以连通的约束融入候选通道组网中，后置处理是供电分区划分之后再对分区结果依据导则和经验做局部优化调整。

2.3　候选通道组网

作为解决规划项目和建设项目不一致这一现实问题的有效技术手段之一，候选通道组网是在供电分区和网架规划之前，通过清理现有及近期可用通道资源，事先确定高压线路通道的组网形态、可选类型和极限容量。

1. 候选通道组网的目的

候选通道组网的主要目的有：规避建设阻力(如难改造老城区的大拆大建)，强化规划方案落地性；寻求综合造价较低的规划路径，节省总费用；构建柔性组网形态，适应不确定性因素(如 110kV 站址变动)对电网建设的影响。

2. 通道组网及其典型结构

老城区由于廊道资源紧张，应以远近结合为原则，基于新增通道的可行性研究谋划远期候选通道组网形态(或布局)。新城区负荷预测具有较大的不确定性,高压电力通道线路不可能一次成型,但基于柔性规划的理念和工程经验廊道宜一次到位,因此对新城区线路通道组网形态的研究显得十分重要。应针对选择的"强""简""弱"网架结构,参考市政主干道分布,构建柔性高压配电网候选通道组网形态(如几横几纵或几环几射),以适应不确定性因素对电网建设的影响。

负荷分布特征很大程度表现在地形地域特征上,地势平坦地区(如平原地形)的负荷分布一般呈棋盘形或圆形;而受山体和河流阻隔的狭长地形,其负荷分布也呈现狭长形。因此,受规划区域地域特点和负荷密度等影响,变电站布点和通道走向通常会呈现一定规律,高压通道组网形态一般可分别抽象为辐射型、狭长型、环状型、外环内射型、网状型(或棋盘型)和不规则型等,如图 2.2 所示(图中黑点为供电变电站, 如 220kV 变电站)。其中, 比较典型的是辐射型、外环内射型和网状型通道组网形态,狭长型和环状型可视为外环内射型的特例或过渡,不规则型可视为其他组网形态的组合。辐射型组网形态不存在站间或通道间的联络,占用通道少,投资少,而且易于扩展,但其中的单辐射接线安全可靠性低(即通常所说的"网架弱");而环状型和网状型需要站间或通道间的联络,占用通道多,投资较大,但可实现站间负荷转供,供电安全可靠性高(即"网架强")。

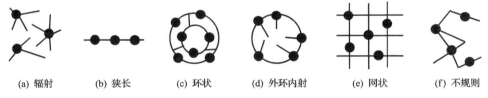

(a) 辐射　　　(b) 狭长　　　(c) 环状　　　(d) 外环内射　　　(e) 网状　　　(f) 不规则

图 2.2　典型通道组网形态示例图

3. 电力通道类型的选择

电力通道是用以敷设电力线路通道的总称,包括架空走廊和电缆通道(含直埋通道、电缆排管、电缆沟和隧道等),电力通道类型的选择原则如下:

(1)应按变电站终期规模和布置形式考虑其出线和周边路网的电缆管沟规划,如 C 类及以上供电区域变电站宜设 2～4 个长度不小于 0.5km 或 1km 的电缆进出通道(供电区域分类见文献[10])。

(2)A+、A 类供电区域及安全性可靠性有特殊要求的区域宜采用电缆;在环境及建设条件允许的情况下,B、C、D、E 类地区宜采用架空线路方式。

(3)下列情况可采用电缆:

①依据市政规划,明确要求采用电缆线路且具备相应条件的地区。

②铁路、高速公路以及大型交叉路口等架空线难以跨越的区域。

③重要风景名胜区的核心区和对架空导线有严重腐蚀性的地区。

④沿海地区易受热带风暴侵袭的重要供电区域。

⑤走廊狭窄架空线难以通过的区域。

4. 候选通道组网构建思路

候选通道组网用以明确全局站址和高压候选通道大致布局，强化规划方案的可行性，应依据现状及规划变电站站址、现状线路通道、新增通道、供电距离和其他约束等因素构建，如图 2.3 所示。其中，上级供电变电站布点作为通道的起止点；现状通道分析目的在于充分利用已有通道，明确现有通道的裕度，对于现状通道建设情况较为成熟的区域，通道组网时应以利用已有通道为主；新通道应基于路网规划、"强""简""弱"组网形态(如"强"的网状型或"弱"的辐射型)和设备"N–1"停运时的潮流约束(或站间/辐射通道长度约束)，根据规划区通道具体情况(如变电站分布、通道类型和常用的电缆敷设方式等)确定候选通道的组网形态、路径和容量(相对于中压通道优先)，并充分考虑其可行性(如尽量避开河流和铁路等障碍)；其他是指将其他约束(如相关导则和专家经验)，可将其转换为通道费用或通道是否可以连通的约束。目前这些工作主要依靠人工完成。

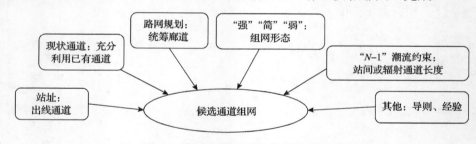

图 2.3　候选通道组网构建的影响因素

2.4　供电分区优化模型

本节针对不同的"强""简""弱"网架结构，介绍了一套简单直观且新颖的高压配电网供电分区优化模型。

2.4.1　供电分区的目的和原则

对于规模庞大的高压配电网规划，供电分区的主要目的为：

(1)将整个区域复杂网架规划转化为相对独立的各供电分区内部简单网架规划，同时满足"技术可行、经济最优"的基本规划原则。

(2)规避不同规划人员通常会得到不同规划方案的问题，同时强化网架的经济、可靠、柔性和简洁。

为了达到上述目的，在满足相关技术约束的条件下，供电分区的划分应遵循以下原则：

(1) "全局统筹"。

"全局统筹"涉及不同电压等级的"纵向"和同一电压等级的"横向"两个方面。

①纵向：高压配电网与其上下级电网网架结构的协调，以实现多电压等级电网整体的"技术可行、经济最优"或"次优"。应基于上级输电网的网架结构分别选择合理的高压和中压配电网"强""简""弱"的网架结构。

②横向：各高压供电分区间协调，以实现各分区独自规划优化落地方案能够自动实现全局范围的"技术可行、经济最优"或"次优"。对于可在两座上级供电变电站间转供的变电站负荷，按联络通道综合造价最小原则确定各站负荷的上级备供变电站，实现上级变电站的就近备用以及整个规划区域高压网架规模最小。

(2) "简洁可靠"。

同一高压供电分区各站负荷的上级主供变电站(即主供站)和备供变电站(即备供站)的相似度最大化(不分主备)，每一高压供电分区的供电变电站不宜超过两个且负荷大小适中(如包含 2~3 变电站的供电负荷)，不同高压供电分区的线路联络程度最小。

(3) "远近结合"。

随着变电站布点的变化，站间联络关系会发生变化，需要对供电分区的边界和相应的接线模式或网架进行调整。为了减少由此带来的网架结构的改造，应遵循网架柔性规划原则[9]，涉及"近"的问题导向、"远"的目标导向和"过渡期"的效率效益导向。

2.4.2　供电分区的分类

本章基于各种典型接线电气上相对独立的特点，将整个规划区域划分为不同的供电单元和供电网格。

1. 基于典型接线的分区思路

基于现有的配电网规划技术原则[10]，高压配电网架典型接线模式主要分为双侧电源和单侧电源接线方式，前者如满足上级电源"N–1"安全校验的 T 接和 π 接链式接线，后者如满足通道"N–1"安全校验的环网接线和不满足通道"N–1"安全校验的辐射型接线。这些典型接线之间在本电压等级电气上相对独立(仅在供电变电站或下级电网存在电气联系或联络)，可将其供电范围视为一种基本的供电分区，即下文定义的供电单元或供电网格。

2. 供电单元

本章针对以 220kV 变电站为电源点和以 110kV 变电站为负荷点的高压配电网架规划,定义供电单元为电气上相对独立的 110kV 变电站供电区域,比如一组110kV 典型接线涉及的 110kV 变电站供电区域即为一个供电单元。如图 2.4 所示,每个虚线圈起来的部分即为一个供电单元,根据其内部 110kV 变电站有无 220kV 备供变电站和 110kV 备供线路通道,供电单元可分为:对应双侧电源接线供电区域的站间供电单元,对应单侧电源接线供电区域的自环供电单元和辐射供电单元。站间供电单元区域以两座或以上 220kV 变电站作为其供电变电站,其中的 110kV 变电站负荷可通过 110kV 线路在这些 220kV 变电站站间转供;自环供电单元区域仅以一个 220kV 变电站作为其供电变电站,其中的 110kV 变电站负荷可通过该 220kV 变电站不同 110kV 线路通道转供;辐射供电单元区域仅以一个 220kV 变电站作为其供电变电站,其中的 110kV 变电站负荷不能通过其他 110kV 线路通道实现转供。

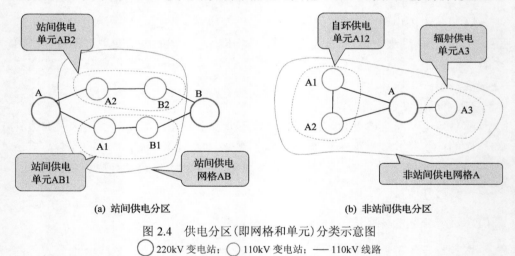

图 2.4　供电分区(即网格和单元)分类示意图

(a) 站间供电分区　　　　　　　　　　(b) 非站间供电分区

◯ 220kV 变电站;◯ 110kV 变电站;—— 110kV 线路

3. 供电网格

本章定义供电网格为 220kV 供电变电站相同的所有相邻供电单元涉及的供电区域,可分为站间供电网格和非站间供电网格:站间供电网格由一个或多个站间供电单元组成;非站间供电网格由一个或多个自环供电单元和/或辐射供电单元组成。图 2.4 中每个实线圈起来的部分即为一个供电网格。

2.4.3　网格化规划模型和线路费用占比

本节给出了高压配电网网格化规划模型,并就其中的线路各项费用占比进行了近似计算，为 2.5 节中模型求解方法的简化提供定量的依据。

1. 网格化规划模型

若已知 110/220kV 高压变电站布点和各 220kV 变电站的 110kV 变电站供电范围，在满足各分区通道独自连通性和变电站负荷最大允许转供距离的条件下，遵循 2.4.1 节供电分区"纵向"和"横向"全局统筹的网格化规划原则，相应的网格化规划模型可表示为

$$\max f_1 = N_{zj}$$
$$\max f_{2,i} = N_{zhb,i}$$
$$\min f_3 = \varepsilon \sum_{j \in \Omega_{zj}} C_{zj,j} + \varepsilon \sum_{i \in \Omega_{fzj}} \left(C_{zh,i} + C_{fs,i} \right) + C_{xs} + C_{ks}$$
$$= \varepsilon \sum_{j \in \Omega_{zj}} \sum_{j1 \in \Omega_{zj,j}} C_{zj,j,j1} + \varepsilon \sum_{i \in \Omega_{fzj}} \left(\sum_{i1 \in \Omega_{zh,i}} C_{zh,i,i1} + \sum_{i2 \in \Omega_{fs,i}} C_{fs,i,i2} \right) + C_{xs} + C_{ks}$$

$$\text{s.t.} \begin{cases} \phi_{hv}(M_{zj,j,j1}, M_{zh,i,i1}, M_{fs,i,i2}) = N_{hv} \\ g(M_{zj,j,j1}, M_{zh,i,i1}, M_{fs,i,i2}) = 0 \\ h(M_{zj,j,j1}, M_{zh,i,i1}, M_{fs,i,i2}) \leqslant 0 \\ \varphi_{hv}(M_{zj,j,j1}, M_{zh,i,i1}, M_{fs,i,i2}) = 1 \\ \vartheta_{hv}(M_{zj,j,j1}, M_{zh,i,i1}, M_{fs,i,i2}) = 0 \\ P_{td,q} \leqslant \overline{P}_{td,q}, \quad q \in \Omega_{td} \\ i \in \Omega_{fzj}, \quad j \in \Omega_{zj} \end{cases}$$

$$(2.1)$$

式中，N_{hv} 为高压网架结构的类型，本章用 0、1 和 2 分别表示"弱"、"简"和"强"；$\varepsilon = k_z + k_y + k_h$（$k_z$、$k_y$ 和 k_h 分别为折旧系数、运行维护费用系数和投资回报系数）；

N_{zj} 和 Ω_{zj} 分别为站间供电网格的总数和编号集合，当 N_{hv} 不为 2 时（即非"强"）$N_{zj}=0$ 且 $\Omega_{zj} = \varnothing$（即空集），即不对目标函数"$\max f_1 = N_{zj}$"进行优化；$\Omega_{fzj}$ 为非站间供电网格编号集合；

$N_{zj,j}$ 和 $\Omega_{zj,j}$ 分别为第 j 个站间供电网格中站间供电单元的个数和编号集合，当 N_{hv} 不为 2 时 $N_{zj,j}=0$ 且 $\Omega_{zj,j} = \varnothing$；$N_{zhb,i}$ 和 $\Omega_{zh,i}$ 分别为第 i 个非站间供电网格中自环供电单元包含的 110kV 变电站个数和自环供电单元编号集合，当 N_{hv} 为 0 时（即"弱"）$N_{zhb,i}=0$ 且 $\Omega_{zh,i} = \varnothing$，即不对目标函数"$\max f_{2,i} = N_{zhb,i}$"进行优化；$\Omega_{fs,i}$ 为第 i 个非站间供电网格中辐射供电单元的编号集合；

$C_{zj,j}$ 为第 j 个站间供电网格线路综合造价，含新建电缆通道或架空走廊全长的土建费用以及线路导线和开关投资费用；$C_{zh,i}$ 和 $C_{fs,i}$ 分别为第 i 个非站间供电网格中自环供电单元和辐射供电单元线路的综合造价；

$C_{zj,j,j1}$ 为第 j 个站间供电网格中第 $j1$ 个站间供电单元内线路的综合造价；$C_{zh,i,i1}$ 和 $C_{fs,i,i2}$ 分别为第 i 个非站间供电网格中第 $i1$ 个自环供电单元和第 $i2$ 个辐射供电单元内线路的综合造价；

C_{xs} 和 C_{ks} 分别为所有通道线路的电能损耗年费用和停电损失年费用；

$M_{zj,j,j1}$、$M_{zh,i,i1}$ 和 $M_{fs,i,i2}$ 分别为对应于 $C_{zj,j,j1}$、$C_{zh,i,i1}$ 和 $C_{fs,i,i2}$ 的接线模式；

$g(M_{zj,j,j1}, M_{zh,i,i1}, M_{fs,i,i2}) = 0$ 为涉及潮流(含设备"N–1"停运方式)的等式约束方程；$h(M_{zj,j,j1}, M_{zh,i,i1}, M_{fs,i,i2}) \leqslant 0$ 为涉及潮流、短路和安全可靠性的不等式约束方程；$\varphi_{hv}(M_{zj,j,j1}, M_{zh,i,i1}, M_{fs,i,i2})$、$\phi_{hv}(M_{zj,j,j1}, M_{zh,i,i1}, M_{fs,i,i2})$ 和 $\vartheta_{hv}(M_{zj,j,j1}, M_{zh,i,i1}, M_{fs,i,i2})$ 分别为对应 $M_{zj,j,j1}$、$M_{zh,i,i1}$ 和 $M_{fs,i,i2}$ 的各供电单元 110kV 通道连通性判断函数(等于 1 表示连通，等于 0 表不连通)、"强""简""弱"网架结构类型约束和其他约束(如相关导则要求及专家经验)；

$P_{td,q}$ 和 $\overline{P}_{td,q}$ 分别为第 k 个通道流过的负荷及其最大允许值；Ω_{td} 为所有通道编号的集合。

由式(2.1)可见，对于"强"(或"简")的高压网架规划，在技术可行条件下，基于供电分区的 110kV 目标网架应尽可能多地形成站间供电网格/单元和自环供电单元(或自环供电单元)，同时尽量减小各网格/单元内 110kV 线路的总费用；对于"弱"高压网架规划，供电分区则仅以减小 110kV 线路的总费用为目标。

2. 线路长度相关综合造价

线路的综合造价包含线路本体投资费用、开关投资费用和线路分摊的其他投资费用(含土建、施工和管理等费用)。其中，开关投资费用主要与线路接线模式相关，而其他费用近似与线路长度成正比(即线路长度相关综合造价)。考虑到规划阶段数据的准确性本身不高，供电分区优化划分中线路费用的近似计算又主要是为了比较不同类型线路(电缆和架空)长度相关费用的相对大小，其详细分类(如分为土建费用与线路本体造价)意义不大，因此可基于线路长度相关综合造价分摊到单条线路后的单位长度线路费用进行供电分区。对于 110kV 高压线路，若电缆线路长度相关综合造价为 550 万元/km，折旧系数、运行维护费用系数和投资回报系数分别为 0.045、0.025 和 0.1(ε 为 0.17)，归算到每一年的单位长度线路费用为 93.5 万元/km；若架空线路长度相关综合造价为 70 万元/km，归算到每一年的单位长度线路费用为 11.9 万元/km。

3. 电能损耗费用对于综合造价的比例估算

为了便于模型求解方法的简化，需要对电能损耗费用的相对大小有一个直观的大致了解，下面分别就 110kV 电缆线路和架空线路估算其电能损耗费用对于综合造价(或投资)费用的比例。

线路电能损耗费用的估算公式可表示为

$$C_{xs} = C_e \frac{(S_n \eta_l)^2}{U_n^2} R_l \tau_{max} \tag{2.2}$$

式中，C_e 为 110kV 购电电价；S_n 为线路持续极限输送容量；η_l 和 R_l 分别为线路的负载率和电阻；U_n 为线路额定电压；τ_{max} 为线路最大负荷损耗小时数。

对于 110kV 电缆线路，若采用的型号为 YJV-500，单位长度电阻约为 0.04Ω/km，线路持续极限输送容量为 143MV·A，线路负载率为 0.4，最大负荷损耗小时数取 2000h，110kV 购电电价取 0.45 元/(kW·h)，可得线路的电能损耗年费用为 0.973 万元/km。主供线路单位长度电能损耗年费用约占线路长度相关综合造价年费用的 1.05%。

对于 110kV 架空线路，若采用的型号为 LGJ-240，单位长度电阻约为 0.13Ω/km，线路持续极限输送容量为 130MV·A(其他参数同前)，可得线路的电能损耗年费用为 2.611 万元/km。主供线路单位长度电能损耗年费用约占其长度相关综合造价年费用的 21.97%(在计入联络线路投资后约占 14.65%)。

4. 停电损失年费用对于综合造价的比例估算

为了便于模型方法的简化，也需要对停电损失费用的相对大小有一个直观的大致了解。线路停电损失年费用的估算公式可表示为

$$C_{ks} = C_{fs} (S_n \cos\theta \eta_l \xi) \text{SAIDI} \tag{2.3}$$

式中，C_{fs} 为单位电量的平均停电成本；ξ 为负荷率；SAIDI(system average interruption duration index，SAIDI)为用户年平均停电持续时间；$\cos\theta$ 为功率因数。

根据参考文献[11]，用户年平均停电持续时间与线路长度的比值随线路长度增加而减少，所以线路越短其停电损失费用与线路综合造价的占比一般越大。

对于相距 5km 的两 220kV 站站间的 110kV 电缆线路，假设其型号为 YJV-500，除单辐射线路外用户年平均停电持续时间一般在 1.5min 以内(若考虑了中压站间负荷快速转供可能会更小)[11]，并假设停电成本取 15 元/(kW·h)，线路持续极限输送容量为 143MV·A，线路负载率为 0.4，负荷率取 0.4，功率因数取 0.9，可得线路的停电损失年费用为 0.768 万元。线路停电损失年费用约占线路长度相关综

合造价年费用的 0.166%。

对于相距 5km 的两 220kV 站站间的 110kV 架空线路,假设其型号为 LGJ-240 的(其他参数同上一段落相应参数),线路的停电损失费用为 0.704 万元,线路停电损失年费用约占线路长度相关综合造价年费用的 1.178%。

2.5　供电分区的分解模型和划分方法

由于各供电分区局部网架规划之间相对独立,供电分区划分是否合理直接关系到整个规划区域网架的全局最优性。本章在满足候选通道组网和技术可行约束的条件下,基于已选择的网架结构类型进行高压配电网供电分区的优化划分,涉及"强""简""弱"不同情况下的供电分区分解模型和划分方法。

2.5.1　供电分区划分思路

"强"的高压配电网架一般用于其上级输电网或下级中压电网"弱"(或"简")且对供电安全可靠性要求较高的情况;"简"或"弱"的高压配电网架可用于其上级输电网和下级中压电网都"强"的情况,或通道资源紧张的情况(如部分城网),或负荷密度较小地区的农网。针对"强"、"简"或"弱"的高压网架规划,本章采用不同的供电分区优化划分思路和方法。

1. "强"和"简"的高压配电网架

为尽量构建"强"或"简"的高压配电网架,在基于式(2.1)模型的供电分区优化划分过程中,应优先构建满足上级变电站"N–1"安全校验的站间供电网格和单元(该步骤仅针对构建"强"的高压网架情况);然后构建满足高压线路通道"N–1"安全校验的自环供电单元;最后形成辐射供电单元。

式(2.1)模型中的总费用主要包含线路长度相关费用和线路开关投资费用。其中,线路长度相关费用主要用于供电分区优化划分中比较不同类型线路(电缆和架空)费用的相对大小;线路开关投资费用主要与选择的线路接线模式相关(其影响将在 2.6 节接线方案优选中考虑),对供电分区优化划分没有影响。再考虑到式(2.1)模型中高压线路电能损耗年费用 C_{xs} 和停电损失年费用 C_{ks} 与在计入联络线路投资后线路长度相关综合造价年费用的比值较小或近似为某一个常数(经估算,电缆线路一般小于 2%,架空线路一般小于 20%),可依据 110kV 线路长度相关综合造价最小原则进行供电分区优化划分(为提高计算精度该综合造价也可再乘以一个估算的系数进行修正,如对于电缆线和架空线分别乘以 1.02 和 1.2)。而且,由于各 220kV 变电站供电范围已知,正常运行时由各 220kV 站至其所供 110kV 站的 110kV 线路通道基本确定,涉及分区划分的 110kV 线路综合造价主要取决于各

110kV 站站间的 110kV 联络线路。因此，110kV 线路综合造价最小等同于相互联络的 110kV 站站间 110kV 线路综合造价最小；110kV 负荷的备供 220kV 站可按相应 110kV 线路转供路径上联络线综合造价最小选择。

综上，基于候选通道组网，首先根据各 110kV 站站间联络线路综合造价最小确定其可能存在的 220kV 备供变电站（下文简称备供站）；其次，基于各 110kV 站的 220kV 供电变电站（下文简称主供站）和可能存在的备供站，优先将主供站和备供站相同（不分主备）的 110kV 变电站供电区域划归为一个站间供电网格，从而在全局范围内将整个规划区域划分为多个站间供电网格和非站间供电网格（上述两步中有关站间供电网格的内容仅针对构建"强"的高压网架情况，"简"的高压网架仅存在非站间供电网格）；然后将各供电网格按 110kV 联络线路综合造价最小进一步细分为若干个对应某一典型接线模式的供电单元；最后，针对电气上相对独立的各供电单元，考虑高压线路和开关的投资费用、线路电能损耗费用以及停电损失费用，采用技术经济比较方法选择其典型接线模式。

2. "弱"的高压配电网架

"弱"的高压配电网架涉及部分城网和负荷密度较小地区的农网，其中农网高压线路多采用架空线路，电能损耗费用和停电损失费用在总费用中的占比较大，特别是考虑了停电损失且不能实现中压站间负荷快速转供的情况（见表 2.13 和表 2.14）。因此对于农网若简单采用架空线路长度相关综合造价乘以一个修正系数可能导致较大误差，故在供电单元划分时（即在辐射网架构建过程中）应考虑线路的电能损耗和停电损失。

与"强"和"简"的高压配电网架规划不同，"弱"的高压网架规划不存在站间供电网格/单元以及自环供电单元的划分问题，仅涉及辐射供电单元的划分（即辐射网架的构建），即分别在各非站间供电网格内，对于不能形成自环供电单元的供电区域，根据各单元内部 110kV 变电站相邻且仅有一个主供站的原则，形成相对独立的各辐射型供电单元。

2.5.2　供电网格划分

基于 2.5.1 节分区划分思路，供电网格的划分应优先考虑其内部 110kV 站的负荷可在不同 220kV 站站间通过 110kV 线路实现互倒互供，即尽可能多地优先形成站间供电网格（该要求仅针对 $N_{hv}=2$ 的"强"高压网架规划，否则令 $N_{zj}=0$ 且 $\Omega_{zj}=\varnothing$），同时尽量减小各网格内 110kV 联络线路的综合造价（即将高压线路综合造价最小等同于各 110kV 站站间联络线路综合造价最小），因此可将式(2.1)的优化模型简化为

$$\max f_{zj} = N_{zj}$$

$$\min f_{zjl} = \sum_{j \in \Omega_{zj}} C_{zjl,j}$$

$$\text{s.t.} \begin{cases} \phi_{hv}(C_{zjl,j}) = N_{hv} \\ \varphi_{hv}(C_{zjl,j}) = 1 \\ L_{tl}(s) \leqslant L_{max} \\ P_{td,q} \leqslant \overline{P}_{td,q}, \qquad q \in \Omega_{zjtd,j} \\ j \in \Omega_{zj}, \quad s \in \Omega_{zjb} \end{cases}$$

(2.4)

式中, $C_{zjl,j}$ 为第 j 个站间供电网格内联络线路综合造价; $\phi_{hv}(C_{zjl,j})$ 和 $\varphi_{hv}(C_{zjl,j})$ 分别为对应 $C_{zjl,j}$ 的站间供电网格"强""简""弱"网架结构类型约束和通道连通性判断函数; $L_{tl}(s)$ 为第 s 个变电站在相应供电网格内 110kV 联络通道的长度; L_{max} 为变电站 110kV 联络通道的最大允许长度(主要用于负荷密度较小的农村地区,可由专家经验设置,本章推荐设置值为 10km); Ω_{zjb} 为所有站间供电网格内变电站编号集合; $\Omega_{zjtd,j}$ 为第 j 个站间供电网格中通道编号集合。

对于式(2.4)的优化模型,可基于各 110kV 变电站负荷的主供和备供 220kV 站(备供站仅针对"强"的高压网架规划),在全局范围内进行供电网格的优化划分,具体步骤为:

(1)识别网架结构类型。

若仅针对"简"或"弱"的高压配电网架规划,跳转步骤(5)。

(2)确定各 110kV 站的 220kV 主供站。

根据变电站规划优化方法或专家经验获得的各 220kV 变电站的供电范围,将各 220kV 站分别称为其供电范围内各 110kV 站的主供站。以图 2.5 所示的简化系统为例,若 110kV 站 A1 和 B1 分别属于 220kV 站 A 和 B 的供电范围,则 110kV 站 A1 和 B1 的主供站分别为 220kV 站 A 和 B。

(3)确定各 110kV 站的 220kV 备供站。

基于 220kV 站站间 110kV 候选通道和 110kV 联络线路综合造价最小原则,确定各 110kV 站可能存在的 220kV 备供站。以图 2.5 为例,110kV 站 A1 和 B1 的备供站分别为 220kV 站 B 和 A。

(4)形成站间供电网格。

先将 220kV 主供站和备供站都相同的各 110kV 站划分为一个站间供电网格的供区,再将主供站和备供站相反的两个供区合并为一个站间供电网格。以图 2.5 为例,供区 AB 中所有 110kV 站(即站 A1 和 A2)的主供站和备供站分别都为变电站 A 和 B,供区 BA 中所有 110kV 站(即站 B1 和 B2)的主供站和备供站分别都为变电站 B 和 A；供区 AB 内和供区 BA 内的 110kV 站的主供站和备供站正相反，因此可合并为一个涉及变电站 A 和 B 的站间供电网格 AB。

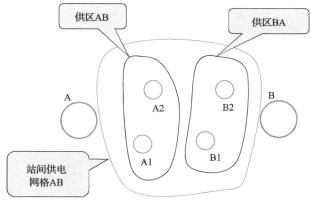

图 2.5　站间供电网格划分示意图

◯ 220kV 变电站；◯ 110kV 变电站

(5) 形成非站间供电网格。

对于因远距离联络、通道压力大和多电压等级协调等约束不能归入站间供电网格的 110kV 变电站供电区域，根据各网格内部 110kV 变电站相邻且仅有一个 220kV 主供站的原则，可将其划分为不同的非站间供电网格。

2.5.3　站间供电单元

供电单元是在供电网格划分基础上进一步细分的结果。

1. 站间供电单元划分模型

对于各站间供电网格内站间供电单元的划分，基于 2.5.1 节分区划分思路，可将式 (2.4) 的优化模型进一步简化为

$$\min f_{\mathrm{zjl},i} = \sum_{j1 \in \Omega_{\mathrm{zj},j}} C_{\mathrm{zjl},j,j1}$$

$$\mathrm{s.t.} \begin{cases} \dfrac{N_{\mathrm{zb},j}}{\overline{N}_{\mathrm{zb}}} \leqslant N_{\mathrm{zj},j} \leqslant N_{\mathrm{zb},j} \\ L_{\mathrm{tl}}(s) \leqslant L_{\max} \\ \varphi_{\mathrm{hv}}(C_{\mathrm{zjl},j,j1}) = 1 \\ P_{\mathrm{td},q} \leqslant \overline{P}_{\mathrm{td},q}, \quad q \in \Omega_{\mathrm{zjtd},j,j1} \\ j \in \Omega_{\mathrm{zj}}, \quad j1 \in \Omega_{\mathrm{zj},j}, \quad s \in \Omega_{\mathrm{zjb},j} \end{cases}$$

$$(2.5)$$

式中，$C_{\text{zjl},j,j1}$ 为第 j 个站间供电网格中第 $j1$ 个站间供电单元内 110kV 联络线路综合造价；$N_{\text{zb},j}$ 为第 j 个站间供电网格中 110kV 变电站总数；$\overline{N}_{\text{zb}}$ 为对应一个典型接线模式的站间供电单元中 110kV 变电站的最大个数（一般取值为 3，最大值为 4）；$\Omega_{\text{zjb},j}$ 为第 j 个站间供电网格内变电站编号集合；$\varphi_{\text{hv}}(C_{\text{zjl},j,j1})$ 为对应 $C_{\text{zjl},j,j1}$ 的站间供电单元 110kV 通道连通性判断函数；$\Omega_{\text{zjtd},j,j1}$ 为第 j 个站间供电网格中第 $j1$ 个站间供电单元内通道编号集合。

2. 站间供电单元划分方法

涉及式 (2.5) 的优化模型可采用枚举法分别在各站间供电网格内对其所包含的 110kV 变电站进行高效优化匹配。这是由于各供电网格相对于整个规划区域而言供电范围小，每个供电网格中 110kV 变电站不多，少则一、两座，多则四、五座，即使站间供电单元个数从式 (2.5) 中的最小值 $\underline{N}_{\text{b},j}(\underline{N}_{\text{b},j} = N_{\text{zb},j} / \overline{N}_{\text{zb}})$ 到最大值 $N_{\text{zb},j}$ 逐一枚举，变电站组合方案总数也不多；而且仅靠专家经验就可删除其中许多联络通道冗余和交叉迂回的方案；再有就是各单元划分方案的评估只需估算其联络线路的综合造价，计算量小。

2.5.4 自环供电单元

1. 自环供电单元划分模型

对于 $N_{\text{hv}} > 0$ 的"简"或"强"高压网架规划，针对各非站间供电网格，基于 2.5.1 节分区划分思路，应尽可能多地形成自环供电单元，同时尽量减小 110kV 联络线路综合造价，因此基于 2.5.1 节中的模型求解思路，自环供电单元优化划分的模型可由式 (2.1) 简化为

$$\max f_{\text{zhb},i} = N_{\text{zhb},i}$$
$$\min f_{\text{zhl},i} = \sum_{i1 \in \Omega_{\text{zh},i}} C_{\text{zhl},i,i1}$$
$$\text{s.t.} \begin{cases} \varphi_{\text{hv}}(C_{\text{zhl},i,i1}) = 1 \\ L_{\text{tl}}(s) \leqslant L_{\max} \\ P_{\text{td},q} \leqslant \overline{P}_{\text{td},q}, \quad q \in \Omega_{\text{zhtd},i,i1} \\ i \in \Omega_{\text{fzj}}, \ i1 \in \Omega_{\text{zh},i}, \ s \in \Omega_{\text{zhb},i} \end{cases}$$

$$(2.6)$$

式中，$C_{\text{zhl},i,i1}$ 和 $\Omega_{\text{zhtd},i,i1}$ 分别为第 i 个非站间供电网格中第 $i1$ 个自环供电单元内联络线路综合造价和通道编号集合；$\varphi_{\text{hv}}(C_{\text{zhl},i,i1})$ 为对应 $C_{\text{zhl},i,i1}$ 的供电单元通道连通性

判断函数；$\Omega_{\text{zhb},i}$ 为第 i 个非站间供电网格内所有自环供电单元中变电站编号集合。

2. 自环供电单元划分方法

类似式 (2.5) 模型的求解方法，式 (2.6) 的优化模型也可采用枚举法分别在各非站间供电网格内对 110kV 变电站进行高效的优化匹配。

2.5.5　辐射供电单元

对于大规模辐射型高压配电网规划 (如负荷密度较小地区的农网或通道资源紧张的城网) 供电单元划分方法，单纯采用穷举法工作量将会很大，因此本章提出了一种基于最小生成树和支路交换的启发式混合优化方法。

1. 辐射供电单元划分模型

分别在各非站间供电网格内，对于不能形成自环供电单元的供电区域，基于 2.5.1 节分区划分思路，辐射供电单元优化划分的模型可由式 (2.1) 简化为

$$\min f_{\text{fsl},i} = \sum_{i2 \in \Omega_{\text{fs},i}} (\varepsilon C_{\text{fs},i,i2} + C_{\text{fsxs},i,i2} + C_{\text{fsks},i,i2})$$

$$\text{s.t.} \begin{cases} g(C_{\text{fs},i,i2}) = 0 \\ \varphi_{\text{hv}}(C_{\text{fs},i,i2}) = 1 \\ P_{\text{td},q} \leqslant \overline{P}_{\text{td},q}, \quad q \in \Omega_{\text{fstd},i,i2} \\ i \in \Omega_{\text{fzj}}, \quad i2 \in \Omega_{\text{fs},i} \end{cases}$$

$$(2.7)$$

其中，

$$C_{\text{fsxs},i,i2} = \frac{C_{\text{e}} \tau_{\max} r_1}{(\cos\theta\ U_{\text{n}})^2} \sum_{k \in \Omega_{\text{x},i,i2}} (L_k P_k^2) \tag{2.8}$$

$$C_{\text{fsks},i,i2} = \begin{cases} C_{\text{fs}} \xi (\lambda_{\text{s}} t_{\text{s}} + \lambda_{\text{f}} t_{\text{f}}) \sum_{k \in \Omega_{\text{x},i,i2}} (L_k P_k), & \pi \text{接} \\ C_{\text{fs}} \xi (\lambda_{\text{s}} t_{\text{s}} + \lambda_{\text{f}} t_{\text{f}}) P_{\text{z},i,i2} \sum_{k \in \Omega_{\text{x},i,i2}} L_k, & \text{T接} \end{cases} \tag{2.9}$$

式中，$C_{\text{fsxs},i,i2}$ 和 $C_{\text{fsks},i,i2}$ 分别为第 i 个非站间供电网格中第 $i2$ 个辐射供电单元内线路的年电能损耗费用和年停电损失费用 (仅对应不能或不考虑通过中压转供的情况)；$g(C_{\text{fs},i,i2}) = 0$ 为对应 $C_{\text{fs},i,i2}$ 的辐射型电网正常运行情况下涉及潮流的等式约束方程；$\varphi_{\text{hv}}(C_{\text{fs},i,i2})$ 为对应 $C_{\text{fs},i,i2}$ 的供电单元通道连通性判断函数；$\Omega_{\text{fstd},i,i2}$ 为

第 i 个非站间供电网格中第 $i2$ 个辐射供电单元内通道编号集合；$\Omega_{x,i,i2}$ 和 $P_{z,i,i2}$ 分别为第 i 个非站间供电网格中第 $i2$ 个辐射供电单元内所有线路编号的集合和总的有功功率；r_1 为高压线路单位长度的电阻；L_k 为线路 k 的长度；P_k 为流过线路 k 的有功功率；λ_f 和 λ_s 分别为高压线路的故障率和计划检修率；t_f 和 t_s 分别为高压线路的修复时间和计划检修时间。

2. 辐射供电单元划分方法

类似式 (2.5) 模型的求解，涉及式 (2.7) 的优化模型也可在各非站间供电网格内(但不包括自环供电单元供区)采用枚举法求解，但对于大规模辐射型高压配电网规划，单纯采用穷举法工作量将会很大，因此本章提出一种启发式混合优化方法：首先，在不考虑通道容量约束情况下采用最小生成树算法获得初始辐射型网架结构；然后，采用支路交换法尽量消除可能存在的通道容量越限问题；最后，采用人工干预得到不存在通道容量越限问题的辐射型网架方案。

1) 城市高压辐射型配电网

(1) 简化思路。

对于城市地区，电缆线路占比较高，电能损耗费用在总费用中的占比较小，且高压辐射线路停运后受影响的负荷通常能通过中压线路转供，年停电损失费用在总费用中的占比也较小，因此在城市高压辐射型网架的优化过程中可忽略电能损耗费用和年停电损失费用，仅考虑线路综合造价。

(2) 最小生成树算法。

本章最小生成树算法采用普里姆算法[12]：首先把所有变电站站址视为图论中的点，把所有变电站之间的线路视为图论中的边(其权值为线路综合造价)；然后在不考虑通道容量约束情况下，分别对各辐射供电区域进行辐射型网架结构的求解，具体步骤如下。

①将待规划区域视为一个连通图并分为两部分，一部分为最小生成树，另一部分为剩余部分，并将所有 220kV 供电变电站作为初始点加入最小生成树。

②把将连通图两部分连接起来的线路中权值最小的边和与此边相连的点(即 110kV 变电站)加入最小生成树中。

③重复②，直到所有代表 110kV 变电站的点都加入到最小生成树中。

(3) 支路交换法。

支路交换法[13]的目的是尽量以最小的成本消除可能存在的通道容量越限，具体步骤如下。

①校验由最小生成树算法获得的结果是否所有通道容量均满足要求。若满足，则得到最终解，跳转到步骤⑧。

②计算最小生成树的越限容量(即所有树支越限容量之和)。

③对最小生成树中的每一条线路进行如下操作：删除该线路，并尝试加入最小生成树外的另一条使图仍然连通的线路，并记录下替换后的越限容量的减少量以及权值的减少量。

④若步骤③中存在越限容量减少且权值减少的方案，选择这些方案中越限容量减少量最大的方案作为新的方案，若存在多个越限容量相同的方案，则选择其中权值减少量最大的方案，跳转到步骤②。

⑤若步骤③中存在越限容量减少且权值增加的方案，选择这些方案中越限容量减少量与权值增加量的商最大的方案作为新的方案，跳转到步骤②。

⑥若步骤③中存在越限容量不变且权值减少的方案，选择这些方案中权值减少量最大的方案作为新的方案，跳转到步骤②。

⑦在现阶段获得的优化方案基础上，可借助人工干预通过多条支路同时交换的方法消除辐射型网架中的通道容量越限问题。

⑧结束。

2）农村高压辐射型配电网

对于农村地区，线路主要采用架空线，电能损耗费用在总费用中的占比较大，且高压辐射线路停运后受影响的负荷难以通过中压线路转供，年停电损失费用在总费用中的占比也较大，因此在辐射型网架的优化过程中不能忽略电能损耗费用和年停电损失费用。

农村高压辐射型网架的优化过程与上节"城市高压辐射型配电网"优化过程类似，但总权值变化量涉及线路综合造价、年电能损耗和年停电损失，即每添加一条线路或进行一次支路交换前后，网架总权值可由式（2.7）的目标函数以及式（2.8）和式（2.9）分别求得，两者之差即为总权值变化量。其中，当在树中新添加一条候选线路 b（即边）时，新增的总权值可简化表示为

$$f_{\text{fslr},b} = \varepsilon C_{\text{hvx}} L_b + \frac{C_e \tau_{\max} r_1}{(\cos\theta U_n)^2} \Delta\text{PL}_{\text{fsxs},b} + C_{\text{fs}}\xi(\lambda_s t_s + \lambda_f t_f)\Delta\text{PL}_{\text{fsks},b} \tag{2.10}$$

其中，

$$\Delta\text{PL}_{\text{fsxs},b} = 2P_b \sum_{k\in\Omega_{\text{sl},b}}(L_k P_k) + P_b^2\left(\sum_{k\in\Omega_{\text{sl},b}} L_k + L_b\right) \tag{2.11}$$

$$\Delta\text{PL}_{\text{fsks},b} = \begin{cases} P_b\left(\displaystyle\sum_{k\in\Omega_{\text{sl},b}} L_k + L_b\right), & \pi\text{接} \\[4mm] P_b\left(\displaystyle\sum_{k\in\Omega_{\text{sl},b}} L_k + L_b\right) + P_{z,b}L_b, & \text{T接} \end{cases} \tag{2.12}$$

式中，C_{hvx} 为高压线路单位长度的综合造价；$\Omega_{\text{sl},b}$ 为添加候选线路 b 至其供电变电站最短路径上的线路编号集合；$\Omega_{\text{zl},b}$ 和 $P_{\text{z},b}$ 分别为添加候选线路 b 前相应辐射型网架的线路编号集合和总有功功率。

2.5.6　分区局部调整

对于供电分区划分中其他可能关注的问题，比如自然地理边界和管理界面清晰、供电区域分类等级相同或接近等，需要规划人员通过简化估算公式或人工干预对分区划分方案做进一步局部调整(参见文献[9])。

2.6　目标网架接线方案优选

本节分别针对各供电单元，根据相关规划导则初选几种可能的典型接线方案，再对这些接线方案基于技术经济比较进行优选。

2.6.1　初始接线方案选择

初始接线方案涉及各供电单元线路的接线模式和导线型号。

1. 典型接线模式的选择

典型接线模式的提出是为了配电网建设的标准化和规范化。配电网规划导则针对不同的供电区域类型有推荐的高压典型接线模式(如表 2.2 所示[10])，据此可基于相应的供电区域确定各供电单元接线模式的一个或多个初步方案。由表 2.2可以看出，高压典型接线模式可分为链式、环网和辐射三大类。变电站接入方式可采用 T 接或 π 接方式：T 接所需开关个数少，投资费用低，但出现线路故障时整条线路都将受影响；π 接所需开关个数多，投资费用高，但出现线路故障时可通过开关操作，将故障影响范围缩小到故障段。

表 2.2　针对不同供电类型区域推荐的高压接线模式[10]

供电区域类型	链式			环网		辐射	
	三链	双链	单链	双环网	单环网	双辐射	单辐射
A+，A 类	√	√		√		√	
B 类	√	√	√	√		√	
C 类	√	√	√	√	√	√	
D 类					√	√	√
E 类							√

注：表中"√"表示对于不同供电区域推荐的接线模式。

根据表 2.2 可进行接线模式的初步选择：

A+、A、B 类供电区域供电安全水平要求高，110kV 电网宜采用链式结构，上级电源点不足时可采用双环网结构，在上级电网较为坚强且下级 10kV 具有较强的站间转供能力时，也可采用双辐射结构。

C 类供电区域供电安全水平要求较高，110～35kV 电网宜采用链式和环网结构，也可采用双辐射结构。

D 类供电区域 110～35kV 电网可采用单辐射结构，有条件的地区也可采用双辐射或环网结构。

E 类供电区域 110～35kV 电网一般可采用单辐射结构。

2. 导线型号选取

线路导线型号或截面选择应根据规划区域的饱和负荷，综合考虑载流量、经济电流密度、允许电压降、热稳定和动稳定等一次选定。

(1)对于电缆线路，线路"N–1"停运情况下的持续极限输送容量(即载流量)是选择其导线截面的主要因素，必要时还应校验电压降、热稳定和动稳定。

(2)对于架空线路，一般按正常运行方式下的经济电流密度选取导线截面，根据正常运行和"N–1"停运情况下导线允许载流量和电压降进行校验。

架空线路按经济电流密度选取的导线截面可表示为

$$S_l = \frac{P_l}{\sqrt{3}J_l U_n \cos\theta} \tag{2.13}$$

式中，S_l 和 P_l 分别为线路 l 的导线截面和输送的有功功率；$\cos\theta$ 为功率因数；U_n 为线路额定电压；J_l 为相应的经济电流密度。

2.6.2　最终接线方案优选

针对各供电单元选择的初始接线方案，进行技术经济比较，在满足技术指标的情况下，选择年总费用最小的接线方案。

1. 方案的技术可行性

方案的技术可行性可以从供电安全校验、电压质量和短路电流指标等几个方面来考虑。

1)供电安全校验

相关导则[10]规定，A+、A、B 和 C 类供电区域高压配电网应满足变电站主变和线路"N–1"供电安全准则。然而，对于供电安全性要求较高的规划区域，网架结构若能满足电源(供电变电站)和线路通道"N–1"，以及主变和线路"N–1–1"

（即一台主变或一条线路计划停运的情况下，又发生了另一台主变或另一条线路故障停运）校验，供电安全性将会得到进一步的加强。单从网架结构上看，各种接线模式满足"N–1"和"N–1–1"安全校验的具体情况如表2.3所示。

表 2.3　典型接线从结构上满足"N–1"与"N–1–1"安全校验的情况汇总

接线模式		"N–1"				"N–1–1"
		电源	主变	通道	线路	
三链	π接	√	√	√	√	√
	T接	√	√	—	√	√
双链	π接	√	√	√	√	√
	T接	√	√	—	√	√
单链	π接	√	√	√	√	—
双环网	π接	—	√	√	√	—
单环网	π接	—	√	√	√	—
双辐射	π接	—	√	√	√	—
	T接	—	√	√	√	—
单辐射	π接	—	√	√	√	—
	T接	—	√	√	√	—

注：表中"√"表示不同接线模式满足相应的供电安全校验。

2）供电电压质量

配电网规划应保证各类用户受电电压质量满足相关技术导则的要求。

3）短路电流水平

配电网规划应从网络结构、电压等级、阻抗选择、运行方式和变压器容量等方面合理控制各级电压的短路容量，使各级电压断路器的开断电流与相关设备的动、热稳定电流相配合。变电站内母线的短路电流水平一般不应超过相关技术导则规定的数值。

2. 方案的经济性

1）目标函数

基于式(2.1)的优化模型，本章采用年费用评价方案的经济性，涉及线路导体的投资费用、开关投资费用、线路电能损耗费用和停电损失费用。由于假设各220kV变电站供电范围已知，正常运行时由220kV变电站至各110kV变电站的高压通道已经确定，在供电单元优化过程中又已优选各110kV站站间的联络线路，本节各供电单元年费用可不涉及电缆通道或架空走廊的土建费用。因此，第 j 个供电单元接线方案优选的目标函数可由式(2.1)简化表示为

$$\min f_{\text{xz},j} = \min_{k \in \Omega_{\text{m},j}} \left\{ C_{\text{xt},j,k} + C_{\text{kt},j,k} + C_{\text{xs},j,k} + C_{\text{ks},j,k} \right\} \tag{2.14}$$

式中，$f_{\text{xz},j}$ 为第 j 个供电单元优选接线方案的年总费用，涉及导线和开关的投资年费用、电能损耗年费用和停电损失年费用；$\Omega_{\text{m},j}$ 为第 j 个供电单元中初始接线方案的编号集合；$C_{\text{xt},j,k}$、$C_{\text{kt},j,k}$、$C_{\text{xs},j,k}$ 和 $C_{\text{ks},j,k}$ 分别为第 j 个供电单元第 k 个接线方案的导线投资年费用、开关投资年费用、线路电能损耗年费用和用户停电损失年费用。

2）费用计算

（1）导线投资年费用。

第 j 个供电单元第 k 个接线方案的导线投资年费用可表示为

$$C_{\text{xt},j,k} = \varepsilon L_{\text{x},j,k} C_{\text{hvx}} \tag{2.15}$$

式中，$L_{\text{x},j,k}$ 为第 j 个供电单元第 k 个接线方案的导线长度；C_{hvx} 为导线单位长度本体工程造价。

（2）开关投资年费用。

第 j 个供电单元第 k 个接线方案的开关投资年费用可表示为

$$C_{\text{kt},j,k} = \varepsilon N_{\text{k},j,k} C_{\text{hvk}} \tag{2.16}$$

式中，$N_{\text{k},j,k}$ 为第 j 个供电单元第 k 个接线方案的高压开关个数；C_{hvk} 为高压开关单价。

（3）线路电能损耗年费用。

第 j 个供电单元第 k 个接线方案的线路电能损耗年费用可表示为

$$C_{\text{xs},j,k} = C_{\text{e}} \Delta P_{\max,j,k} \tau_{\max,j} \tag{2.17}$$

式中，$\Delta P_{\max,j,k}$ 为第 j 个供电单元第 k 个接线方案的线路最大功率损耗；$\tau_{\max,j}$ 为第 j 个供电单元负荷的最大负荷利用小时数；C_{e} 为购电电价。

（4）年停电损失费用。

第 j 个供电单元第 k 个接线方案的年停电损失费用可表示为

$$C_{\text{ks},j,k} = C_{\text{fs}} P_j \xi_j \text{SAIDI}_{j,k} \tag{2.18}$$

式中，C_{fs} 为单位电量的平均停电成本；P_j 和 ξ_j 分别为第 j 个供电单元负荷的最大负荷值和负荷率（即平均负荷与最大负荷之比）；$\text{SAIDI}_{j,k}$ 为第 j 个供电单元第 k 个接线方案的用户年平均停电持续时间。

2.7　网架过渡策略

随着负荷的发展，基于上下级电网"强""简""弱"的情况以及对电网整体供电安全可靠和经济的要求，高压配电网接线模式可能经历由简单到复杂和从复杂到简单的过渡，如图 2.6 所示。图中箭头表示通过建设改造箭头离开的接线模式可以过渡到箭头指向的接线模式：实线箭头表示接线模式由简到繁的变化，虚线箭头表示在上级输电网坚强且中压负荷转供能力变强时，高压配电网可适当进行简化或弱化，由繁到简(如简化为双辐射[10])，从而提高设备利用率并释放通道的压力。

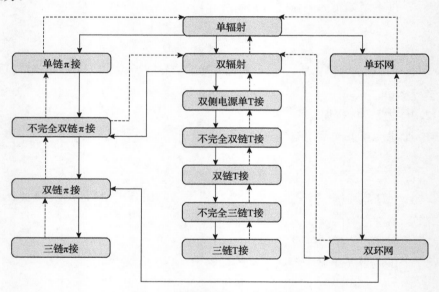

图 2.6　典型接线方式过渡示意图

图 2.6 中的建设改造也可跳过某些接线模式，具体过渡方案可根据负荷发展以及上下级电网"强""简""弱"等情况确定。比如针对不同供电区域可提出初期接线、过渡接线和目标接线供选择[14]。以图 2.6 为例，A+、A 和 B 类供电区域可由双辐射经双环网过渡到双链 π 接或经双链 T 接过渡到三链 T 接，C 和 D 类供电分区可由单辐射经双辐射过渡到双链 T 接或 π 接，E 类供电分区可由单辐射过渡到双辐射或单环网。

为提高对负荷增长的适应能力，应按廊道一次到位线路分期建设(以及变电站土建一次建成变压器分期建设)的策略开展规划，其中导线截面应根据规划区域饱和负荷一次选定。

2.8　电力通道规划

与 2.3 节候选通道组网用以事先确定高压线路可选路径分布、可选类型和极限容量(或最大敷设条数)不同，本节电力通道规划是基于目标年高压网架规划结果并结合建设标准规划高压电力廊道并预留裕度，涉及电力通道的最终需求量。

2.8.1　建设标准

根据相关技术规程、标准和规范[14,15]，高压配电网电力通道应满足如下的要求。

1. 高压配电网电缆通道应符合规定

(1)电缆通道应按电网远景规划预留，并随市政道路建设一次建成；建设与改造城市供电区的电缆管沟时应同步建设通信光缆或预留通信专用管孔。

(2)不宜采用高中压电缆共通道，特殊情况下应采取物理隔离措施。

(3)电缆通道敷设方式包括直埋、排管、电缆沟、隧道以及综合管廊等，其适用环境和优缺点如表 2.4 所示[16]。其中，城市地下电缆和其他管道集中地段，根据管道综合规划要求，电力电缆宜进入综合管廊；35~110kV 电缆共通道的，15根及以上宜采用隧道方式敷设，15 根以下可采用排管或沟槽方式敷设。

表 2.4　各电缆敷设方式的特点

类别	适用环境	优势	劣势
直埋	电缆线路不太密集的城市地下走廊，如市区人行道、公共绿地	不需要大量的土建工程，施工周期短	检修、维护需开挖道路，不方便
电缆沟	地面载重负荷较轻的电缆线路路径，如工厂厂区、发电厂和变电站内	易于故障处理和维修，外力破坏少，敷设在空气中电缆载流量较大	线路防水性较差，沟体较浅，人和设备难于进入，机发生火灾时影响整个断面
排管	城市交通比较繁忙，有机动车等重载，敷设电缆条数比较多的地段	施工相对简单，线路相互影响小，且检修维护方便	土建投资较大，工期较长，修理费用较大，散热条件差
电缆隧道	电缆穿越河道、变电站出线及重要道路电缆条数多的地段	单体容量较大，散热好，无外破，易于故障处理；可敷设多条电缆	施工复杂，工期长，建设费用较高，维护量大

(4)典型电缆通道宽度可按表 2.5 选取。

(5)电缆通道需考虑与燃气、供水管和通信管等市政规划之间的距离协调(如图 2.7 所示的某规划道路断面示意图)，电缆通道与其他管线的距离及相应防护措施应符合《城市工程管线综合规划规范》(GB 50289—2016)的规定[17]。

2. 高压配电网架空线路通道应符合规定

(1)高压架空电力线路应规划专用通道，并应加以保护。

表 2.5　电缆通道规划尺寸

序号	电缆根数	通道类型	通道内尺寸	通道整体尺寸
1	12	沟槽(高压)	1.6m×1.3m($B×H$)	1.9m×1.6m($B×H$)
2	12	沟槽(中压)	1.24m×1.2m($B×H$)	1.54m×1.5m($B×H$)
3	9	电缆排管 14 孔	1.6m×2.1m($B×H$)	1.9m×2.3m($B×H$)
4	12	电缆排管 20 孔	2.2m×2.1m($B×H$)	2.5m×2.3m($B×H$)
5	18	电缆隧道(方形)	2.5m×2.4m($B×H$)	3.1m×3.0m($B×H$)
6	18	电缆隧道(顶管)	ϕ2.5m	ϕ3.1m
7	24	电缆隧道(方形)	2.5m×2.8m($B×H$)	3.1m×3.4m($B×H$)
8	24	电缆隧道(顶管)	ϕ3m	ϕ3.6m

注：B 表示宽度，H 表示高度。

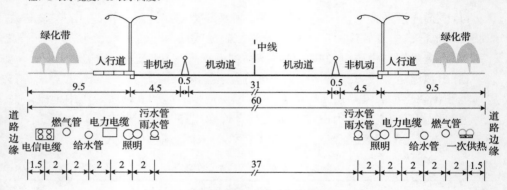

图 2.7　某规划道路断面示意图(单位：m)

(2)在满足电网安全运行的前提下，结合远景规划，同一方向的两回线路为节约走廊资源宜采用同杆塔架设，必要时也可同塔多回架设。

(3)不同电压等级架空配电线路共架时，应采用高电压在上、低电压在下的布置形式。

(4)对于单杆单回水平排列或单杆多回平直排列的市区 35～330kV 高压架空电力线路规划走廊宽度，宜根据所在城市的地理位置、地形、地貌、水文、地质、气象等条件及当地用地条件，按表 2.6 的规定合理确定。

表 2.6　市区 35～330kV 高压架空电力线路规划走廊宽度

额定电压/kV	高压线走廊宽度/m
330	35～45
220	30～40
66、110	15～25
35	15～20

2.8.2　基本思路

高压电力通道规划应结合政府规划、候选通道组网和网架规划方案，依据制定的电力通道相关原则确定不同区域、不同路段的通道敷设方式和敷设规模，明确规划区域未来发展对电力通道的需求总量及分布情况，合理安排电力通道建设时序，估算电力通道规划规模及投资。

1. 纵向：远近结合

(1) 老城区属于城市建成区，城市发展和电力需求趋于饱和，可供选择的站址和廊道用地日益匮乏，应充分考虑并合理利用现有高压走廊和管线，同时对新增通道的可行性进行详细的调查研究。

(2) 新城区负荷预测具有较大的不确定性，高压电力通道线路不可能一次成型，但线路导线截面应一次选定，廊道宜一次到位；应按变电站终期规模和布置形式考虑其出线和周边路网的电缆管沟规划(如 C 类及以上供电区域变电站宜设 2~4 个长度不小于 0.5km 或 1km 的电缆进出通道)；相同方向(如横、纵、环和射等方向)主干通道规模可按照其各分段通道最大"目标网架走线条数+1(或 2)条"进行预留，以适应不确定性因素(如站址变动)对电网建设的影响。

(3) 分阶段设置目标，远景目标为通道发展的饱和状态，近期目标为急需建设的通道(应充分了解架空和电缆通道现状情况，找出急需建设区域)。

(4) 结合 110kV 变电站站址(变电站土建一次建成，变压器分期建设)和上级电网建设进度，以远期组网形态为导向，过渡期分轻重缓急，逐一贯通，逐步实现远期目标。

2. 横向：全局统筹

相对于中压电力通道规划，高压电力通道规划在路径和容量方面应优先考虑；线路走廊应与城乡总体规划相结合，应和其他市政设施统一安排，且应征得规划部门的认可，确保电力通道的落实。

2.8.3　基本步骤

本章高压电力通道实用规划方法涉及如下的基本步骤。

1. 通道诊断分析

1) 电力通道现状分析

通过调研确定规划区现状电力通道的情况，主要包括敷设方式、建设规模和已使用规模，并形成基于规划区市政规划地理背景的现状电力通道图和电力通道明细表；分析现状管沟的健康状况，明确管线矛盾突出的区域，总结现状通道存在的主要问题及严重程度(如部分道路电缆通道资源紧张和部分道路电力管道建设标准不统一等)。

2)政府规划分析

为协调电力通道规划与政府其他专项规划，收集并了解规划区域的总体市政规划及控规详规(包括建设时序)，分析规划区域内通信、燃气和雨水等管网布置方式和规模等情况，找出其他通道布置的位置和数量。

2. 规划原则制定

依据相关技术标准和工程实践经验，结合规划区域的现状配电网和配电网规划方案，制定规划区域电力通道规划思路和建设改造标准，主要包括架空和电缆建设方式的选择、电缆通道与电力通信需求、通道配合标准、检修井转角井布置标准、电缆通道截面标准、通道深度宽度建设标准、道路宽度与管道数配合标准，以及其他管网与电缆通道配合标准等。

3. 电力通道路径确定

根据目标网架规划成果确定架空和电缆通道路径，要在满足建设可行性基础上力求经济合理：充分利用现状剩余通道；新建电力通道应预留充足，避免重复开挖建设，但其路径应能省则省，不要绕道。

4. 道路黄线协调

通道路径，包括各种附属土建设施(如电缆排管、工井、隧道和电缆沟等)的位置，应符合城市规划管理部门制定的道路地下管线的统一规划。例如，有的城市规定，电力电缆的管线位置一般在道路的东侧或南侧人行道或非机动车道下方。

5. 敷设方式选取

架空方式(即单回、双回和多回)和电缆方式(即直埋、排管、电缆沟、隧道以及综合管廊等)应视工程条件、环境特点和线路数量等因素选取，且按满足运行可靠、便于维护和技术经济合理的原则来选择。其中，同一道路电缆廊道敷设方式和尺寸应尽量保持一致。

6. 统筹远近目标

过渡期以近期目标和现状通道问题为依据，逐年规划方案；为尽早成型，最终方案宜缩短过渡期。

7. 建设规模测算

结合同一路径上近期和远景线路平行根数的密集程度、道路结构和建设资金来源等因素，测算排管、电缆沟或隧道等土建设施的规模。

8. 方案成效分析

评估规划高压电力通道建成后，针对现状电网电缆资源已用完或者资源紧张问题的解决情况，分析规划方案是否满足新增负荷需求，分析规划电网建成后带来的社会经济效益。

2.9　高压网架规划算例

2.9.1　算例 2.1：典型接线选择

本算例涉及目标网架典型接线导线型号选取和经济性比较。

1. 导线型号选取

本算例 110kV 电缆截面推荐的候选值如表 2.7 所示[14,18]。对于各种典型接线模式[10]，若正常运行时双主变、三主变和四主变负载率分别按 0.65、0.87 和 1 考虑，架空线路经济电流密度取 1.15A/mm^2，根据 2.6.1 节的相关方法选择不同接线模式架空和电缆线路的导线型号，结果如表 2.9 所示。

表 2.7　110kV 电缆截面推荐的候选值

额定电压/kV	电缆截面/mm^2
110	240，300，400，500，630，800，1200

若电缆载流量按通风良好的电缆隧道或电缆沟考虑，架空线路载流量按环境温度 25℃计算，可得到典型导线截面的持续极限输送容量，如表 2.8 所示[19]。

表 2.8　典型 110kV 导线的持续极限输送容量[19]

电缆线型号	持续容量/(MV·A)	架空线型号	持续容量/(MV·A)
YJV-400	125	LGJ-185	107
YJV-500	143	LGJ-240	130
YJV-630	165	LGJ-300	148
YJV-800	187	LGJ-400	171
YJV-1200	225	LGJ-500	198
—	—	LGJ-630	229

表 2.9　110kV 典型接线选择的线路型号

典型接线模式	主变容量/(MV·A)	主变负载率/%	架空-LGJ		电缆-YJV	
			近站端	中段	近站端	中段
三链 π 接三站三变	63	87	400	240	800	400
	63	100	500	240	1200	500
	50	87	300	185	500	400
	50	100	400	185	630	400
三链 T 接三站三变	63	87	400	240	—	—
	63	100	500	240	—	—
	50	87	300	185	—	—
	50	100	400	185	—	—
三链 π 接两站三变	63	87	240	185	400	400
	63	100	240	185	500	400
	50	87	185	185	400	400
	50	100	185	185	400	400
三链 T 接两站三变	63	87	240	185	—	—
	63	100	240	185	—	—
	50	87	185	185	—	—
	50	100	185	185	—	—
双链 π 接两站三变	63	87	400	240	800	400
	63	100	500	240	1200	500
	50	87	300	185	500	400
	50	100	400	185	630	400
双链 T 接两站三变	63	87	400	240	—	—
	63	100	500	240	—	—
	50	87	300	185	—	—
	50	100	400	185	—	—
双链 π 接两站两变	63	65	185	185	400	400
	63	100	240	185	500	400
	50	65	185	185	400	400
	50	100	185	185	400	400
双链 T 接两站两变	63	65	185	185	—	—
	63	100	240	185	—	—
	50	65	185	185	—	—
	50	100	185	185	—	—

续表

典型接线模式	主变容量/(MV·A)	主变负载率/%	架空-LGJ		电缆-YJV	
			近站端	中段	近站端	中段
双链 π 接三站两变	63	65	240	185	500	400
	63	100	500	240	1200	500
	50	65	185	185	400	400
	50	100	400	185	630	400
双链 T 接三站两变	63	65	240	185	—	—
	63	100	500	240	—	—
	50	65	185	185	—	—
	50	100	400	185	—	—
单链 π 接两站两变	63	65	500	185	800	400
	63	100	—	—	—	—
	50	65	300	185	500	400
	50	100	630	185	1200	400
单链 π 接一站两变	63	65	185	—	400	—
	63	100	240	—	500	—
	50	65	185	—	400	—
	50	100	185	—	400	—
单链 π 接一站三变	63	87	400	—	800	—
	63	100	500	—	1200	—
	50	87	300	—	500	—
	50	100	400	—	630	—
单辐射一站两变	63	65	185	—	400	—
	50	65	185	—	400	—
单辐射两站两变	63	65	400	185	630	400
	50	65	300	185	500	400
单辐射一站三变	63	87	400	—	630	—
	50	87	300	—	500	—
单辐射三站一变	63	60	240	185	400	400
	50	60	185	185	400	400
双辐射两站两变	63	65	400	185	630	400
	50	65	300	185	500	400

注：“近站端”指 220kV 变电站到 110kV 变电站之间的线路，“中段”指 110kV 变电站之间的线路；单环网同单链，双环网同双链。

针对表 2.9 需要指出的是:

(1)该表是基于环境温度 25℃进行架空线载流量校验的结果,但在许多情况下应基于环境温度 35℃进行校验,即还需要采用一个温度校正系数(如 0.88)对线路载流量进行修正计算,结果可能会选择更大的架空线型号(电缆若散热条件较差类似)。

(2)为应对实际规划中的各种不确定因素,线路型号可不分"近站端"和"中段",即全线统一采用计算结果中"近站端"型号。

(3)结合各地区工程实践,可在现有技术标准的基础上增加常用的线路型号(如架空 LGJ-2×240 和 LGJ-2×300 以及电缆 YJV-1000)。

2. 典型接线经济性比较

本节典型接线涉及城市站间供电单元接线和农村辐射供电单元接线。

1)城市站间供电单元

计算所需要的基础参数或数据为: ε 为 0.17;最大负荷损耗小时数为 2000h;110kV 购电电价为 0.45 元/(kW·h);主变负载率为 0.87,负荷率为 0.4,功率因数取 0.9;停电成本按每千瓦时电量产生的国民经济产值取值为 15 元/(kW·h);导线单位长度本体工程造价见表 2.10;线路型号按表 2.9 选择;110kV 进出线间隔开关价格为 65 万元/个。

表 2.10 架空线和电缆导线本体工程造价

电缆线路型号	工程造价/(万元/km)	架空线路型号	工程造价/(万元/km)
YJV-400	370	LGJ-185	67
YJV-500	405	LGJ-240	74
YJV-630	444	LGJ-300	82
YJV-800	511	LGJ-400	95
YJV-1200	709	LGJ-500	109
—	—	LGJ-630	126

以一个含有两个 110kV 变电站的站间供电单元为例,若两变电站容量均为 3× 50MV·A 且在空间上均匀分布于两个 220kV 变电站之间,针对两 220kV 变电站之间通道总长分别为 5km、10km、30km 和 50km 的情况,计算各接线模式费用,结果如表 2.11 所示。

由表 2.11 可以看出:

(1)在其他情况相同的条件下,架空线路投资费用远小于电缆线路,应优先选择总费用小的架空线路。

(2)若选择架空线路,当通道较短(比如 10km)时,导线投资费用所占比例较小，开关投资所占比重较大，应选择开关投资费用较小的链式 T 接；当通道较长时(比如 30km)，开关投资所占比重降低，导线投资费用和其他费用所占比重升高，应选择导线费用较小的双链 π 接。

(3)若选择 π 接电缆线路(电缆一般不采用 T 接)，应选择总费用较小的双链 π 接。

表 2.11 城市典型接线年费用比较

通道总长/km	接线模式		线路投资/万元	开关投资/万元	线损费用/万元	停电损失/万元	总计/万元
5	架空	双链 π 接	65.50	221.00	24.60	1.28	312.38
		三链 π 接	94.40	309.40	23.90	1.04	428.74
		三链 T 接	94.40	110.50	23.90	1.12	229.92
	电缆	双链 π 接	668.70	221.00	9.40	1.28	900.38
		三链 π 接	943.50	309.40	8.40	0.96	1262.26
10	架空	双链 π 接	130.90	221.00	49.30	1.36	402.56
		三链 π 接	188.70	309.40	47.90	1.12	547.12
		三链 T 接	188.70	110.50	47.90	1.36	348.46
	电缆	双链 π 接	1337.30	221.00	18.80	1.28	1578.38
		三链 π 接	1887.00	309.40	16.90	1.04	2214.34
30	架空	双链 π 接	392.70	221.00	147.80	1.60	763.10
		三链 π 接	566.10	309.40	143.60	1.36	1020.46
		三链 T 接	566.10	110.50	143.60	2.08	822.28
	电缆	双链 π 接	4012.00	221.00	56.30	1.44	4290.74
		三链 π 接	5661.00	309.40	50.70	1.12	6022.22

2)农村辐射供电单元

计算所需要的基础参数或数据为：主变负载率为 0.35，负荷率为 0.3；最大负荷损耗小时数为 1250h；其余参数同上一节的"城市供电单元"。

以一个含有三个 110kV 变电站的辐射供电单元为例，若三个容量均为 2×31.5MV·A 变电站在空间上均匀分布且 π 接入高压线路，针对 220kV 变电站与最远端 110kV 站之间通道总长分别为 30km、60km 和 90km 的情况，计算各接线模式年费用(假设该供电单元不能实现中压站间负荷快速转供)，结果如表 2.12 所示。可以看出，单辐射总费用最少，但这是基于停电惩罚为 0(单位电量的停电费用仅为售电电价)的基础上得出的结果；若停电费用按每千瓦时电量产生的国民经济产值取值，分别增加为 5 元/(kW·h)和 10 元/(kW·h)计算，结果分别如表 2.13 和表 2.14 所示，单辐射的总费用将大幅增加，而双辐射的总费用变化不大且为最小。因此，是否考虑停电惩罚对辐射型线路接线模的选择影响很大。

表 2.12 农村典型接线年费用比较(停电费用为 0.5 元/(kW·h))

通道总长/km	接线模式	线路投资/万元	开关投资/万元	线损费用/万元	停电损失/万元	总计/万元
30	单辐射	236.30	165.75	46.10	17.52	465.67
	双辐射	353.60	232.05	23.00	0.06	608.71
60	单辐射	472.60	165.75	92.10	18.42	748.87
	双辐射	707.20	232.05	46.10	0.06	985.41
90	单辐射	708.90	165.75	138.20	19.32	1032.17
	双辐射	1060.80	232.05	69.10	0.06	1362.01

表 2.13 农村典型接线年费用比较(停电费用为 5 元/(kW·h))

通道总长/km	接线模式	线路投资/万元	开关投资/万元	线损费用/万元	停电损失/万元	总计/万元
30	单辐射	236.30	165.75	46.10	175.20	623.35
	双辐射	353.60	232.05	23.00	0.60	609.25
60	单辐射	472.60	165.75	92.10	184.20	914.65
	双辐射	707.20	232.05	46.10	0.60	985.95
90	单辐射	708.90	165.75	138.20	193.20	1206.05
	双辐射	1060.80	232.05	69.10	0.60	1362.55

表 2.14 农村典型接线年费用比较(停电费用为 10 元/(kW·h))

通道总长/km	接线模式	线路投资/万元	开关投资/万元	线损费用/万元	停电损失/万元	总计/万元
30	单辐射	236.30	165.75	46.10	350.40	798.55
	双辐射	353.60	232.05	23.00	1.20	609.85
60	单辐射	472.60	165.75	92.10	368.40	1098.85
	双辐射	707.20	232.05	46.10	1.20	986.55
90	单辐射	708.90	165.75	138.20	386.40	1399.25
	双辐射	1060.80	232.05	69.10	1.20	1363.15

2.9.2 算例 2.2:网状型网架

采用本章方法对某地区(以下简称"地区 X")"强"的高压配电网网架进行规划,目标年该区域总供电面积和最大负荷分别为 235km² 和 4575MW。

1. 变电站布点分布

图 2.8 为经现状分析、负荷预测和电力平衡后所获得的变电站布点分布示意图,其中 220kV 变电站和 110kV 变电站的个数分别为 19 和 67。

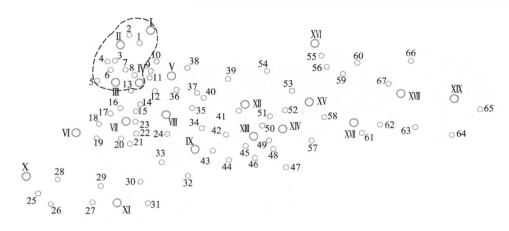

图 2.8　地区 X 的变电站布点分布

◎ 220kV 变电站；○ 110kV 变电站

2. 供电分区优化划分

采用本章方法将整个规划区域划分为 22 个供电网格和 32 个供电单元，结果如图 2.9 所示。图中某一典型接线模式(即单链、双链或三链)串接的 110kV 变电站归属同一个供电单元；由两个相同 220kV 变电站主供和备供的一个或两个供电单元归属同一个供电网格。

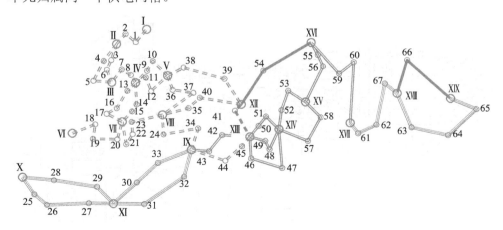

图 2.9　地区 X 的接线模式或供电单元优化结果

◎ 220kV 变电站；○ 110kV 变电站；▪▪▪ 电缆单链 π 接；═══ 电缆双链 π 接；━━━ 架空单链 π 接；═══ 架空双链 T 接；▤▤▤ 架空三链 T 接

下面以图 2.8 中虚线标注的局部区域(以下简称"区域 Y")为例，进一步说明按本章方法进行供电分区进行优化划分的过程。首先确定区域 Y 各 110kV 变电站的 220kV 主供站和备供站,并将主供站和备供站相同(不分主备)的 110kV 变电站划归同一网格,从而得到 3 个网格,即主备供站为变电站 I 和变电站 II 的供电网格 1、主备供站为变电站 II 和变电 III 的供电网格 2 以及主备供站为变电站 III 和变电站IV的供电网格 3,如表 2.15 所示。分别对这 3 个供电网格内的变电站进行匹配,得到各供电单元枚举方案基本情况,如表 2.16 所示。对于供电网格 1,满足上级变电站"N–1"安全校验的供电单元划分方案数为 2,其中供电单元中变电站数为 1 的方案联络通道冗余,优化结果为将变电站 1 和变电站 2 划归同一个供电单元;对于供电网格 2,变电站组合方案枚举总数为 14,其中联络通道冗余的方案有 7 个,通道交叉迂回的方案有 4 个,需进一步评估的方案数仅为 3,优化结果为将变电站 3 和变电站 6 划归同一个供电单元,而将变电站 4 和变电站 5 划归另一个供电单元;对于供电网格 3,方案枚举总数为 2,其中联络通道冗余的方案有 1 个,优化结果为将变电站 7 和变电站 8 划归同一个供电单元。综上,局部区域 Y 以不同链表示各单元的分区优化划分方案如图 2.10 所示。

表 2.15 区域 Y 的供电网格优化划分结果

变电站编号	主供站编号	备供站编号	网格编号
1	I	II	1
2	II	I	1
3	II	III	2
4	II	III	2
5	III	II	2
6	III	II	2
7	III	IV	3
8	IV	III	3

表 2.16 区域 Y 各供电网格内单元枚举方案

网格编号	单元枚举方案及分析				
1	1|2 通道冗余	1,2 待评估			
2	3|4|5|6 通道冗余	3,4|5|6 通道冗余	3,5|4|6 通道冗余	3,6|4|5 通道冗余	3|4,5|6 通道冗余
	3|4,6|5 通道冗余	3|4|5,6 通道冗余	3|4,5,6 待评估	3,5,6|4 交叉迂回	3,4,6|5 交叉迂回
	3,4,5|6 交叉迂回	3,4|5,6 待评估	3,5|4,6 交叉迂回	3,6|4,5 待评估	
3	7|8 通道冗余	7,8 待评估			

注:表中以"|"区分不同单元,如"3,4|5|6"表示将变电站 3 和变电站 4 划分为一个单元,变电站 5 和变电站 6 分别划分为一个单元。

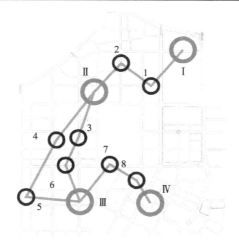

图 2.10　区域 Y 的供电单元优化结果

◯ 220kV 变电站；◯ 110kV 变电站

3. 目标网架典型接线模式

采用本章技术经济比较的方法选择各供电单元的接线模式，结果如图 2.9 所示。其中，有 1 个供电单元选择电缆单链 π 接，有 16 个供电单元选择电缆双链 π 接，有 2 个供电单元选择架空单链 π 接，有 7 个供电单元选择架空双链 T 接，有 6 个供电单元选择架空三链 T 接。

下面以图 2.10 中由 110kV 变电站 8 和 110kV 变电站 7 组成的供电单元(以下简称"供电单元 Z")为例，分析其典型接线模式的选取过程。若已知变电站 8 和变电站 7 的容量均为 $3 \times 50 MV \cdot A$，220kV 变电站Ⅳ与变电站 8 的距离为 0.84km，变电站 8 与变电站 7 的距离为 1.09km，站 7 与 220kV 变电站Ⅲ的距离为 1.65km，220kV 变电站Ⅳ和Ⅲ之间的总距离为 3.58km。计算过程中其他参数或数据取值同 2.4.3 节中的相应数值。首先，根据供电单元 Z 涉及的负荷密度、通道组网以及 110kV 变电站的数量和容量，按 2.6.1 节方法选取的初始接线模式有：电缆线路双链 π 接和三链 π 接，以及架空线路双链 π 接、三链 π 接和三链 T 接。

经计算分析表明，各初始接线模式的电压质量和短路电流均满足要求。采用文献[11]的方法计算各初始接线模式的用户年平均停电持续时间，结果如表 2.17 所示。可以看出，三链 T 接的可靠性高于双链 π 接，这是由于两种接线均满足"N-1-1"安全校验，但供电单元 Y 因其线路长度较短对可靠性影响较小，而对可靠性影响较大的开关在 T 接中数量较 π 接为少。

采用本章方法计算各初始接线模式的总费用，结果如表 2.18 所示。可以看出，根据最小费用目标，应优先选择架空线路三链 T 接，没有架空走廊时再考虑选择双链 π 接。

表 2.17   供电单元 Z 各初始接线模式的年平均停电持续时间比较

线路类型	年平均停电持续时间/min			
	单链 π 接	双链 π 接	三链 π 接	三链 T 接
电缆	1.37	0.65	0.51	—
架空	1.38	0.66	0.52	0.57

表 2.18   供电单元 Z 各初始接线模式的年费用比较

	接线模式	线路投资/万元	开关投资/万元	线损费用/万元	停电损失/万元	合计/万元
架空	双链 π 接	47.10	221.00	11.78	1.02	280.90
	三链 π 接	67.60	309.40	11.46	0.83	389.29
	三链 T 接	67.60	110.50	11.46	0.90	190.45
电缆	双链 π 接	480.00	221.00	4.48	1.02	706.50
	三链 π 接	675.50	309.40	4.03	0.83	989.76

2.9.3   算例 2.3：辐射型网架

某地区高压"弱"的辐射型配电网络(以下简称地区 R)有两座上级 220kV 供电变电站，假设所有 110kV 站都 π 接入系统，候选线路长度如表 2.19 所示。

表 2.19   地区 R 候选线路长度情况

编号	长度/km	编号	长度/km	编号	长度/km
1	19.6	11	11.9	21	11.8
2	16.8	12	18.4	22	12.2
3	18.1	13	31.4	23	12.8
4	30.7	14	24.9	24	36.4
5	28.3	15	26.1	25	23.4
6	22.3	16	25.8	26	22.5
7	21.7	17	16.1	27	16.5
8	29.3	18	20.7	28	24.7
9	34.0	19	13.0	29	11.7
10	37.6	20	22.7		

1. 城市高压辐射型配电网

下面将地区 R 所有通道视为电缆通道，忽略电能损耗费用和停电损失费用，采用本章方法确定相应的辐射型网架结构。假设所有 110kV 变电站容量相同，通道容量限制等同于变电站个数限制，而且各线路类型相同，综合造价与线路长度成正比，因此每条边的权值等同于其长度。若每条辐射型线路变电站个数上限为 3，采用本章方法获得的中间和最终结果如图 2.11 所示，相应的规划过程如下。

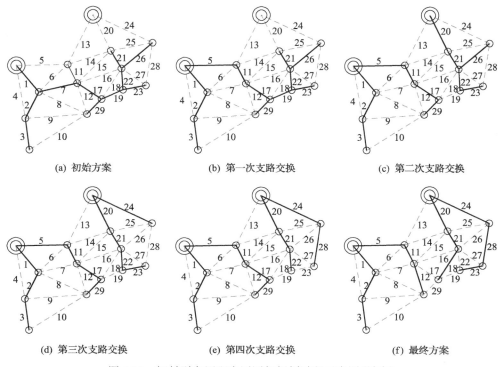

(a) 初始方案　　　　　(b) 第一次支路交换　　　　　(c) 第二次支路交换

(d) 第三次支路交换　　　　　(e) 第四次支路交换　　　　　(f) 最终方案

图 2.11　辐射型高压配电网网架规划过程示意图(城市)

◎ 220kV 变电站；○ 110kV 变电站；－ － － 可选线路；—— 选取线路

　　首先，采用最小生成树算法获得的初始方案如图 2.11(a)所示，仅为一条辐射型线路，总权值为 188.2km，线路最大容量和越限容量分别为 12 个站和 9 个站。

　　第一次支路交换时，交换线路 5 和 7，线路最大越限容量减少为 6 个站，总权值增加了 6.6km，网架结构如图 2.11(b)所示。

　　第二次支路交换时，交换线路 19 和 20，线路最大越限容量减少为 3 个站，总权值增加了 9.7km，网架结构如图 2.11(c)所示。

　　第三次支路交换时，交换线路 24 和 26，线路最大越限容量减少为 2 个站，总权值增加了 13.9km，网架结构如图 2.11(d)所示。

　　第四次支路交换时，交换线路 23 和 28，线路最大越限容量减少为 1 个站，总权值增加了 11.9km，网架结构如图 2.11(e)所示，而且无法进一步通过两条支路的互换消除仅剩的一个站的线路容量越限。

　　最后在图 2.11(e)的优化方案基础上通过多条支路同时交换消除通道容量越限问题，即将线路 17、22 和 29 替换为线路 12、18 和 23，总权值增加了 11.8km，各线路最大容量为 3 个站，不存在线路容量越限情况，最终总权值增加为 242.1km(较初始方案增加了 28.7%)，网架结构如图 2.11(f)所示。

2. 农村高压辐射型配电网

下面将地区 R 所有通道视为架空通道,考虑其电能损耗费用和年停电损失费用,采用本章方法确定相应的辐射型网架结构。

1)基础数据

网络数据:主变负载率为 0.35,负荷率为 0.3;功率因数取 0.9;最大负荷损耗小时数取 1250h;所有变电站容量均为 2×31.5MV·A;通道容量上限为 59.54MW(相当于 3 个 2×31.5MV·A 的变电站在功率因数为 0.9 和负载率为 0.35 情况下可带的有功功率)。

经济数据:ε 取 0.17;停电成本 C_{fs} 取 5 元/(kW·h);线路单位长度电阻取 0.13Ω/km,综合造价取 70 万元/km;110kV 购电电价取 0.45 元/(kW·h)。

可靠性数据:线路故障率取 0.002 次/(年·km);修复时间取 23h/次;计划检修率取 0.013 次/(年·km);检修时间取 34h/次。

2)计算过程

首先,采用最小生成树算法获得的初始方案如图 2.12(a)所示,仅为两条辐射型线路,权值为 4165.05 万元/年,线路总越限容量为 119.07MW。

第一次支路交换时,交换线路 5 和 7,线路最大越限容量减少 59.54MW,总权值减少了 105.18 万元/年,网架结构如图 2.12(b)所示。

第二次支路交换时,交换线路 24 和 25,线路最大越限容量减少 19.85MW,总权值增加了 65.45 万元/年,网架结构如图 2.12(c)所示。

第三次支路交换时,交换线路 27 和 28,线路最大越限容量减少 19.85MW,总权值增加了 68.56 万元/年,网架结构如图 2.12(d)所示,而且无法进一步通过两条支路的互换消除仅剩的一个站的线路容量越限。

最后在图 2.12(d)的优化方案基础上通过多条支路同时交换消除通道容量越限问题,即将线路 19 和 22 替换为线路 18 和 23,总权值增加了 149.15 万元/年,通道最大容量为 59.54MW,不存在线路容量越限情况,最终权值增加了 177.97 万元/年(较初始方案增加了 4.27%),网架结构如图 2.12(e)所示。

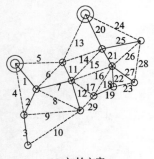

(a) 初始方案

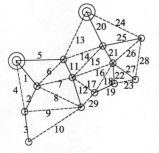

(b) 第一次支路交换

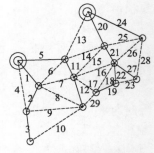

(c) 第二次支路交换

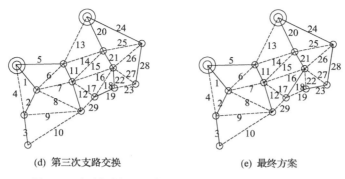

(d) 第三次支路交换   (e) 最终方案

图 2.12 辐射型高压配电网网架规划过程示意图(农村)

◎220kV 变电站;○110kV 变电站;– – – 可选线路;—— 选取线路

3. 对比分析

本节辐射型网架算例中分别将地区 R 视为城市和农村高压辐射型配电网进行网架结构的优化。从计算过程来看,前者与后者相比,初始方案中一条支路上串接变电站更多,支路交换次数更多,但计算量少;从结果来看,两种方法最终网架结构相同,这是因为通道容量设置相同(相当于 3 个变电站所带负荷);若将通道容量设置为 4 个变电站所带负荷,则两种方法都将在三次支路交换后得到最终方案,而且两个最终网架方案将会不同。

2.10 本 章 小 结

本章阐述了一套高压配电网网格化规划的实用思路、模型和方法,强化了规划方案的合理性和落地性,解决了高压配电网规划长期缺乏操作简单且自成优化体系方法的问题。

(1)为实现多电压等级电网(含上级输电网和下级中压配电网)整体的"技术可行、经济最优"或"次优",在输电网强的情况下,对于城市中压配电网变强之前的过渡时期,高压配电网应由简到繁逐渐变强,对于中压配电网弱的农村地区,推荐以简的高压配电网为目标;在输电网不够强的情况下,应优先做强高压配电网以满足供电安全性;在输电网和中压配电网均变强的情况下,高压配电网可由繁到简,适当简化或弱化,以提高设备利用率并释放通道资源压力。其中,为提高对负荷增长的适应能力,应以导线截面一次选定、廊道一次到位(线路分期建设)、变电站土建一次建成(变压器分期建设)的策略开展规划。

(2)作为解决规划项目和建设项目不一致这一现实问题的策略之一,本章在供电分区划分和网架规划之前和之后分别涉及了电力通道的相关内容,即候选通道组网和电力通道规划。其中，候选通道组网用以确定高压线路可选路径分布、可选类型和极限容量，电力通道规划则是基于高压网架规划方案并结合建设标准对高压线路通道的最终需求量进行规划。

(3)在高压候选通道组网的基础上，遵循不同电压等级"纵向"和同一电压等级"横向"的全局统筹规划原则划分高压配电网供电分区，从而实现配电网分区规模的由大变小和相应规划方法的由繁变简，为各分区独自规划优化方案自动实现全局范围的"技术可行、经济最优"创造必要条件。

(4)对于"强"和"简"的高压配电网网架规划，首先按"$N–1$"供电安全性由"强"到"弱"的顺序，基于高压联络线路综合造价最小的规则将整个规划区域划分为不同的供电网格，然后采用枚举法将各供电网格进一步划分为不同的供电单元，最后针对电气上相对独立的各供电单元，依据技术经济比较的方法选择110kV典型接线模式；对于"弱"的辐射型高压配电网网架规划，则采用一种基于最小生成树算法和支路交换法的混合优化求解方法。

(5)为实现规划网架的清晰简洁，对于"强"的高压配电网网架规划，同一供电网格或单元的220kV供电站不宜超过两座，同一供电网格或单元内各110kV变电站的220kV主供站和备供站相同，不同供电网格或单元的110kV线路电气连接上相对独立。

(6)本章网格化规划方法可同时规避传统多方案技术经济比较法和优化规划方法存在的各种问题，兼具"系统、简单、优化、实用"的特点：相对于依靠笼统技术导则和规划人员主观经验的多方案技术经济比较法，本章方法系统和规范，对于不同水平的规划人员能够获得基本一致的全局优化规划方案；相对于现有的数学规划优化方法和启发式方法，本章方法直观、简单、快速、稳定和便于人工干预，可融入相关技术原则，特别适合于工程应用。

(7)本章模型和方法可由计算机编程自动实现，加上人工干预可得到较为理想的规划结果；然而，只要掌握了本章方法的基本思路，相应的规划工作也可仅依靠人工完成。

(8)算例表明：高压线路应优先考虑选择架空线路；架空线通道较短时应考虑选择链式T接，通道较长时应选择双链π接；电缆线路通道较短且对供电可靠性要求不高时可选择单链π接，否则应选择双链π接。

(9)本章方法是以给定的上级输电网"强""简"或"弱"为边界条件，而输电网"强""简""弱"的选择应考虑多电压等级电网的配合，并经技术经济论证后进行优化决策；本章方法主要针对的是以220kV变电站为电源点，以110kV变电站为负荷点的110kV高压配电网架规划，但也可以应用到66kV和35kV的高压配电网架规划，如以330/220/110kV变电站为电源点，以35kV变电站为负荷点的35kV高压配电网架规划。

(10)本章部分结论是基于典型基础数据计算所得，若这些基础数据与实际差别较大，可利用本章模型和方法进行相应计算分析后归纳总结出相应的结论。

参 考 文 献

[1] 陈章潮，程浩忠. 城市电网规划与改造[M]. 2 版. 北京：中国电力出版社，2007: 13.

[2] 沈瑜，徐逸清，陈龙翔. 高压配电网优化规划的研究[J]. 电网技术，2011, 35(10): 70-75.

[3] 金义雄，张保民，王承民，等. 多电压等级城市高压配网规划研究[J]. 电气应用，2010, 29(5): 26-31.

[4] 程浩忠. 电力系统规划[M]. 2 版. 北京：中国电力出版社，2014.

[5] 国家电网公司. 配电网网格化规划指导原则[Z]. 北京：国家电网公司，2018.

[6] 张漫，王主丁，李强，等. 中压目标网架规划中供电分区优化模型和方法[J]. 电力系统自动化，2019, 43(16): 125-131.

[7] 任泓宇，王主丁，张超，等. 高压配电网网格化规划优化模型和方法[J]. 电力系统自动化，2019, 43(14): 151-158.

[8] 中华人民共和国电力行业标准. 城市电网供电安全标准(DL/T 256—2012)[S]. 北京：中国电力出版社，2012.

[9] 王主丁. 高中压配电网规划——实用模型、方法、软件和应用(上册)[M]. 北京：科学出版社，2020.

[10] 中华人民共和国电力行业标准. 配电网规划设计技术导则(DL/T 5729—2016)[S]. 北京：中国电力出版社，2016.

[11] 王主丁. 高中压配电网可靠性评估[M]. 北京：科学出版社，2018.

[12] Balakrishnan，等. 图论教程[M]. 北京：科学出版社，2011: 227.

[13] Wang Z, Yu D C, Du P. A set of new formulations and hybrid algorithms for distribution system planning[C]//IEEE Power Engineering Society General Meeting, San Francisco, 2005.

[14] 中华人民共和国电力行业标准. 配电网规划设计规程(DL/T 5542—2018)[S]. 北京：中国计划出版社，2018.

[15] 中华人民共和国国家标准. 电力工程电缆设计标准(GB 50217—2018)[S]. 北京：中国计划出版社，2018.

[16] 中华人民共和国国家标准. 城市综合管廊工程技术规范(GB 50838—2015)[S]. 北京：中国计划出版社，2015.

[17] 中华人民共和国国家标准. 城市工程管线综合规划规范(GB 50289—2016)[S]. 北京：中国建筑工业出版社，2016.

[18] 国网北京经济技术研究院. 电网规划设计手册[M]. 北京：中国电力出版社，2015.

[19] 马国栋. 电线电缆载流量[M]. 北京：中国电力出版社，2003.

第3章　高压配电网无功配置

高压配电网无功补偿设备的合理配置方案(容量和组数)对提高电能质量和节能降耗具有十分重要的意义。目前，电力企业通常只根据相关导则进行较为粗放笼统的无功配置，而多数规划优化方法又难以广泛应用。本章以无功补偿后的净收益最大为目标，以相关技术标准为约束，基于"优化"且"实用"的理念，阐述了一种高压配电网无功规划实用模型以及基于供电分区的三阶段启发式求解方法，同时介绍了一种变电站容性无功配置的近似计算方法。

3.1　引　　言

配电网无功配置是降低网损和提高电压质量的重要措施，它是在网架规划的基础上，确定无功补偿设备的安装位置、容量和组数。针对高压配电网无功配置实践，国内相关标准和原则主要是基于变压器容量给出一个容性无功总容量的配置范围，如对 35kV 和 110kV 变电站，国家电网公司按主变容量的 15%～30%的标准配置[1]，中国南方电网有限责任公司(以下简称南方电网公司)则按 10%～30%标准配置[2]。除此之外，一些方法针对典型区域高压配电网进行无功配置[3~6]，但较为粗放，难于针对实际情况进行深入研究。为提高电网无功补偿效果，一些基于数学优化的方法和启发式方法被提出[7~11]，这些方法或者计算时间长，或者针对不同配电系统的适应性不强，而且没有考虑到相关技术标准或导则的要求。

本章高压配电网无功配置包括高压无功补偿配置的相关技术原则和管理标准、高压配电网无功规划优化实用模型、基于供电分区的三阶段启发式优化方法[12]，以及一种变电站容性无功配置的近似计算方法[1]。

3.2　技术原则和标准

1. 无功补偿基本原则

1)总体原则

配电网无功补偿应坚持"全面规划、合理布局、分层分区、就地平衡"和"总体平衡与局部平衡相结合，以局部为主；集中补偿与分散补偿相结合，以分散补偿为主；高压补偿与低压补偿相结合，以低压补偿为主；降损与调压相结合，以

降损为主"的基本原则

　　2）无功不倒送

　　小负荷方式下应避免低压电网通过变压器向高压电网倒送无功功率，如有必要可考虑适当投入低压电抗器。

　　2. 技术原则和管理标准

　　对于高压配电网无功规划，国家电网公司和南方电网公司均有相关技术导则和管理标准[1,2]，如表 3.1 所示。除此之外，住房和城乡建设部在《供配电系统设计规范》针对电容器分组，提出了"适当减少分组组数和加大分组容量"的原则[13]。

表 3.1　无功规划技术原则和管理标准

供电企业	国家电网公司[1]	南方电网公司[2]
容性 补偿容量	按给定公式估算确定，或按以下的主变容量百分数配置： 配置了滤波电容器时为 20%～30%； 当作为电源接入点时为 15%～20%； 其他情况下为 15%～30%	以补偿变压器无功损耗为主，按主变容量的 10%～30%配置
单组容量	最大单组无功补偿装置投切引起所在母线电压变化不宜超过电压额定值的 2.5%（由计算确定）； 110(66)kV 变电站容性单组容量不应大于 6Mvar，或按给定的公式估算确定[1]； 35kV 变电站容性单组容量不应大于 3Mvar，或按给定的公式估算确定[1]； 单组容量的选择还应考虑负荷较小时无功补偿的需要	最大单组无功补偿装置投切引起所在母线电压变化不宜超过电压额定值的 2.5%（由计算确定）； 110(66)kV 变电站容性单组容量不应大于 6Mvar，或按给定的公式估算确定[1]； 35kV 变电站容性单组容量不应大于 3Mvar，或按给定的公式估算确定[1]； 单组容量的选择还应考虑负荷较小时无功补偿的需要
组数	单台主变容量为 40MV·A 及以上时，每台主变配置不少于两组	单台主变容量为 40MV·A 及以上时，每台主变配置不少于两组
功率因数	35～110kV 变电站，所配置的无功补偿装置，在主变最大负荷时其高压侧功率因数不低于 0.95，在低谷负荷时功率因数不应高于 0.95	35～110kV 变电站，所配置的无功补偿装置，在主变最大负荷时其高压侧功率因数应不低于 0.95，在低谷负荷时功率因数不应高于 0.95
电压偏移	35kV 及以上：-3%～7%；10kV：-7%～7%	35kV 及以上：-3%～7%；10kV：-7%～7%
感性 无功配置	对于大量采用 10～110kV 电缆线路的城市电网，在新建变电站时，应根据电缆进、出线情况在相关变电站分散配置适当容量的感性无功补偿装置	对于大量采用 10～110kV 电缆线路的城市电网，在新建变电站时，应根据电缆进、出线情况在相关变电站分散配置适当容量的感性无功补偿装置

3.3　优　化　模　型

1. 净收益的目标函数

本章目标函数为在满足约束条件下无功补偿后的净收益值最大，即

$$\max f_c = C_e \tau_{\max} (\Delta P_l^{(0)} - \Delta P_l) - \varepsilon \sum_{i \in \Omega_{\text{node}}} C_{t,i} \tag{3.1}$$

式中，f_c 为系统无功补偿后的年净收益值；C_e 为单位电能损耗费用；$\tau_{\max}$ 为最大

负荷损耗小时数；$\Delta P_l^{(0)}$ 和 ΔP_l 分别为无功补偿前后系统的有功功率损耗；ε 为考虑了折旧、运行维护和投资回报的系数；Ω_{node} 为候选补偿节点(一般为变电站低压母线节点)的集合；$C_{t,i}$ 为候选补偿节点 i 处电容器的投资费用。

2. 含相关技术原则的约束条件

约束条件涉及节点功率平衡方程和相关技术标准。

1)功率平衡方程

有功和无功的功率平衡方程可表示为

$$\begin{cases} P_{g,i} - P_{d,i} - U_i \sum_{j=1}^{N_{node}} U_j (G_{i,j} \cos \delta_{i,j} + B_{i,j} \sin \delta_{i,j}) = 0 \\ Q_{g,i} - Q_{d,i} - U_i \sum_{j=1}^{N_{node}} U_j (G_{i,j} \sin \delta_{i,j} - B_{i,j} \cos \delta_{i,j}) = 0 \end{cases} \tag{3.2}$$

式中，$P_{g,i}$ 和 $Q_{g,i}$ 分别为节点 i 发电注入的有功功率和无功功率；$P_{d,i}$ 和 $Q_{d,i}$ 为节点 i 负荷的有功功率和无功功率；$G_{i,j}$、$B_{i,j}$、$\delta_{i,j}$ 分别是节点 i 和节点 j 之间的电导、电纳和相角差；U_i 为节点 i 的电压幅值；N_{node} 为系统节点总数。

2)电压约束

各节点电压上下限约束可表示为

$$U_{min,i} \leqslant U_i \leqslant U_{max,i} \tag{3.3}$$

式中，$U_{max,i}$ 和 $U_{min,i}$ 分别为节点 i 电压的上下限。

3)功率因数约束

功率因数上下限约束可表示为

$$g_{min} \leqslant \cos \theta_i \leqslant g_{max} \tag{3.4}$$

式中，$\cos \theta_i$ 是低压侧为候选补偿节点 i 的主变的高压侧功率因数；g_{min} 和 g_{max} 分别为变电站主变高压侧功率因数的上下限(见表 3.1)。

4)总补偿容量约束

变电站无功补偿总容量上下限约束可表示为

$$r_{min,i} S_{z,i} \leqslant Q_{c,i} \leqslant r_{max,i} S_{z,i} \tag{3.5}$$

式中，$S_{z,i}$ 是低压侧为候选补偿节点 i 的主变容量；$Q_{c,i}$ 为节点 i 处电容器的总补偿容量；$r_{min,i}$ 和 $r_{max,i}$ 分别为节点 i 处容性无功补偿容量相对 $S_{z,i}$ 占比的上下限(见表 3.1)。

5)补偿组数约束

根据表 3.1，若低压侧为候选补偿节点 i 的主变容量 $S_{z,i} \geqslant 40 \text{MV} \cdot \text{A}$，节点 i

配置电容器组数 $m_i \geqslant 2$。

6) 单组容量约束

根据表 3.1，候选补偿节点 i 最大允许单组无功补偿装置容量约束可表示为

$$Q_{\text{cd},i} \leqslant Q_{\text{maxd},i} \tag{3.6}$$

$$Q_{\text{cd},i} \leqslant Q_{\text{maxv},i} \tag{3.7}$$

其中，

$$Q_{\text{maxv},i} = 0.025 U_{\text{n}} \bigg/ \sum_{b \in \Omega_{\text{b},i}} \frac{X_b}{U_b} \tag{3.8}$$

式中，U_{n} 为线路额定电压；$Q_{\text{cd},i}$ 为节点 i 无功补偿单组容量；$Q_{\text{maxv},i}$ 为受单组补偿装置投切电压变化量约束节点 i 的单组容量最大允许值(见表 3.1)；$Q_{\text{maxd},i}$ 为节点 i 对应表 3.1 中单组容量最大允许值(为 6Mvar 或 3Mvar)；$\Omega_{\text{b},i}$ 为候选补偿节点 i 至其上游调压中枢点(即电源点)最短路径上支路编号集合；X_b 和 U_b 分别为支路 b 的电抗和末端节点电压。

3.4　模　型　求　解

3.4.1　方法基础

1. 供电分区的划分

考虑到相关导则提出了"分(电压)层和分(供电)区的无功平衡"原则[1]，但并没有提出具体分区方法，本章基于无功补偿分区平衡的思路，同时为了减小计算的规模和复杂性，首先将全局高压配电网划分为电气上相对独立的 35kV 或 110kV 变电站供电分区(不同的供电分区电气上仅通过上级供电变电站或下级联络线相联系)，如辐射型接线、环网接线以及 T 接和 π 接链式接线等典型接线模式的供电范围。由于高压配电网一般闭环设计开环运行，各供电分区正常运行时又可进一步分为两个或以上相对独立运行的供电子分区。

2. 电容器的投资费用

电容器的总投资可以看作是无功补偿容量的函数。本章对 10kV 并联电容器补偿装置价格进行了实际调研，表 3.2 为浙江某厂的并联电容器补偿装置的实际价格。

利用表 3.2 数据对 10kV 电容器补偿装置的投资费用与其容量之间的关系进行曲线拟合，并选取拟合度较好的二次多项式，结果如图 3.1 和式(3.9)所示。

表 3.2   10kV 电容器可调补偿装置的价格列表

型号规格	容量/kvar	总费用/万元	型号规格	容量/kvar	总费用/万元
ZRTBBZ-10-100/33.4kvar-AK/P6	100	2.7	ZRTBBZ-10-900/300kvar-AK/P6	900	4.7
ZRTBBZ-10-200/66.7kvar-AK/P6	200	2.9	ZRTBBZ-10-1000/334kvar-AK/P6	1000	5
ZRTBBZ-10-300/100kvar-AK/P6	300	3	ZRTBBZ-10-1200/400kvar-AK/P6	1200	5.3
ZRTBBZ-10-400/134kvar-AK/P6	400	3.2	ZRTBBZ-10-1500/250kvar-AK/P6	1500	6.3
ZRTBBZ-10-500/167kvar-AK/P6	500	3.5	ZRTBBZ-10-1800/300kvar-AK/P6	1800	7.5
ZRTBBZ-10-600/200kvar-AK/P6	600	3.6	ZRTBBZ-10-2000/334kvar-AK/P6	2000	9
ZRTBBZ-10-700/234kvar-AK/P6	700	3.9	ZRTBBZ-10-3000/1000kvar-AK/P6	3000	14.3
ZRTBBZ-10-800/267kvar-AK/P6	800	4.3	ZRTBBZ-10-4000/1334kvar-AK/P6	4000	21.7

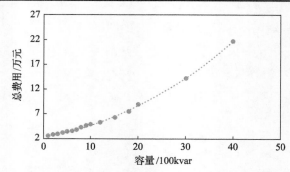

图 3.1   电容器可调补偿装置容量费用二次多项式模型

经曲线拟合分析,节点 i 电容器投资费用 $C_{t,i}$ 与其补偿的容性无功容量 $Q_{c,i}$ 之间的二次多项式可表示为

$$C_{t,i} = c_{v2}Q_{c,i}^2 + c_{v1}Q_{c,i} + c_f = 0.86Q_{c,i}^2 + 1.34Q_{c,i} + 2.58 \tag{3.9}$$

式中, c_{v1}、 c_{v2} 和 c_f 均为常系数。

3. 节点优化编号

为了高效地进行潮流和无功优化计算,可分别对各子供电分区节点和支路进行编号并记录下各新编节点的父节点,本章采用的编号方法只要求任意节点的新编号都要大于其上游(即主电源侧)父节点编号,具体编号步骤见文献[14]。

4. 调压方式

调压方式涉及高压配电网无功规划优化中的电压约束,本章采用较为简单的中枢点调压方式[15]。中枢点调压主要分为逆调压、顺调压和恒调压,它们在最大负荷和最小负荷情况下的调压方式和适用范围如 4.2 节中的表 4.6 所示。对于 35kV 供电子分区,可将上级 110kV 变电站的 35kV 母线作为调压的中枢点,35kV 变电站宜实现有载调压；对于 110kV 或 66kV 供电子分区，可将上级 220kV 或 330kV 变电站的 110kV 或 66kV 母线作为调压的中枢点，110kV 或 66kV 变电站宜实现有载调压。

5. 近似潮流计算

基于常规交流潮流计算结果，各供电子分区近似潮流计算主要涉及无功功率的更新和节点电压的更新，可基于节点编号结果进行快速更新计算，具体步骤详见文献[8]。

3.4.2 单节点补偿容量连续值

本节在各供电子分区内其他节点无功补偿不变的情况下，基于净收益最大和相关技术标准确定单节点无功补偿容量连续值。

1. 基于净收益的补偿容量

(1) 若单独在节点 i 采用电容器进行无功补偿时，基于式 (3.1) 和式 (3.9)，由年净收益值 f_c 对 $Q_{c,i}$ 求导并令其为零，可求解得到净收益最大时的补偿容量 $Q_{c1,i}$，相应的计算式为

$$Q_{c1,i} = \frac{2C_e\tau_{max}\sum\limits_{b\in\Omega_{b,i}}\dfrac{Q_b R_b}{U_b^2} - \varepsilon c_{v1}}{2C_e\tau_{max}\sum\limits_{b\in\Omega_{b,i}}\dfrac{R_b}{U_b^2} + 2\varepsilon c_{v2}} \tag{3.10}$$

式中，Q_b 为节点 i 无功补偿前支路 b 末端的无功功率；R_b 为支路 b 的电阻。

(2) 若单独在节点 i 采用分布式电源补偿时，相应收益最大的补偿容量 $Q_{c1,i}$ 可表示为

$$Q_{c1,i} = \frac{\sum\limits_{b\in\Omega_{b,i}}\dfrac{Q_b R_b}{U_b^2}}{\sum\limits_{b\in\Omega_{b,i}}\dfrac{R_b}{U_b^2}} \tag{3.11}$$

2. 基于电压约束的补偿容量上下限

1) 无有载调压变压器

对于不含有载调压变压器的供电子分区，节点 i 单独补偿时消除电压越限所需要的无功补偿容量可表示为

$$Q_{c2,i} = \psi_i\Delta U_{maxd,i} \Big/ \sum\limits_{b\in\Omega_{b,i}}\dfrac{X_b}{U_b} \tag{3.12}$$

式中，$\Delta U_{\text{maxd},i}$ 为补偿节点 i 的电压最大允许偏移值；ψ_i 为 1、−1 或 0，依据节点 i 的电压越限情况取不同的值：若为低电压则 $\psi_i = 1$；若为高电压则 $\psi_i = -1$；若满足要求则 $\psi_i = 0$。

2) 含有载调压变压器

对于低压侧为候选补偿节点 i 的有载调压变压器，可根据实际情况结合表 4.6 中的调压方式，通过优化调节变压器分接头，在满足电压要求条件下的补偿容量可表示为

$$Q_{\text{c2},i} = \frac{\psi_i \Delta U_{\text{maxd},i} - \left(\dfrac{k_{2,i}}{k_{1,i}} - \dfrac{k_{2,i}^{(0)}}{k_{1,i}^{(0)}} \right) U_{2\text{B},i}}{\displaystyle\sum_{b \in \Omega_{\text{b},i}} \frac{X_b}{U_b}} \tag{3.13}$$

式中，$k_{1,i} = U_{1,i} / U_{1\text{B},i}$；$k_{1,i} = U_{2,i} / U_{2\text{B},i}$（上标"0"表示节点 i 补偿无功前的相应值）；$U_{1,i}$ 和 $U_{2,i}$ 分别为相应主变高压侧和低压侧的实际电压；$U_{1\text{B},i}$ 和 $U_{2\text{B},i}$ 分别为相应主变高压侧和低压侧连接系统的基准电压。

3) 补偿容量上下限

基于节点电压约束的补偿容量下限可表示为

$$Q_{\text{minc2},i} = \begin{cases} Q_{\text{c2},i}, & \psi_i = 1 \\ -\infty, & \text{其他} \end{cases} \tag{3.14}$$

基于节点电压约束的补偿容量上限可表示为

$$Q_{\text{maxc2},i} = \begin{cases} Q_{\text{c2},i}, & \psi_i = -1 \\ \infty, & \text{其他} \end{cases} \tag{3.15}$$

3. 基于功率因数约束的补偿容量上下限

对于低压侧为候选补偿节点 i 的主变，若其归算至低压则的阻抗和导纳分别为 $R_{\text{t},i} + jX_{\text{t},i}$ 和 $G_{\text{t},i} - jB_{\text{t},i}$，且该主变低压侧负荷和高压侧功率因数分别为 $P_i + jQ_i$ 和 $\cos\theta_i$，则低压侧补偿 $Q_{\text{c},i}$ 时高压侧功率 S_i' 可表示为

$$S_i' = P_i + j(Q_i - Q_{\text{c},i}) + U_{2,i}^2 (G_{\text{t},i} - jB_{\text{t},i}) + \frac{P_i^2 + (Q_i - Q_{\text{c},i})^2}{U_{2,i}^2} (R_{\text{t},i} + jX_{\text{t},i}) \tag{3.16}$$

式(3.16)可化简为

$$a_i Q_{\text{c},i}^2 + b_i Q_{\text{c},i} + c_i = 0 \tag{3.17}$$

其中,

$$
\begin{cases}
a_i = f_1(\cos\theta_i) = X_{\text{t},i} - \dfrac{\sqrt{1-\cos^2\theta_i}}{\cos\theta_i} R_{\text{t},i} \\[3mm]
b_i = f_2(\cos\theta_i) = -2X_{\text{t},i}Q_i + 2\dfrac{\sqrt{1-\cos^2\theta_i}}{\cos\theta_i} R_{\text{t},i}Q_i - U_{2,i}^2 \\[3mm]
c_i = f_3(\cos\theta_i) = X_{\text{t},i}Q_i^2 - \dfrac{\sqrt{1-\cos^2\theta_i}}{\cos\theta_i} R_{\text{t},i}Q_i^2 + U_j^2 Q_i - \dfrac{\sqrt{1-\cos^2\theta_i}}{\cos\theta_i} P U_{2,i}^2 \\[3mm]
\qquad + P_i^2\left(X_{\text{t},i} - \dfrac{\sqrt{1-\cos^2\theta_i}}{\cos\theta_i} R_{\text{t},i} \right) - U_{2,i}^4 \left(\dfrac{\sqrt{1-\cos^2\theta_i}}{\cos\theta_i} G_{\text{t},i} + B_{\text{t},i} \right)
\end{cases}
\tag{3.18}
$$

根据式(3.4)主变高压侧功率因数上下限约束,将 $g_{\min}$ 和 $g_{\max}$ 分别代入式(3.18)中替换 $\cos\theta_i$ 并通过求解是(3.17)可得节点 i 基于功率因数取值范围的最小允许值 $Q_{\min c3,i}$ 和最大允许值 $Q_{\max c3,i}$ 。

4. 基于补偿总容量约束的上下限

根据式(3.5)对变电站总补偿容量上下限要求,低压侧为候选补偿节点 i 的主变补偿容量的最小允许值 $Q_{\min c4,i}$ 和最大允许值 $Q_{\max c4,i}$ 可分别表示为

$$
Q_{\min c4,i} = r_{\min,i} S_{\text{z},i} \tag{3.19}
$$

$$
Q_{\max c4,i} = r_{\max,i} S_{\text{z},i} \tag{3.20}
$$

5. 单节点补偿容量连续值的确定

综合考虑净收益最大、节点电压约束、功率因数约束和补偿总容量上下限,单独在节点 i 进行无功补偿时的补偿容量连续值可表示为

$$
Q_{\text{c},i} = \begin{cases}
0, & Q_{\max c,i} < Q_{\min c,i} \\
Q_{\text{cl},i}, & Q_{\min c,i} < Q_{\text{cl},i} < Q_{\max c,i} \\
Q_{\min c,i}, & Q_{\text{cl},i} \leqslant Q_{\min c,i} \\
Q_{\max c,i}, & Q_{\text{cl},i} \geqslant Q_{\max c,i}
\end{cases}
\tag{3.21}
$$

其中,

$$
\begin{cases}
Q_{\min c,i} = \max\{Q_{\min c2,i}, Q_{\min c3,i}, Q_{\min c4,i}\} \\
Q_{\max c,i} = \min\{Q_{\max c2,i}, Q_{\max c3,i}, Q_{\max c4,i}\}
\end{cases}
\tag{3.22}
$$

确定补偿容量连续值的流程如图 3.2 所示。

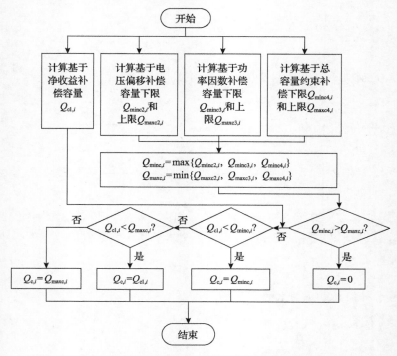

图 3.2　确定单节点补偿容量连续值的流程图

3.4.3　单节点补偿容量离散值

由于采用 3.4.2 节方法所得连续值可能不同于各种离散单组容量组合所得的总容量，本节基于单组电容器标准容量和相关的技术标准，优选单组容量及其组数，从而获得单节点补偿容量离散值。

1. 确定节点补偿组数上下限

对于相同的补偿总容量，补偿组数越多单组容量越小，随负荷变化投切量可做到较为合适但投切可能较为频繁；补偿组数越少单组容量越大，单组投切引起电压变化可能较大。

基于设计规范提出的适当减少分组组数和加大分组容量的原则[13]，应针对各候选补偿节点设置相应的无功补偿装置组数上限。一般情况下，可根据经验设置节点 i 无功补偿组数上限 $m_{\max,i}=4$。

对于节点 i 无功补偿装置组数的下限 $m_{\min,i}$，考虑到表 3.1 中有关补偿组数和限制单组容量过大的条款，包括"应考虑负荷较小时无功补偿的需要"应设置的

最小补偿组数 $m_{\text{minl},i}$（可根据经验设置，一般为 0），$m_{\text{min},i}$ 可表示为

$$m_{\text{min},i} = \begin{cases} \max\{m_{\text{intv},i}, m_{\text{intd},i}, m_{\text{minl},i}\}, & S_{\text{z},i} < 40 \\ \max\{2, m_{\text{intv},i}, m_{\text{intd},i}, m_{\text{minl},i}\}, & S_{\text{z},i} \geqslant 40 \end{cases} \quad (3.23)$$

其中，

$$\begin{cases} m_{\text{intv},i} = \text{int}\left(\dfrac{Q_{\text{c},i}}{Q_{\text{maxv},i}}\right) \\ m_{\text{intd},i} = \text{int}\left(\dfrac{Q_{\text{c},i}}{Q_{\text{maxd},i}}\right) \end{cases} \quad (3.24)$$

2. 节点单组容量及其补偿组数的优化

基于求得的补偿组数上下限范围，考虑到电容器可选标准容量数值的离散性（见表 3.2），将不同单组标准容量及其不同的组数进行组合得到多个组合方案，并从中选择满足各种约束且节点总补偿容量尽量接近其连续值的方案。

具体的方案优化步骤如下：

(1) 令 $m_i = m_{\text{min},i}$。

(2) 对于补偿组数 m_i，在单组容量相同情况下节点 i 单组补偿容量的连续值 $Q'_{\text{cd},i}$ 可表示为

$$Q'_{\text{cd},i} = \frac{Q_{\text{c},i}}{m_i} \quad (3.25)$$

考虑到计算所得 $Q'_{\text{cd},i}$ 数值的连续性和电容器可选标准容量数值的离散性，选取刚好大于等于和小于等于 $Q'_{\text{cd},i}$ 的两个标准容量，并将补偿组数 m_i 与这两个标准单组容量的组合作为两个候选方案。

(3) 令 $m_i = m_i + 1$。如果 $m_i \leqslant m_{\text{max},i}$，跳转到步骤(2)。

(4) 对于由上述步骤获得的补偿组数与标准单组容量组合的 $2(m_{\text{max},i} - m_{\text{min},i} + 1)$ 种候选方案，首先舍弃其中单组容量大于 $Q_{\text{maxv},i}$ 或 $Q_{\text{maxd},i}$ 的方案，然后对保留的方案计算其总容量(即相应补偿组数与标准容量的乘积)，并舍弃节点总补偿容量小于 $Q_{\text{minc},i}$ 或大于 $Q_{\text{maxc},i}$ 的方案，最后从保留方案中选择总容量与 $Q_{\text{c},i}$ 最为接近的方案。

(5) 将 m_i 和 $Q_{\text{cd},i}$ 分别设置为优选组合方案中的补偿组数与标准单组容量，更新节点 i 单独补偿时的总容量为

$$Q_{c,i} = m_i Q_{cd,i} \tag{3.26}$$

确定补偿容量离散值的流程如图 3.3 所示。

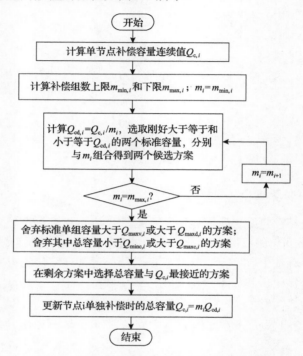

图 3.3　确定单节点补偿容量离散值的流程图

3.4.4　三阶段启发式优化方法

针对本章高压配电网无功规划优化实用模型，采用了一种三阶段启发式优化求解方法：第一阶段在各相对独立的供电子分区内确定各候选节点初始补偿组数和单组容量；第二阶段在各个供电子分区内，对初始解采用迭代计算进行改善；第三阶段在全局范围内对规划方案采用交流潮流进行校验和微调。

1. 第一阶段方法

基于节点优化编号和近似潮流计算，在满足各种约束的基础上，分别在每个供电子分区内选择净收益最大的节点对其进行补偿；并在考虑已补偿电容器影响的基础上，重复这一过程，直到获得所有候选节点的补偿顺序、初始补偿单组容量及其组数。

针对各供电子分区，第一阶段的主要步骤为：

(1)对子分区网络进行节点优化编号，令 $j=1$。

（2）获得子分区补偿前的交流潮流计算结果。

（3）计算各候选补偿节点单独补偿的优化补偿组数和单组容量。

（4）对净收益值（即目标函数 f_c）最大且大于 0 的节点进行补偿，标记此节点的补偿顺序号为 j。

（5）更新补偿顺序号为 j 的节点上游所有支路的无功功率和所有节点的电压；若 j 小于相应子分区的候选补偿节点总数，令 $j=j+1$，返回步骤（3）；否则，转入下一步。

（6）得到第一阶段优化后所有候选节点的补偿顺序、初始单组容量及其组数。

2. 第二阶段方法

基于第一阶段初始解（包括补偿顺序），分别在每个供电子分区内，考虑各候选节点补偿容量的相互影响，每次只重新计算 1 个候选补偿节点的补偿组数和单组容量，直到不能对补偿方案进一步改进为止。

针对各供电子分区，第二阶段的主要步骤为：

（1）令 $j=1$。

（2）在其他候选节点补偿组数和单组容量不变基础上，重新计算第 j 个补偿节点的补偿组数和单组容量。

（3）更新 j 节点上游的无功功率，若 j 小于相应供电子分区的候选补偿节点总数，令 $j=j+1$，返回步骤（2）；否则，转入步骤（4）。

（4）检查上一次轮针对所有候选节点的迭代修正过程中是否存在有任何补偿组数或单组容量的变化。若有则返回 1）；否则，本阶段优化结束，得到更新后的各候选节点的补偿组数或单组容量。

3. 第三阶段方法

第三阶段是对前两阶段的规划结果在全局范围内采用交流潮流进行校验和相应的人工干预。这是由于前两阶段分别在相对独立的各供电子分区内进行无功补偿，没有考虑到各子分区规划结果可能存在的相互影响，而且还采用了近似潮流计算公式。因此，有必要在全局范围内对前两阶段的规划方案采用交流潮流进行大、小负荷运行方式和设备"N–1"停运方式的校验，并结合专家经验对规划方案做进一步的优化微调。

4. 三阶段方法总流程

综合考虑经济效益和相关技术标准，基于供电分区划分、节点优化编号、调压方式、近似潮流计算和单节点优化补偿容量计算，阐述一种三阶段启发式优化方法，其计算流程如图 3.4 所示。

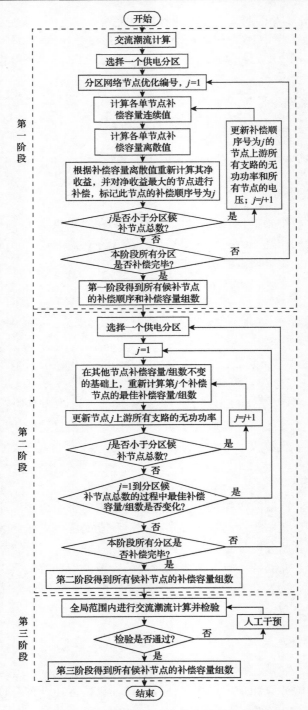

图 3.4　三阶段启发式优化方法总流程图

3.4.5　其他问题处理

1. 分布式电源的处理

对于接有分布式电源的节点 i，应由分布式电源优先提供补偿；若由式(3.11)计算出的 $Q_{c,i}$ 大于分布式电源无功出力上限时，分布式电源按无功上限进行补偿，超出部分数值再由式(3.10)计算出的电容器补偿容量进行更新，并基于相关约束采用上述方法计算电容器的相应补偿组数和单组容量。

2. 弱环网的处理

本章 3.4.2 节中基于净收益最大补偿容量和基于电压约束的补偿容量上下限的求取仅适用于辐射状的网络，但通过引入无功补偿分布因子对相应公式进行修改后同样适用于含环网的供电子分区，具体方法可参见文献[8]。

3.5　变电站容性无功补偿近似计算

针对网络结构信息或负荷数据收集困难的情况，本节介绍了文献[1]中变电站容性无功补偿近似计算方法。

3.5.1　变电站容性无功补偿容量估算

变电变容性无功偿容量应按照变压器实际参数，结合线路和负荷侧无功缺额预测综合考虑。在满足功率因数的条件下(即在最大负荷时高压侧功率因数应不低于 0.95，在低谷负荷时功率因数不应高于 0.95)，主变 i 容性无功补偿容量 $Q_{zc,i}$ 可表示为

$$Q_{zc,i} = \left[\frac{I_{0,i}}{100} + \frac{U_{d,i}}{100}\left(\frac{S_{max,i}}{S_{n,i}}\right)^2 \right] S_{n,i} + Q_{zf,i} \tag{3.27}$$

式中，$I_{0,i}$ 和 $U_{d,i}$ 分别为主变 i 空载电流百分值和短路电压百分值，对于三绕组变压器，$U_{d,i}$ 取高中、高低和中低短路电压百分值的最大者(注意参数是归算到各个绕组中对应于变压器额定容量下的数值，一般三绕组变压器提供的参数都经过了归算，但是自耦变压器一般未经过归算)；$S_{n,i}$ 和 $S_{max,i}$ 分别为主变 i 的额定容量和最大负荷($S_{max,i}$ 不能确定时取值为 $S_{n,i}$)；$Q_{zf,i}$ 为适当兼顾的主变 i 负荷侧无功补偿预测。

3.5.2 单组容量限值的估算

电容补偿装置单组最大补偿容量限值 Q_{maxc} 的估算公式为

$$Q_{maxc} = \frac{Q_{bc}S_{dl}}{S_{bdl}} \tag{3.28}$$

式中，S_{bdl} 和 Q_{bc} 分别为表 3.3 给出的基准短容量及其对应的单组补偿容量限值；S_{dl} 为实际补偿点的最小短路容量。

表 3.3　电容器单组容量最大限值

补偿侧电压等级/kV	基准短路容量 S_{bdl} /(MV·A)	单组补偿容量限值 Q_{bc} /Mvar
0.38	10	0.25
6~20	100	2.5
35	250	6.25
66	500	12.5
110	750	18.75

3.6　高压网架无功配置算例

本章算例涉及城市和农村高压配电网的无功规划优化。

3.6.1 算例 3.1：城市高压配电网

某市高压配电网地理接线和相关电气设备参数如图 3.5 所示，计算过程中所涉及的参数取值如下：单位电能损耗费用为 0.45 元/(kW·h)；最大负荷损耗小时数为 2000h；涉及折旧、运行维护和投资回报的系数为 0.17；所有 110kV 变电站最大负荷和最小负荷时的负载率分别为 60%和 20%(最小负荷时的负载率仅用于潮流校验)；功率因数为 0.9。

采用本章方法的计算过程如下：

(1)将整个规划区域划分为 3 个供电分区和 6 个供电子分区。3 个供电分区分别为：变电站 1 和变电站 2 及其直接相连 110kV 线路组成的区域，变电站 3 和变电站 4 及其直接相连 110kV 线路组成的区域，变电站 5、变电站 6 和变电站 7 及其直接相连 110kV 线路组成的区域；6 个供电子分区分别为：变电站 6 和变电站 7 以及它们之间 110kV 线路加上变电站 7 和其供电变电站之间 110kV 线路组成的区域，其余为 5 个变电站自身与其供电变电站间 110kV 线路分别组成的区域。

图 3.5　某市高压配电网示意图

◎ 220kV 变电站；○ 110kV 变电站；══ 110kV 线路

(2) 节点优化编号：对于变电站 6 和变电站 7 所在供电子分区，将变电站 6 的编号设置为大于变电站 7 的编号，并将变电站 6 的父节点设置为变电站 7；对于其他供电子分区，因为这些供电子分区仅有一个 110kV 变电站，节点编号可为任意值。

(3) 由于变电站 1～变电站 5 所在子分区只有一个 110kV 变电站，所以不需要进行第二阶段补偿；变电站 6 和变电站 7 基于净收益的补偿容量均为 0，所以第二阶段计算结果与第一阶段的相同；第三阶段校验通过，结果也与第一和第二阶段相同。最终各变电站低压侧优化补偿情况如表 3.4 所示。

表 3.4　某市各变电站低压侧优化补偿情况

变电站名	单约束或单目标补偿容量/Mvar						最终补偿情况		
	基于电压偏移		基于功率因数		基于主变容量		基于净收益	组数	单组容量/Mvar	总容量/Mvar
	下限	上限	下限	上限	下限	上限				
变电站 1	$-\infty$	∞	8.90	22.98	8	24	8.90	6	1.5	9
变电站 2	$-\infty$	∞	11.18	28.77	10	30	11.18	6	1.8	10.8
变电站 3	$-\infty$	∞	11.18	28.77	10	30	11.18	6	1.8	10.8
变电站 4	$-\infty$	∞	11.18	28.77	10	30	11.18	6	1.8	10.8
变电站 5	$-\infty$	∞	11.18	28.77	10	30	11.18	6	1.8	10.8
变电站 6	$-\infty$	∞	11.18	28.77	10	30	11.18	6	1.8	10.8
变电站 7	$-\infty$	∞	11.18	28.77	10	30	11.18	6	1.8	10.8

由本算例计算过程可知，由于城网供电线路较短，而且采用的电缆线路电阻较小，基于净收益最大的补偿容量均为零且电压均合格，补偿方案都是基于功率因数下限约束配置。

3.6.2　算例 3.2：农村高压配电网

　　某县高压配电网地理接线和相关电气设备参数如图 3.6 所示,变电站 1～变电站 6 最大负荷时的负载率分别为 77.82%、64.73%、61.69%、51.70%、67.52%和 71.17%,最大负荷损耗小时数为 1250h,其他参数取值同 3.6.1 节。

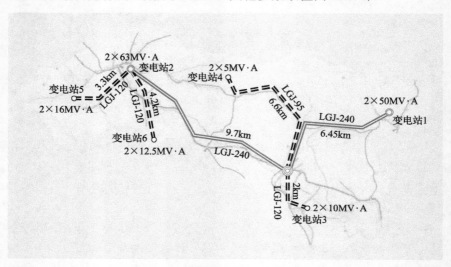

图 3.6　某县高压配电网示意图

◎ 220kV 变电站；○ 110kV 变电站；══ 110kV 线路；○ 35kV 变电站；══ 35kV 线路

　　由于该县高压配电网涉及 110kV 和 35kV 电网,根据"分(电压)层和分(供电)区的无功平衡"原则,无功优化规划时应先计算 35kV 供电分区变电站补偿容量；然后,在考虑 35kV 变电站已补偿容量对 110kV 配电网潮流的影响后,再计算 110kV 供电分区变电站的补偿容量。

　　采用本章方法进行 35kV 变电站无功规划优化的计算过程如下：

　　(1)将整个规划区域划分为 4 个供电分区,且该规划区域的供电子分区与供电分区相同,每一个供电子分区或供电分区包含了 1 个 35kV 变电站及其供电线路。

　　(2)节点优化编号：4 个供电子分区均仅有一个 35kV 变电站,节点编号可为任意值。

　　(3)由于变电站 3～变电站 6 所在子分区只有一个 35kV 变电站,所以不需要进行第二阶段补偿,第二阶段与第一阶段补偿结果相同；第三阶段校验通过,结果也与第二阶段相同。

　　采用本章方法进行 110kV 变电站无功规划优化的计算过程如下：

　　(1)将整个规划区域的 110kV 变电站划分为 2 个供电分区,且该规划区域的供电子分区与供电分区相同,分别包含了 1 个 110kV 变电站及其供电线路。

（2）节点优化编号：2 个供电子分区均仅有一个 110kV 变电站，节点编号可为任意值。

（3）由于变电站 1 和变电站 2 所在子分区只有一个 110kV 变电站，所以不需要进行第二阶段补偿，第二阶段与第一阶段补偿结果相同；第三阶段校验通过，结果也与第二阶段相同。最终各变电站低压侧优化补偿结果如表 3.5 所示。

表 3.5　Y 县各变电站低压侧优化补偿结果

变电站名	单约束或单目标补偿容量/Mvar							最终补偿情况		
	基于电压偏移		基于功率因数		基于主变容量		基于净收益	组数	单组容量/Mvar	总容量/Mvar
	下限	上限	下限	上限	下限	上限				
变电站 1	$-\infty$	∞	11.18	28.77	10	30	11.18	6	1.8	10.8
变电站 2	$-\infty$	∞	7.58	19.95	6.9	20.7	7.58	4	1.8	7.2
变电站 3	$-\infty$	∞	2.05	5.68	2	6	2.05	2	1	2
变电站 4	$-\infty$	∞	0.79	2.31	1	3	0.85	2	0.4	0.8
变电站 5	$-\infty$	∞	3.79	10.14	3.2	9.6	3.79	2	1.8	3.6
变电站 6	$-\infty$	∞	3.17	8.40	2.5	7.5	3.17	4	0.8	3.2

由本算例计算过程可知，电压偏移对补偿容量均不构成约束，这是由于该算例供电线路不长且存在有载调压；35kV 变电站 4 最终采用了基于净收益最大的补偿容量配置；35kV 变电站 3、35kV 变电站 5、35kV 变电站 6、110kV 变电站 1 和 110kV 变电站 2 最终采用了基于功率因数下限配置。

3.7　本　章　小　结

本章阐述了基于供电分区和相关技术标准的高压配电网无功配置或规划优化的实用模型和算法，主要结论和讨论如下。

（1）结合无功规划的相关技术标准，给出了高压配电网无功规划优化实用模型：目标为无功补偿净收益最大，约束涉及相关技术标准对电压、功率因数、电容器单组容量和组数的要求，提高了规划结果的工程实用性。

（2）基于高压配电网无功规划的特点，阐述了一套基于供电分区的三阶段启发式优化方法：首先，在每个相对独立的供电分区内，基于净收益最大逐一确定各候选节点初始补偿组数及其单组容量；然后，考虑到各候选节点补偿容量的相互影响，通过迭代方式对初始解进行修正计算；最后，在全局范围内对规划方案采用交流潮流进行校验和微调。

（3）综合考虑了相关技术标准的要求，以及调压方式、主变分接头、分布式电源和弱环结构对无功规划方案的影响；通过供电分区减小了规划优化的计算规模和复杂性，可在满足工程计算精度的同时进行快速优化计算，适用于大规模系统的计算分析。

(4)针对网络结构信息或负荷数据收集困难的情况，介绍了变电站容性无功配置的近似计算方法。

(5)相对于现有优化方法，本章方法简单直观、计算稳定而且计算量不大，即使仅靠人工规划和潮流计算程序，也能获得比较满意的规划方案；同时也可通过计算机编程，与人工干预相结合快速自动获得大规模系统的规划方案。

(6)本章仅涉及容性无功规划，感性无功补偿装置的配置可借鉴本章部分研究成果。

参 考 文 献

[1] 国家电网公司企业标准. 电力系统无功补偿配置技术导则(Q/GDW 1212—2015)[S]. 北京: 国家电网公司, 2016.

[2] 南方电网公司企业标准. 电力系统电压质量和无功电力管理标准(CSG/MS 0308—2005)[S]. 广州: 南方电网公司, 2005.

[3] 王超, 龚文杰, 段晓燕, 等. 基于典型区域分析的高压配电网无功规划探讨和应用[J]. 电气应用, 2009, 28(1): 78-85.

[4] 张勇军, 陈艳. 高压配电网无功补偿配置原则的优化[J]. 华南理工大学学报(自然科学版), 2014, 42(6): 17-24.

[5] 黄伟, 黄春燕, 何奉禄, 等. 110kV 变电站多维度变参数无功配置方法[J]. 电力电容器与无功补偿, 2017, 38(2): 34-39.

[6] 江浩侠, 黄伟, 许亮, 等. 高压配电网纯受端片区的无功优化[J]. 电力电容器与无功补偿, 2014, 35(3): 18-22.

[7] Faruk U, Engin K, Arne H N. MILP approach for bilevel transmission and reactive power planning considering wind Curtailment[J]. IEEE Trans on Power Systems, 2017, 32(1): 652-661.

[8] 胡晓阳, 王主丁, 舒东胜, 等. 配电网无功规划三次优化解析算法[J]. 电网技术, 2016, 40(7): 2099-2105.

[9] 张志强, 苗友忠, 李笑蓉, 等. 电力系统无功补偿点的确定及其容量优化[J]. 电力系统及其自动化学报, 2015, 27(3): 92-97.

[10] 黄小耘, 欧阳卫年, 吴树鸿, 等. 对电力系统无功补偿点的确定与其容量优化的分析[J]. 微型电脑应用, 2017, 33(3): 49-52.

[11] 徐玉琴, 刘杨, 谢庆. 基于全寿命周期成本的配电网无功规划研究[J]. 电力系统保护与控制, 2018, 46(11): 30-36.

[12] 任泓宇, 王主丁, 王骏海, 等. 计及技术标准的高压配网无功优化规划[J]. 电网技术, 2020, 44(4): 1463-1472.

[13] 中华人民共和国国家标准. 供配电系统设计规范(GB 50052—2009)[S]. 北京: 中国计划出版社, 2010.

[14] Wang Z D, Shokooh F, Qiu J. An efficient algorithm for assessing reliability indexes of general distribution systems[J]. IEEE Trans on Power Systems, 2002, 17(3): 608-614.

[15] 陈珩. 电力系统稳态分析[M]. 3 版. 北京: 中国电力出版社, 2007.

第4章 常规网络计算分析

配电网常规网络计算分析作为配电网精准规划的重要组成部分，能够发现配电网薄弱环节，提高配电网建设决策水平，避免资金浪费，使电力资源得到优化配置，是保障配电网规划方案科学合理的重要手段。本章主要介绍了用于配电网规划的潮流计算、短路计算、线损计算、供电安全水平分析和可靠性评估等常规电气计算分析功能，包括一些直观实用的近似计算方法及其应用案例。

4.1 引　　言

在配电网规划设计工作中，配电网量化计算分析是电网方案技术经济论证的重要支撑。随着分布式电源及多元化负荷的大量接入，配电网运行方式将会变得更加复杂，配电网计算分析的重要性也会更为突出。《配电网规划设计技术导则》(DL/T 5729—2016)[1]明确规定了配电网规划计算分析要求，即通过量化计算分析，确定配电网的潮流运行状态、短路电流水平、供电安全水平和供电可靠性水平，以及无功优化配置方案。其中，潮流计算和短路计算加上稳定计算是电力系统分析的三大计算(其中潮流计算是基础)，线损计算、供电安全性评估和可靠性评估则一直是配电网规划中重要的关注点。

本章主要对潮流计算、短路计算、线损计算、供电安全水平分析和可靠性评估的计算目的、计算内容、计算方法、结果校验和改进措施进行了介绍，包括一些直观实用的近似计算方法及其应用案例。

4.2 潮 流 计 算

潮流计算是基于给定的运行条件和拓扑结构确定网络的运行状态(如电流、电压、功率和损耗)，是短路电流计算、线损分析、供电安全水平分析、可靠性评估和无功规划计算的基础。

1. 潮流计算目的

潮流计算的目的一般包括：

(1) 评价网络规划或运行方案。

(2) 选择线路和变电站主设备规格。

(3) 为选用调压装置、无功补偿及其配置提供依据。

(4) 为其他电网计算分析(如短路计算)提供原始数据。

2. 潮流计算内容

潮流计算应根据给定的拓扑结构和运行条件确定电网的运行状态,如按电网典型运行方式对规划水平年的 110~35kV 电网进行潮流计算分析,以及 10kV 电网在结构发生变化或运行方式发生改变时进行潮流计算。

1) 运行方式

潮流计算的设计运行方式一般包括:

(1) 正常运行方式。

按日和/季变化的最大最小负荷和最大最小开机方式下较长期出现的运行方式(如火电大发、枯大、枯小、丰大和丰小等)。

(2) 事故后运行方式。

电力系统事故消除后,在恢复到正常方式前所出现的短期稳定运行方式。

(3) 特殊运行方式。

主干线路和大容量变压器等设备检修以及对系统稳定运行影响较为严重的运行方式。

2) 节点分类

潮流计算时通常需要进行不同节点分类设置,涉及平衡节点、PQ、PV、PI 和 PQV 节点。

(1) 平衡节点。

平衡节点是指由于受与其相连的某外部等值电网或发电机的控制,电压幅值和相角保持在指定值不变的母线。在一个独立的电网中平衡节点必须有一个且最好只有一个,它对电网起到功率平衡的作用,即可以向电网提供缺少的功率,也可以吸收电网多余的功率,从理论上讲代表与研究电网相连的无穷大系统。实际应用中一般选取电网中的主调频发电厂为平衡节点,计算结果中的平衡节点功率就是该发电厂向研究电网提供的功率;如果研究电网与另一更大的电力系统相连,也可选取相应连接点作为平衡节点,计算结果中的平衡节点功率就是大系统通过平衡节点向研究电网提供的功率。

(2) PV 节点。

PV 节点是指由于受与其相连的某外部等值电网或发电机的控制,节点有功输出或输入功率,以及节点电压幅值保持在指定值不变的母线。为维持给定的节点电压幅值,选择用以控制电压的等值电网或设备必须有足够的可调无功容量(如发电厂中有一定无功储备的发电机和变电所中的可调无功电源设备)。

(3)PQ 节点。

PQ 节点是指节点有功输入输出和无功输入输出保持在指定值不变的母线。

(4)PI 节点。

PI 节点是指由于受与其相连的某电源控制,节点有功输出或输入功率,以及相应的节点电流幅值保持在指定值不变的母线。

(5)PQV 节点。

PQV 节点是指由于受与其相连的某电源控制,节点有功输出或输入功率保持在指定值不变,且节点无功输出或输入功率为其端电压函数关系的母线。

对于受分布式电源控制的节点,其节点类型需要结合相应分布式电源的特性进行设置,具体处理方法如下:

①风力发电:风力发电使用的发电机通常是异步发电机,一般可将与其直接相连的母线当作 PQV 节点或简化处理为 PQ 节点。

②光伏电池:输出为直流,通过逆变器接入电网。若相关逆变器为电压控制,可将与其直接相连的母线当作 PV 节点;若相关逆变器为电流控制,可将与其直接相连的母线当作 PI 节点。

③燃料电池:输出直流,通过逆变器对有功和无功输出进行控制,将与其直接相连的母线当作 PV 节点,在无功或电压越限的情况下,转换为 PQ 节点。

④微型燃气轮机:输出高频交流,通过电力电子元件转换为工频电接入电网。可将与其直接相连的母线当作 PV 节点,在无功或电压越限的情况下,转换为 PQ 节点。

⑤大型充换电设施:根据采用的恒电流充电方式和恒电压充电方式分别设置为 PI 节点和 PV 节点。

3. 潮流计算方法

潮流计算方法可分为精确计算方法和近似计算方法。

1)精确计算方法

精确计算方法主要包括快速分解法、前推回推法和牛顿法,可以获得比较准确的节点电压、线路电流和功率,以及各个元件和系统的功率损耗。这些方法需要详细的网络数据(网络拓扑和元件参数)和节点负荷数据,具有不同的收敛特性和计算速度。精确计算方法具体可参见文献[2],本书不再赘述,下面仅对适合配电网规划的潮流近似计算方法进行简介。

2)近似计算方法

电压损耗和线损是电气计算中的两个主要计算内容,是评估现状和规划网架技术经济性的两个重要指标。在缺乏详细数据的实际配电网规划中,损失系数法[2]

可用作电压损耗和线损计算的一种简化实用方法。

（1）传统损失系数法。

对于馈线主干线损耗，损失系数法是将整条馈线负荷集中于主干线末端时的损耗乘以某一系数来进行估算，仅需要主干线阻抗、总负荷大小和典型负荷分布方式的选择（如末端集中分布、均匀分布、渐增分布、递减分布和中间较重分布等），不需要逐点逐段计算，应用简单方便（该方法假设主干线沿线电压均为额定电压 U_n）。

①功率损耗。

假设馈线主干线总阻抗为 $R+jX$，线路总负荷为 $S=P+jQ$，功率因数为 $\cos\theta$。

若负荷集中于主干线末端，主干线功率损耗 ΔP_0 可表示为

$$\Delta P_0 = \frac{3S^2}{\left(\sqrt{3}U_n\right)^2}R = \frac{S^2 R}{U_n^2} \tag{4.1}$$

对于负荷非集中分布形式，功率损耗 ΔP 的计算式为

$$\Delta P = G_p \Delta P_0 \tag{4.2}$$

式中，G_p 为对应某种典型负荷分布方式的功率损耗系数，具体取值见表 4.1。

②电压损耗。

若负荷集中于主干线末端，在略去电压损耗横分量的情况下，主干线电压总损耗 ΔU_0 可表示为

$$\Delta U_0 = \frac{PR+QX}{U_n} = \frac{(S\cos\theta)R}{U_n}\left(1+\frac{X}{R}\tan\theta\right) \tag{4.3}$$

对于非集中负荷分布形式，电压损耗 ΔU 可表示为

$$\Delta U = G_u \Delta U_0 \tag{4.4}$$

式中，G_u 为对应某种典型负荷分布方式的电压损耗系数，具体取值见表 4.1。

表 4.1　损失系数法的功率损耗系数和电压损耗系数

损失系数	末端集中分布	均匀分布	渐增分布	递减分布	中间较重分布
G_p	1.00	0.33	0.53	0.20	0.38
G_u	1.00	0.50	0.67	0.33	0.50

（2）改进损失系数法。

由于传统损失系数法假定馈线沿线电压等于额定电压，对于那些线路偏长和负荷偏重的线路，传统损失系数法得出的电压损耗和功率损耗与实际值间的误差较大。为此，本节介绍计算精度改进后的简化估算公式，即改进损失系数法[3]。

改进损失系数法计算电压损耗和功率损耗的公式可表示为

$$\Delta U = G_{\mathrm{u}} \Delta U_0 + G_{\mathrm{u}}' \frac{(\Delta U_0)^2}{U_{\mathrm{n}}} \tag{4.5}$$

$$\Delta P = G_{\mathrm{p}} \Delta P_0 + G_{\mathrm{p}}' \frac{\Delta U_0 \Delta P_0}{U_{\mathrm{n}}} \tag{4.6}$$

式中，G_{u}' 和 G_{p}' 分别为改进损失系数法特有的电压损耗系数和功率损耗系数。根据典型负荷分布形式的不同，G_{u}' 和 G_{p}' 具体取值如表 4.2 所示。

表 4.2　改进损失系数法特有的电压损耗系数和功率损耗系数

损失系数	末端集中分布	均匀分布	渐增分布	递减分布	中间较重分布
G_{p}'	0	0.13	0.31	0.05	0.14
G_{u}'	0	0.125	0.22	0.06	0.09

与传统损失系数法相应的损耗计算公式相比，改进损失系数法电压损耗多了 $G_{\mathrm{u}}'(\Delta U_0)^2 / U_{\mathrm{n}}$ 项，功率损耗多了 $G_{\mathrm{p}}'\Delta U_0 \Delta P_0 / U_{\mathrm{n}}$ 项(该项不仅与负荷集中分布方式的功率损耗有关，也与电压损耗有关)；电压损耗与功率损耗越大，两种方法结果相差越大。

4. 潮流校验

潮流校验包括设备电流校验和节点电压校验。

1)电流校验

电流校验一般包括：正常情况下设备电流是否接近其经济输送电流；事故情况下设备电流是否不大于持续容许电流。

线路经济电流密度与最大负荷年利用小时数相关，表 4.3 为架空线路持续容许电流以及不同最大负荷年利用小时数对应的经济电流密度和经济负载率[4]，电缆线路持续容许电流可参见文献[5]。

变压器的经济负载率在最大负荷年利用小时数大于 3000h 时取 0.6~0.7，最大负荷年利用小时数小于 3000h 时取 0.75~1.0[6]。

2)电压校验

电压偏差超过了允许的范围会影响设备的运行，甚至会破坏设备，严重情况下会导致系统电压崩溃。电压校验是指校验正常或事故运行方式下系统各节点电压是否满足电压质量要求。

正常运行情况下各电压等级电压偏差应符合下列规定[1]：

(1)110~35kV 供电电压正负偏差的绝对值之和不超过额定电压的 10%。

表 4.3　架空线路持续容许电流和经济负载率[4]

导线型号	持续容许电流/A	经济负载率/%		
		3000h 以下 (1.65A/mm²)	3000～5000h (1.15A/mm²)	5000h 以上 (0.9A/mm²)
LGJ-50	220	38	26	21
LGJ-70	275	42	29	23
LGJ-95	335	47	33	26
LGJ-120	380	52	37	29
LGJ-150	445	56	39	30
LGJ-185	515	59	42	33
LGJ-240	610	65	45	35
LGJ-300	700	71	49	39
LGJ-400	800	83	58	45
LGJ-500	966	85	60	47
LGJ-600	1090	91	63	50

注：持续容许电流的环境温度取 25℃；经济负载率=100×经济输送电流/持续容许电流。

(2) 10 (20) kV 及以下三相供电电压允许偏差为额定电压的 ±7%。

(3) 220V 单相供电电压允许偏差为额定电压的 7% 与 −10%。

(4) 对供电点短路容量较小、供电距离较长以及对供电电压偏差有特殊要求的用户，由供、用电双方协议确定。

事故运行方式下电压可允许比正常情况低 5%，或最大电压偏差不超过 ±10%[7]。

基于线路电压损失大小，电压校验也可进行相应的简化，如正常运行情况下线路电压损耗控制值见表 4.4[8]和表 4.5[9]。

表 4.4　城网各级电压损失控制值[8]

额定电压及其元件	电压损失控制值/%	
	变压器	线路
110kV、66kV	2～5	4.5～7.5
35kV	2～4.5	2.5～5
20kV、10kV 及以下	2～4	8～10
其中：20kV 或 10kV 线路	—	2～4
配电变压器	2～4	—
低压线路(包括接户线)	—	4～6

表 4.5　农网各级电压损失控制值[9]

额定电压/kV	电压损失控制值/%
110	<5
35/66	约 5
10	3～5
0.38	<7

5. 潮流调整措施

潮流调整包括设备负载率优化措施和电压调整措施。

1) 负载率优化措施

对于负载率越限或偏离经济输送容量的设备,相关改进措施有:

(1) 高压主变。

单主变和主变容量不匹配可结合负荷增长改扩建主变;主变负载率偏高可扩建主变、新建变电站分流或通过下级电网切改优化负荷在主变间的分布。

(2) 高压线路。

单线情况可以结合负荷增长进行环网改造或新建线路;线路负载偏高可增大导线截面,以及新建变电站或线路分流。

(3) 中压线路。

单辐射线路可进行环网改造;未分段或分段少的线路可增加分段开关;负载偏高的线路可增大导线截面、分支切改或新建线路进行分流。

2) 电压调整措施

电压偏移过大将影响工农业生产甚至损坏设备,必须采取一定措施对电压进行调整,以控制电压在允许范围内。电压调节手段有很多,可以通过改变发电机端电压、改变变压器变比、安装并联补偿设备和/或加装线路调压装置等方法实现。这些措施各有其优点和局限性,以改变发电机端电压为例,优点是无需另增设备,直接和经济,但受发电机功率极限和经多级变压向负荷供电的限制;而采用并联补偿方式控制电压,虽然能达到很好的控制效果,同时又能减少网络的电能损失,但会增加投资成本。

配电网调压方式主要有三类:全局调压、有载调压和中枢点调压。全局调压可整体调整区域各节点电压;有载调压通过调节变压器分接头调压;中枢点调压可分为逆调压、顺调压和恒调压,其中中枢点可选为变压器低压侧母线,在最大负荷和最小负荷情况下不同中枢点调压方式及其适用范围如表 4.6 所示[2]。电压调整手段和调压方式的选择需要根据实际情况通过技术经济论证后做出决策。

表 4.6　中枢点调压方式分类及其适用范围

调压分类	最大负荷/p.u.	最小负荷/p.u.	适用范围
逆调压	1.05	1	线路较长,负荷变动大但变化规律大致相同
顺调压	1.025	1.075	线路短,负荷变动不大
常调压	1.02~1.05	1.02~1.05	无有载调压

4.3　短　路　计　算

短路计算是电力系统三大基本电气运算之一,通过短路电流计算确定电网短路电流水平,为设备选型等工作提供支撑。短路电流计算应综合考虑上级电源和本地电源接入情况,以及中性点接地方式。在电网结构发生变化或运行方式发生改变的情况下,应开展短路电流计算,并提出限制短路电流的措施。

1.短路计算目的

根据短路计算结果,短路计算可用于:

(1)选择继电保护设备,选择适宜遮断容量的断路器,设置相应的电气参数,以及研究确定限制短路电流的措施。

(2)研究输电线路对周围通信线路的电磁干扰。

(3)选取适合的电气接线,选取适合的电气设备以满足相应的热稳定度和动稳定度要求,选取适宜的载流导体。

2.短路计算内容

短路计算内容一般包括:

(1)配电网规划设计中,一般计算今后若干年(如 5~10 年)最大运行方式时三相短路和单相接地短路的零秒短路电流。

(2)发电厂和变电所电气设计一般还要计算短路电流的非周期性分量和冲击电流。

(3)为整定继电保护和选择熔断器等,有时尚需计算有关年份的系统最小运行方式的短路电流。

3.短路计算方法

利用网络元件的电磁暂态模型进行短路电流计算,结果准确,但方法复杂且计算量大,不能满足工程实际需求。目前通常使用的短路电流计算标准或方法旨在计算准确性和简化性上达到最佳平衡,主要有通用计算方法、运算曲线法、国际 IEC 标准和北美 ANSI 标准[10]。国内目前主要采用运算曲线、IEC 标准和通用方法。

1)运算曲线法

运算曲线法是我国普遍采用的一种短路电流计算方法,针对我国的电机参数有较强的实用性[11]。应用运算曲线计算电力系统短路电流时,用各台发电机的 x_d'' 为其等值电抗,不计网络中负荷,经网络化简可得到只含发电机电动势节点和短路点的简化网络，求得各电源对短路点间的转移阻抗。由于等值网络中所有阻抗是按统一的功率基准值归算的，应将各电源与短路点间的转移阻抗分别归算到各电源的额定容量，得到各电源的计算电抗，利用计算电抗查运算曲线求得各电源到短路点的某时刻的短路电流标幺值。短路点的总电流则为各电源对短路点的短路电流标幺值换算得到的有名值之和。

2) IEC 标准

IEC 标准(或短路点等效电压源法)适用于 50Hz 或 60Hz 低压、高压三相交流系统中平衡短路故障和不平衡短路故障的电流计算[12]。在 IEC 标准中，短路电流的计算分为发电机近端短路和发电机远端短路两种情况；所有旋转电机(发电机、同步电动机、异步电动机等均与发电机一样看待)、电力系统电源和短路时可瞬时逆变运行的静止换流器装置等均作为电源处理，即均为网络元件，但对稳态短路电流，同步电动机、异步电动机及静止换流器无影响，不再为网络元件。

所有网络元件一般均用电阻 R 及电抗 X 参数表示，IEC 标准对电力系统电源、异步电动机、短路时可瞬时逆变运行的静止换流器装置、发电机等元件的阻抗有着明确的规定。网络中只有一个等效电压源 $cU_n/\sqrt{3}$ 加到短路点，在短路点处额定电压 U_n 前加了一个电压系 c，它主要依据不同电压等级和最大最小电流值计算目的的取值。

3) 通用计算方法

在故障计算通用计算方法中，所有等值电网、发电机和电动机(如果选择考虑)均采用其次暂态阻抗(或短路阻抗)后的电压源表示。该电压源的等值电势可由用户设置或由潮流计算求得。

对于单重故障，通用计算方法可用于计算短路后任意时刻的电流。在整个短路过程中，电压源的次暂态电动势(或等值电动势)保持不变，不考虑短路电流周期分量的衰减。短路电流的非周期分量将衰减到零，衰减时间常数全网相同，采用网络对短路点的等值阻抗(三相短路)或复合序网的等值阻抗(非对称短路)计算，即该等值阻抗虚部与实部之比。根据短路类型的不同，衰减时间常数可能为短路点负序和/或零序等值阻抗的函数。短路过程中可以考虑变压器的分接头，电动机和非旋转负荷可选择考虑或不考虑。通用计算方法可用于计算多重故障瞬间的电流电压分布，但不考虑多重故障短路后电流随时间的变化。

4. 短路校验

配电网规划应从网络结构、电压等级、阻抗选择、运行方式和变压器容量等方面合理控制各级电压的短路容量，使各级电压断路器的开断电流与相关设备的动、热稳定电流相配合。变电站内母线的短路电流水平不宜超过表 4.7 的规定，并应与配电设备的开断能力相适应[1]。

表 4.7　各电压等级的短路电流限值

额定电压/kV	短路电流限值/kA		
	A+、A、B 类供电区域	C 类供电区域	D、E 类供电区域
110	40	40	31.5、40
66	31.5	31.5	31.5
35	31.5	25、31.5	25、31.5
10	20、25	16、20	16、20

5. 限制短路电流措施

限制短路电流的措施主要有以下两个方面：

1) 从电网结构上可以采取的限流措施

(1) 在系统主网之间的联系增强后，次级电网可以解环运行。

(2) 在允许范围内，增大系统的零序阻抗。例如，采用全星形变压器(无第三绕组或者第三绕组是星形连接)，可以降低变压器中性点的接地点的数量，以减小系统的单相短路电流。

(3) 加大变压器的阻抗，或将自耦变压器改为普通三绕组变压器，但一般不宜采用此类措施。

2) 发电厂、变电所可以采用的措施

(1) 发电厂中，在发电机电压母线分段回路中安装电抗器。

(2) 变压器分列运行。

(3) 变压器的回路中设置分裂电抗器/电抗器。

(4) 选择低压侧是分裂绕组的变压器。

(5) 出线上装设电抗器。

(6) 发电厂和变电所母线分段运行。

4.4　线　损　计　算

发电机发出来的电能输送到用户的过程中会产生电能损耗，即线损电量(简称线损)。配电网线损是电力部门一项综合性经济技术指标，是电力部门分析线损构成、制定降损措施的有力工具，对促进供电企业降低能耗，内部挖潜，提高经济效益，优化电网规划设计方案，加强运行管理具有重要的意义。

1. 线损计算目的

线损计算的目的包括：

(1)求得线损率以及线损的构成,比较实际线损率与计算线损率的差值,由此可知不明损耗的大小,并以此来衡量企业的管理水平以及用电量统计是否合理。

(2)确定可变损耗、固定损耗和分支线损耗占总损耗的比重,以明确降损技术的主攻方向。

(3)通过线损计算可以掌握线损变化,确定电网的结构和布局的合理性,并借此来确定电网的降损潜力,制定出相应的降损措施。

(4)为制定降损承包责任制(如年、季、月线损指标)提供依据。

(5)为配电网建设改造、无功补偿、调压和经济运行提供技术信息,以便在制定上述技术策略时有相应的依据。

2. 线损计算内容

线损计算的内容主要有线损和线损率。

1)全网年电能损耗

首先计算各个元件中的能量损耗,然后将所有元件的电能损耗加起来即为全网电能损耗,即线损。

2)线损率

包括最大和最小负荷时全网有功和无功功率损耗率以及年电能损耗率,计算表达式为

$$
\begin{cases}
功率损耗率 = \dfrac{功率损耗}{负荷总功率 + 功率损耗} \\[3mm]
年电能损耗率 = \dfrac{全网年电能损耗}{全网负荷年电能消耗 + 全网年电能损耗}
\end{cases}
\tag{4.7}
$$

3. 计算方法

配电网应分电压等级开展线损计算。对于 35kV 及以上配电网,宜采用以潮流计算为基础的方法来计算;35kV 以下电网可采用简化方法进行近似计算。

1)多时段潮流计算

线损多时段潮流计算方法是精确计算方法,可用于各电压等级电网和多电压等级电网的线损计算分析。多时段潮流计算方法充分考虑负荷曲线和发电出力曲线对损耗的影响:假定每小时内负荷及发电出力基本不变,对每一小时进行一次潮流计算,可得到相应时段功率损耗,把各时段损耗加起来可得相应时间段(如典型日)的损耗电量。

若采用典型日计算线损,一般直接采集负荷和电源 24 小时数据进行计算。当直接采集较困难时,可采用负荷和电源的日电量及其标幺值曲线经过简单计算获得相应 24h 数据。

2）现状网估算方法

现状电网负荷和网络资料比较齐全，其主要线损估算方法有等值电阻法、等值阻抗法和线性回归法等[13]。在满足实际工程计算精度的前提下，使用等值模型计算配电网的电能损耗要求输入数据量小，一般仅限于中/低压（<30kV）网络中的各辐射型线路或分支，可计算这些线路或分支上任意位置下游相同电压等级配电网的线损等值模型及其线损和线损率。

3）规划网估算方法

规划网常常数据不足，在满足实际工程计算精度的前提下，规划网线损估算主要思路为[14]：根据高压配电网、中压配电网和低压配电网各自的特点，先分别采用各自的配电网线损计算方法进行估算；再由高、中和低压配电网的线损指标得到多电压等级配电网全年综合线损指标。

（1）高压配电网。

高压配电网线损可由潮流计算所得的最大功率损耗和与最大负荷损耗小时数直接相乘来进行估算。高压配电网由于结构相对简单，数据容易收集，线损计算只需要根据其规划网架和分区负荷预测，对高压配电网进行潮流计算得到其最大负荷时的总功率损耗 $\Delta P_{\text{hv,max}}$，并由此估算年线损率 $\delta_{\text{hv,y}}$，即

$$\delta_{\text{hv,y}} = \frac{\Delta P_{\text{hv,max}} \tau_{\text{max}}}{\text{高压配电网年供电量}} \tag{4.8}$$

式中，τ_{max} 为高压配电网负荷的最大负荷损耗小时数，其取值可由最大负荷利用小时数 T_{max} 和负荷功率因数 $\cos\theta$ 查表得到，如表 4.8 所示。

表 4.8　最大负荷损耗时间 τ_{max} 与最大负荷利用小时数 T_{max} 和功率因数 $\cos\theta$ 的关系

T_{max}/h	τ_{max}/h				
	$\cos\theta$=0.80	$\cos\theta$=0.85	$\cos\theta$=0.90	$\cos\theta$=0.95	$\cos\theta$=1.00
2000	1500	1200	1000	800	700
2500	1700	1500	1250	1100	950
3000	2000	1800	1600	1400	1250
3500	2350	2150	2000	1800	1600
4000	2750	2600	2400	2200	2000
4500	3150	3000	2900	2700	2500
5000	3600	3500	3400	3200	3000
5500	4100	4000	3950	3750	3600
6000	4650	4600	4500	4350	4200
6500	5250	5200	5100	5000	4850
7000	5950	5900	5800	5700	5600
7500	6650	6600	6550	6500	6400
8000	7400	7380	7350	7300	7250

(2)中压配电网。

中压配电网结构复杂、分支线路多、规模大且相关电网参数难于获取,加上规划阶段数据匮乏,实际配电网规划中通常采用简化的实用估算方法。

考虑到不同分区(如城市、郊区和农村等)馈线的结构(主干线型号和长度)相似,可以按不同分区分别计算线损,然后再累加得到整个中压配电网的线损。

首先,根据损失系数法估算最大负荷时各分区馈线功率损耗[3]。该方法可根据每条馈线首端的最大负荷、主干线参数及线路上负荷的分布形式直接估算出该馈线的最大功率损耗 ΔP_{ml},不必逐点进行计算,即

$$\Delta P_{ml} = G_p \Delta P_{ml0} \tag{4.9}$$

式中,ΔP_{ml0} 为假设馈线首端最大负荷集中位于馈线末端情况下的最大功率损耗,G_p 见表 4.1。

其次,估算最大负荷时配变的功率损耗。假设配变装接容量合理(取规划年配变经济负载率为 60%~70%或稍低),经过改造更换型号大致相同,则可估算得到单条馈线的配变总容量 S_{tz} 和台数 N_{tz}。根据配变型号和单台近似容量(即 S_{tz}/N_{tz})可查到单台配变的空载损耗 ΔP_{tk} 和负载损耗 ΔP_{tf},则单条馈线上配变总损耗可表示为

$$\Delta P_t = \left[\Delta P_{tk} + \Delta P_{tf} \left(\frac{S_{lz}}{S_{tz}} \right)^2 \right] N_{tz} \tag{4.10}$$

式中,S_{lz} 为单条馈线总负荷。

最后进行各馈线、各分区和整个规划区域线损的汇总。

单条馈线年有功电量损耗可表示为

$$\Delta W_f = \left[\frac{\Delta P_{ml}}{K_b} + N_{tz} \Delta P_{tf} \left(\frac{S_{lz}}{S_{tz}} \right)^2 \right] \tau_{max} + N_{tz} \Delta P_{tk} T_y \tag{4.11}$$

式中,K_b 为考虑支线影响的损耗修正系数(如取 0.8);T_y 为配变一年的投运小时数(如 8760h)。

馈线的有功损耗 ΔW_f 乘以相应分区馈线条数 n_f 可得各分区的有功总电量损耗为

$$\Delta W_a = n_f \Delta W_f \tag{4.12}$$

通过累加各分区有功总电量,中压配电网年线损率 $\delta_{mv,y}$ 可表示为

$$\delta_{\mathrm{mv,y}} = \frac{\sum \Delta W_{\mathrm{a}}}{中压配电网年供电量} \tag{4.13}$$

(3) 低压网。

考虑到相关技术导则对低压线路有年平均线损率和电压损耗率有约束要求, 基于最大允许电压损耗率和最大允许线损率可以得到在给定线路负载率情况下的主干线极限长度。假设线路上的负荷均匀分布, 馈线负载率为 50%, 通过计算得到各种线型分别满足相应线损和电压指标要求所对应的允许最大供电长度, 如表 4.9 所示[14]。

表 4.9 负载率 50%的低压线路满足相关线损及电压指标的最大允许供电长度

线型	最大输送容量/(kV·A)	$R/(\Omega/\mathrm{km})$	$X/(\Omega/\mathrm{km})$	最大允许主干线供电长度/m			
				最大允许年平均线损率			最大允许电压损耗率
				2.5%	5%	9%	5%
LGJ-150	292.6	0.21	0.265	595.4	1190.9	2143.35	381.6
LGJ-120	250	0.27	0.272	542.0	1084.0	1951.2	360.0
LGJ-95	219	0.33	0.278	506.2	1012.2	1822.5	351.6
LGJ-70	181	0.45	0.289	449.2	898.7	1616.85	360.6
LGJ-50	144	0.65	0.299	390.8	736.3	1447.65	336.36
LGJ-35	112	0.85	0.31	384.3	768.8	1383.3	343.68
LGJ-25	89	1.38	0.324	297.8	595.3	1072.35	281.4
LGJ-16	69	2.04	0.339	259.9	519.9	935.55	253.08

基于表 4.9 中的最大允许供电长度, 采用规划结果中关键数据(如主干线长度和负载率)对最大允许线损率进行修正, 即可得出低压规划线路的线损估计值。假设规划年目标线损率为 $\delta_{\mathrm{lv,o}}$ (可参考表 4.9 中数据得到), 某种典型接线方式低压线路 50%负载率情况下的最大允许供电长度为 $L_{\mathrm{lv,max}}$, 规划以后通过负荷预测得线路的平均负载率为 $(100\eta_{\mathrm{lv}})\%$, 主干线路平均供电长度 L_{lv}, 低压线路上用电量占总低压用电量的大致比例为 α_{lv}, 则低压电网平均线损率 $\delta_{\mathrm{lv,y}}$ 可表示为

$$\delta_{\mathrm{lv,y}} = \delta_{\mathrm{lv,o}} \sum \left(\frac{L_{\mathrm{lv}}}{L_{\mathrm{lv,max}}} \frac{100\eta_{\mathrm{lv}}}{50} \alpha_{\mathrm{lv}} \right) \tag{4.14}$$

例如, 若遵照表 4.9 对低压电网进行规划, 各种型号主干线供电长度控制在对应最大允许年线损率 2.5%的长度左右, 同时考虑线路转供能力裕度问题, 线路负载率控制在 40%左右, 则低压年线损率为 2%。

(4) 全网年综合线损率估算。

全网年综合线损率可表示为

$$\delta_{z,y} = \frac{\Delta W_{hv} + \Delta W_{mv} + \Delta W_{lv}}{\text{高压配电网年供电量}} \tag{4.15}$$

式中，ΔW_{hv}、ΔW_{mv}和ΔW_{lv}分别为高压配电网线损电量、中压配电网线损电量和低压配电网线损电量。

全网综合线损率与各电压等级线损率的关系可表示为

$$\delta_{z,y} = \delta_{hv,y} + \delta_{mv,y}\frac{\text{中压配电网年供电量}}{\text{高压配电网年供电量}} + \delta_{lv,y}\frac{\text{低压配电网年供电量}}{\text{高压配电网年供电量}} \tag{4.16}$$

若假定中压配电网年供电量与低压配电网年供电量相等，则上式可改写为

$$\delta_{z,y} = \delta_{hv,y} + (\delta_{mv,y} + \delta_{lv,y})\frac{\text{中压配电网年供电量}}{\text{高压配电网年供电量}} \tag{4.17}$$

4. 线损校验

配电网规划应按线损"四分"(即分压、分区、分线和分台区)管理要求控制线损，不同供电区域不同电压等级理论线损率控制目标见表4.10[15]。在此基础上，各地区应根据自己经济社会发展规划，确定实现线损率控制目标及年限。

表4.10　各类供电区规划电网分电压等级理论线损率控制目标

额定电压	A+类	A类	B类	C类	D类	E类
110kV	<0.5%	<0.5%	<0.5%	<2%	<3%	<3%
35kV	—	—	—	<2%	<3%	<3%
10(20)kV	<2%		<2.5%	<2.5%	<4%	<5%
380V	<2%		<2.5%	<5%	<7%	<9%
多电压等级综合	<3%		<4.5%	<6%	<8%	<12%

注：各电压等级理论损耗包括该电压等级的线路和变压器损耗。

5. 降损措施

降损措施分为技术措施和管理措施。电网规划设计主要考虑降损技术措施，它是指对电网某些部分或部件进行技术改造或改进，推广应用节电新技术和新设备，以及有意识地采用相关技术手段，调整电网布局，优化电网结构，改善电网运行方式，涉及线路经济运行、变压器经济运行、更换导线截面、增加电源点和无功补偿等措施。

4.5　供电安全水平分析

供电安全水平分析是为了校核电网是否满足供电安全准则和供电安全标准，可按典型运行方式对配电网进行供电安全水平分析。

1. 安全水平分析目的

供电安全水平分析的目的是通过模拟元件(如线路和/或变压器)故障对电网的影响，校验负荷损失程度(大小和时间)，检查负荷转移后相关元件是否过负荷，电网电压是否越限，保护装置灵敏度是否满足要求。

2. 安全水平分析内容

1)"N–1"安全准则[1]

"N–1"安全准则指电力系统的 N 个元件中的任一独立元件停运后，系统的各项运行指标仍能满足给定的要求。

(1)"N–1"停运。

"N–1"停运是指：

①110~35kV 电网中一台变压器或一条线路故障或计划退出运行。

②中压配电网线路中一个分段(包括架空线路的一个分段，电缆线路的一个环网单元或一段电缆进线本体)故障或计划退出运行。

(2)高压配电网供电安全准则。

高压配电网供电安全准则如表 4.11 所示。高压配电网供电安全准则在执行时应符合下列规定：

①对于过渡时期仅有单回线路或单台变压器的供电情况，允许线路或变压器故障时，损失部分负荷。

②A+、A、B、C 类供电区域高压配电网本级不能满足"N–1"安全校验时，应通过加强中压线路站间联络提高转供能力，以满足高压配电网供电安全准则。

③110kV 及以下变电站供电范围宜相对独立。可根据负荷的重要性在相邻变电站或供电片区之间建立适当联络，保证在事故情况下具备相互支援的能力。

表 4.11　高压配电网供电安全准则

供电区域类型	供电安全准则
A+、A、B、C 类	应满足"N–1"
D 类	宜满足"N–1"
E 类	不做强制要求

注："满足'N–1'"是指高压配电网发生"N–1"停运时，电网应能保持稳定运行和正常供电，其他元件不应超过事故过负荷的规定，不损失负荷，电压和频率均在允许的范围内；"满足'N–1'"包括通过下级电网转供不损失负荷的情况。

(3)中压配电网供电安全准则。

中压配电网供电安全准则如表 4.12 所示。为满足中压配电网安全准则,线路最高负载率可表示为

$$\eta_{\mathrm{l,max}} = \frac{S_{\mathrm{dl}} - S_{\mathrm{ds}}}{S_{\mathrm{dl}}} \tag{4.18}$$

式中, $\eta_{\mathrm{l,max}}$ 为线路负载率; S_{dl} 对应线路安全电流限值的线路容量; S_{ds} 为线路的预留备用容量(即其余联络线路故障停运时可能转移过来的最大负荷)。

表 4.12　中压配电网供电安全准则

供电区域类型	A+、A、B	C 类	D 类	E 类
供电安全准则	应满足"N–1"	宜满足"N–1"	可满足"N–1"	不做强制要求

注:"满足'N–1'"指中压配电网发生"N–1"停运时,非故障段应通过继电保护自动装置、自动化手段或现场人工倒闸尽快恢复供电,故障段在故障修复后恢复供电。

2)供电安全标准

供电安全标准规定了单一元件故障停运后,不同组负荷大小(或不同电压等级配电网)允许损失负荷的大小及恢复供电的时间,一般原则为:受影响的负荷规模越大负荷恢复供电时间要求越短(或供电可靠性要求越高),如表 4.13 所示[16]。可以看出,对于配电网,一般只需要满足"N–1"安全校验,不需要满足"N–1–1"安全校验(即在一元件计划检修停运期间又发生一个元件故障停运的情况)。

表 4.13　配电网供电安全水平

安全等级	组负荷 /MW	"N–1"停运	"N–1–1"停运	备注
1	≤2	维修完成后:恢复组负荷	不要求	
2	2~12	3h 内:恢复负荷=组负荷–2MW;维修完成后:恢复组负荷	不要求	
3	12~180	15min 内:恢复负荷≥min(组负荷–12MW,2/3 组负荷);3h 内:恢复组负荷	不要求	用户组通常由两条(或两条以上)常闭回路供电,或者由一条常闭回路供电,但可以通过人工或自动的开关切换过到其他回路
4	180~600	瞬时:恢复负荷≥[组负荷–60MW(自动断开)];15min 内:恢复组负荷	3h 内:对于组负荷大于 300MW 的负荷组,恢复负荷≥min(组负荷–300MW,1/3 组负荷);在计划停运所需时间内:恢复组负荷	60s 内恢复供电被视为瞬时恢复供电。本标准基于以下假设:发生"N–1–1"停运后,可以通过安排和调整计划停运,尽量减小供电恢复时间;可以考虑使用轮停的方法来减小长时间停电对用户的影响

注:对于 3~4 级用户组,计划停运不应导致用户停电;若中压配电电压为 20kV,则 1 和 2 供电等级的组负荷范围可提高至原来的 2 倍;若 4 级用户组考虑 220/20kV 变电站,那么"恢复组负荷"的时间可延迟到 3h 内。

3. 安全水平分析方法

配电网需通过枚举设备停运(如线路停运)反复进行开断潮流计算进行"N–1"安全性分析,即"N–1"仿真校验方法[17]。若"N–1"仿真后存在不能通过安全校验的情况,通过分析可得到依据停电范围或容量裕度来分别衡量不安全或安全的程度,得到依据严重程度排序的停电元件集以及相应的过负荷元件和过负荷大小。

4. 安全水平校验

配电网设备数量多计算量大,且考虑到规划中的不确定性多,实际规划工作中通常依据变压器和线路的安全负载率对供电安全性进行简易快速的校验。

1)"N–1"安全准则

规划和设计中的"N–1"安全准则主要涉及变压器安全负载率和线路安全负载率的校验。

(1)变压器安全负载率。

若变电站一台主变故障时,通过站内负荷转移使站内其余主变带全部负荷情况下短时最大负载率为 K_{zn}(如 2 小时内允许过载 30%时 $K_{zn}=1.3$),容量相同主变正常运行时的安全负载率与 K_{zn} 和主变台数 n_z 相关,可表示为 $K_{zg}=K_{zn}(n_z-1)/n_z$。

当 $K_{zn}=1.3$ 时的安全负载率为高负载率:当 $n_z=2$ 时,$K_{zg}=0.65$;当 $n_z=3$ 时,$K_{zg}=0.87$;当 $n_z=4$ 时,$K_{zg}=0.975$。当 $K_{zn}=1$ 时的安全负载率为低负载率:当 $n_z=2$ 时,$K_{zg}=0.5$;当 $n_z=3$ 时,$K_{zg}=0.67$;当 $n_z=4$ 时,$K_{zg}=0.75$。

(2)线路安全负载率。

在进行规划和设计时,中压线路满足"N–1"安全准则的负载率为:

对于单环网和多分段单联络的线路,安全负载率≤0.5;

对于两供一备的线路,线路间平均安全负载率≤0.67;

对于三供一备的线路,线路间平均安全负载率≤0.75;

对于双环网(开关站型式,开关站带母联)的线路,安全负载率依据不同的线路分段取值不同,通常在 0.5~0.67 之间;

对于双环网(两个独立单环型式)的线路,安全负载率≤0.5。

2)供电安全标准

供电安全性标准是指 N 个元件中的任一独立元件被切除后,在一定时间内可以恢复的最低负荷值,即满足表 4.13 所示的配电网供电安全水平。

5. 安全水平提升措施

为了提升供电安全水平,应从电网结构、设备安全裕度、配电自动化等方面考虑,还可通过应用地理信息系统、应急抢修指挥系统等多种方式,缩短故障响应和抢修时间。

1)"N–1"安全准则

解决不满足"N–1"安全准则的改进措施如下。

(1)高压主变。

单主变和主变容量不匹配可结合负荷增长改扩建主变;主变负载率偏高可扩建主变、新建变电站分流、通过下级电网切改优化负荷分布以及加强中压线路站间联络提高转供能力。

(2)高压线路。

单线可以结合负荷增长进行环网改造或新建备用线路;线路负载偏高可以增大导线截面或新建变电站、采用线路分流、通过下级电网切改优化负荷分布以及加强中压线路站间联络提高转供能力。

(3)中压线路。

单辐射线路可以进行环网改造;未分段或分段少的线路可以进行增加分段开关;负载偏高的线路可以增大导线截面、分支切改或新建线路进行分流。

2)供电安全标准

除了上述不满足"N–1"安全准则的改进措施外,还可以通过完善或升级故障处理模式(含配电网自动化、不间断电源和备用电源)和不停电作业减小停电损失大小及其恢复供电的时间。

4.6 供电可靠性评估

供电可靠性是反映供电企业供电能力和供电质量的最主要指标之一,据统计80%的用户停电是由配电系统引起,配电网可靠性评估具有重要意义。不同于供电安全性仅涉及单次故障后果,供电可靠性还与停电概率密切相关。

1. 可靠性评估目的

(1)定量评估配电网可靠性水平,识别系统薄弱环节。

(2)通过可靠性价值的成本效益分析,全面、准确的评价方案的可行性。

(3)为判断规划方案是否达到要求的可靠性指标提供定量的参考依据[18]。

2. 可靠性评估内容

供电可靠性计算分析基于可靠性基础数据确定现状和规划期内配电网的可靠性指标,分析影响供电可靠性的薄弱环节,提出改善供电可靠性指标的措施或规划方案。

可靠性数据分为基础数据和可靠性参数。基础数据包括网络拓扑结构、配电线路基础参数、配电变压器基础参数和负荷点参数；可靠性参数可分为故障停电相关参数和预安排停电相关参数两大类。

供电可靠性指标可按给定的电网结构、运行方式以及可靠性相关数据等条件选取典型区域进行简化计算分析。计算指标包括系统平均停电持续时间、系统平均停电频率、平均供电可用率、缺供电量和缺供电费用等。

考虑到可靠性评价指标众多和规划态可靠性评估简化，本书可靠性评估仅对主要指标中的系统平均停电持续时间 SAIDI 和平均供电可靠率(average service availability index，ASAI-1)。ASAI-1 也常用供电可靠率(reliability on service in total，RS-1)代替，它们之间的关系可简单表示为 RS-1=100×ASAI-1(%)。其中，供电可靠率 RS-1 和系统平均停电持续时间 SAIDI 的关系可表示为

$$\mathrm{RS}-1 = \left(1 - \frac{\mathrm{SAIDI}}{8760}\right) \times 100 \tag{4.19}$$

3. 可靠性评估方法

1)可靠性评估方法分类

可靠性评估方法可分为详细评估方法和近似计算方法。

详细评估方法主要有故障模式影响分析法、最小路集法和最小割集法等，可以获得系统、馈线和每个负荷点的可靠性指标。但这些方法要求已知网架结构、配变位置和相关数据等，数据录入工作繁琐而且维护工作量大，主要用于现状电网薄弱环节分析。

对于缺乏详细网架负荷数据的配电网(特别是规划配电网)，非常需要一种对数据要求量小且具有一定精度的可靠性近似计算模型和方法，便于工程技术人员进行直观快速的可靠性估算。本章为节省篇幅主要简述快速的近似计算方法[19]。

2)中压配电网可靠性近似计算

(1)总体思路及评估步骤。

近似计算方法总体思路是将规模庞大的配电网可靠性计算等效为不同典型供电区域若干典型接线模式可靠性指标计算的加权平均，从而使得可靠性估算这一复杂问题得以简化。具体算法主要描述为以下几个步骤：

步骤 1：对于待估算区域，事先进行典型供电区域划分，如按区域类型划分为市中心区、市区、市郊区、县城区、乡镇中心和农村等。对于各典型供电区域，将中压配电线路再分为多种典型接线模式。

步骤 2：对于各典型接线模式，综合考虑各项主要影响因素，计算相应的可靠性指标(如 SAIDI)。

步骤 3：根据各典型接线模式所接用户数与待估算区域总用户数的占比为权

重加权平均,即可求得待估算区域的系统可靠性指标,即

$$\text{SAIDI}_s = \sum_{l=1}^{N_{za}} \sum_{h=1}^{N_{zm}} w_{l,h} \text{SAIDI}_{l,h} \tag{4.20}$$

式中,SAIDI_s 为待估算区域的系统平均停电持续时间;N_{za} 为将待估算区域划分成的典型供电区域总数;N_{zm} 为典型接线模式总数;$w_{l,h}$ 为第 l 种典型供电区域的第 h 种典型接线模式的用户数占待估算区域总用户数的比例;$\text{SAIDI}_{l,h}$ 为第 l 种典型供电区域的第 h 种典型接线模式的系统平均停电持续时间,下面采用相应典型馈线 i 的系统平均停电持续时间SAIDI_i 表示。

(2)简化估算模型。

针对中压配电网规划的特点,简化估算模型是在简化条件下(如假设线路中开关类型单一)得到的馈线系统平均停电持续时间 SAIDI 的近似计算公式。

①架空线路。

(a)有联络且断路器分段。

若断路器紧邻两侧有隔离刀闸,采用断路器分段的有联络架空线路 i 的 SAIDI 可表示为

$$\text{SAIDI}_i = \frac{N_i - 1}{2N_i} L_i (\lambda_f t_{df} + \lambda_s t_{ds}) + \frac{L_i}{N_i} (\lambda_f t_f + \lambda_s t_s) + \frac{(N_i + 2)(N_i - 1)}{2N_i} \lambda_w t_{df} + \lambda_t t_t$$

$$\tag{4.21}$$

式中,L_i 和 N_i 分别为馈线 i 的总长度和平均分段数;λ_f 和 λ_s 分别为线路故障停运率和预安排停运率;λ_w 为开关故障停运率;t_{df} 和 t_{ds} 分别为线路故障定位、隔离及倒闸操作时间和线路的预安排停运隔离及倒闸操作时间;t_f 和 t_s 分别为线路平均故障停运持续时间(含 t_{df})和平均预安排停运持续时间(含 t_{ds});λ_t 和 t_t 分别表示配变故障停运率和平均故障停运持续时间。

若断路器紧邻两侧无隔离刀闸,则式(4.21)中应 $\dfrac{(N_i + 2)(N_i - 1)}{2N_i} \lambda_w t_{df}$ 替换为

$\dfrac{2(N_i - 1)}{N_i} \lambda_w t_w + \dfrac{(N_i - 2)(N_i - 1)}{2N_i} \lambda_w t_{df}$,其中 t_w 为开关平均故障停运持续时间(含 t_{df})。

(b)有联络且负荷开关分段。

若负荷开关紧邻两侧有隔离刀闸,采用负荷开关分段的有联络架空线路 i 的 SAIDI 可表示为

$$\text{SAIDI}_i = \frac{N_i - 1}{N_i} L_i \lambda_f t_{df} + \frac{N_i - 1}{2N_i} L_i \lambda_s t_{ds} + \frac{L_i}{N_i} (\lambda_f t_f + \lambda_s t_s) + (N_i - 1) \lambda_w t_{df} + \lambda_t t_t \tag{4.22}$$

若负荷开关紧邻两侧无隔离刀闸，则式 (4.22) 中 $(N_i-1)\lambda_w t_{df}$ 应替换为 $\dfrac{2(N_i-1)}{N_i}\lambda_w t_w + \dfrac{(N_i-2)(N_i-1)}{N_i}\lambda_w t_{df}$。

(c) 辐射型且断路器分段。

若断路器紧邻两侧有隔离刀闸，采用断路器分段的辐射型架空线路 i 的 SAIDI 可表示为

$$\text{SAIDI}_i = \frac{N_i+1}{2N_i}L_i(\lambda_f t_f + \lambda_s t_s) + \frac{N_i-1}{N_i}\lambda_w t_{df} + \frac{N_i-1}{2}\lambda_w t_w + \lambda_t t_t \qquad (4.23)$$

若断路器紧邻两侧无隔离刀闸，则式 (4.23) 中 $\dfrac{N_i-1}{N_i}\lambda_w t_{df} + \dfrac{N_i-1}{2}\lambda_w t_w$ 应替换为 $\dfrac{(N_i+2)(N_i-1)}{2N_i}\lambda_w t_w$。

(d) 辐射型且负荷开关分段。

若负荷开关紧邻两侧有隔离刀闸，采用负荷开关分段的辐射型架空线路 i 的 SAIDI 可表示为

$$\text{SAIDI}_i = \frac{N_i-1}{2N_i}L_i\lambda_f t_{df} + \frac{N_i+1}{2N_i}L_i(\lambda_f t_f + \lambda_s t_s) + \frac{N_i-1}{2}\lambda_w(t_{df}+t_w) + \lambda_t t_t \qquad (4.24)$$

若负荷开关紧邻两侧无隔离刀闸，则式 (4.24) 中 $\dfrac{N_i-1}{2}\lambda_w(t_{df}+t_w)$ 应替换为 $\dfrac{(N_i+2)(N_i-1)}{2N_i}\lambda_w t_w + \dfrac{(N_i-2)(N_i-1)}{2N_i}\lambda_w t_{df}$。

(e) 断路器和负荷开关混合分段。

断路器和负荷开关混合分段为先采用断路器将线路分为个 $N_{zd,i}$ 个主分段，再通过负荷开关将各主分段进一步分为 $N_{xd,i}$ 个小分段。

若断路器紧邻两侧有隔离刀闸，可先计算不计小分段只考虑主分段的系统平均停电持续时间，接着扣除各主分段进一步分段前对其直接相连用户的影响，然后计算各主分段进一步分段后的系统平均停电持续时间，最后再考虑各小分段开关对其下游各主分段用户的影响，并扣除重复计算的配变停电时间。基于该思路，混合分段的架空线路 i 的 SAIDI 可表示为

$$\text{SAIDI}_i = \text{SAIDI}_{dl,i}\left(L_i, N_{zd,i}\right) - \frac{L_i}{N_{zd,i}}(\lambda_f t_{dl,f} + \lambda_s t_{dl,s})$$

$$+ \text{SAIDI}_{fh,i}\left(L_i/N_{zd,i}, N_{xd,i}\right) + \frac{N_{zd,i}-1}{2}\lambda_w\left(N_{xd,i}-1\right)t_{wdf} - \lambda_t t_t \qquad (4.25)$$

式中，$\mathrm{SAIDI}_{\mathrm{dl},i}(L_i, N_i)$ 为长度为 L_i 的馈线仅采用断路器分为 N_i 段时的系统平均停电持续时间，即对于有无联络线路分别同式(4.21)和式(4.23)，但其中的 t_{w} 应采用断路器的平均故障停运持续时间 $t_{\mathrm{dl},\mathrm{w}}$，其中的 t_{df} 和 t_{ds} 应分别采用涉及断路器的负荷转供时间 $t_{\mathrm{dl},\mathrm{df}}$ 和 $t_{\mathrm{dl},\mathrm{ds}}$，其中的 t_{f} 和 t_{s} 也应分别采用相应的平均故障停运持续时间 $t_{\mathrm{dl},\mathrm{f}}$ 和 $t_{\mathrm{dl},\mathrm{s}}$；$\mathrm{SAIDI}_{\mathrm{fh},i}(L_i, N_i)$ 为长度为 L_i 的馈线仅采用负荷开关分为 N_i 段时的系统平均停电持续时间，即对于有无联络线路分别同式(4.22)和式(4.24)，但其中的 t_{w} 应采用负荷开关的平均故障停运持续时间 $t_{\mathrm{fh},\mathrm{w}}$，其中的 t_{df} 和 t_{ds} 应分别采用涉及负荷开关的负荷转供时间 $t_{\mathrm{fh},\mathrm{df}}$ 和 $t_{\mathrm{fh},\mathrm{ds}}$，其中的 t_{f} 和 t_{s} 对于 $N_{\mathrm{xd},i}>1$ 的情况应分别采用涉及负荷开关的平均故障停运持续时间 $t_{\mathrm{fh},\mathrm{f}}$ 和 $t_{\mathrm{fh},\mathrm{s}}$，而对于 $N_{\mathrm{xd},i}=1$ 的情况分别为 $t_{\mathrm{dl},\mathrm{f}}$ 和 $t_{\mathrm{dl},\mathrm{s}}$；$t_{\mathrm{wdf}}$ 对于辐射型线路和有联络线路分别为 t_{w} 和 $t_{\mathrm{fh},\mathrm{df}}$。

若断路器紧邻两侧无隔离刀闸而且线路有联络，式(4.25)引用的式(4.21)中替换 $\dfrac{(N_i+2)(N_i-1)}{2N_i}\lambda_{\mathrm{w}}t_{\mathrm{df}}$ 的应改为 $\dfrac{2(N_{\mathrm{zd},i}-1)}{N_{\mathrm{zd},i}}\lambda_{\mathrm{w}}\left(t_{\mathrm{w}}\dfrac{1}{N_{\mathrm{xd},i}}+t_{\mathrm{fh},\mathrm{df}}\dfrac{N_{\mathrm{xd},i}-1}{N_{\mathrm{xd},i}}\right)+$ $\dfrac{(N_{\mathrm{zd},i}-2)(N_{\mathrm{zd},i}-1)}{2N_{\mathrm{zd},i}}\lambda_{\mathrm{w}}t_{\mathrm{dl},\mathrm{df}}$；若断路器紧邻两侧无隔离刀闸而且线路为辐射型，式(4.25)引用的式(4.23)中替换 $\dfrac{N_i-1}{N_i}\lambda_{\mathrm{w}}t_{\mathrm{df}}+\dfrac{N_i-1}{2}\lambda_{\mathrm{w}}t_{\mathrm{w}}$ 的应改为 $\dfrac{N_{\mathrm{zd},i}-1}{N_{\mathrm{zd},i}}\lambda_{\mathrm{w}}$ $\left(t_{\mathrm{w}}\dfrac{1}{N_{\mathrm{xd},i}}+t_{\mathrm{fh},\mathrm{df}}\dfrac{N_{\mathrm{xd},i}-1}{N_{\mathrm{xd},i}}\right)+\dfrac{N_{\mathrm{zd},i}-1}{2}\lambda_{\mathrm{w}}t_{\mathrm{w}}$；若小分段负荷开关紧邻两侧无隔离刀闸，式(4.25)引用的式(4.22)和式(4.24)应根据其下方的说明做相应的修改。

②电缆线路。

假设环网箱配出线采用断路器，环网箱进线和环出线采用断路器或负荷开关分段。

(a)有联络且断路器分段。

采用断路器分段且紧邻两侧有隔离刀闸的有联络电缆线路 i 的 SAIDI 可表示为

$$\mathrm{SAIDI}_i = (L_i - L_{\mathrm{b},i})\frac{N_i+1}{2N_i}(\lambda_{\mathrm{f}}t_{\mathrm{df}}+\lambda_{\mathrm{s}}t_{\mathrm{ds}}) + \frac{L_{\mathrm{b},i}}{N_i(H_i-2)}(\lambda_{\mathrm{f}}t_{\mathrm{f}}+\lambda_{\mathrm{s}}t_{\mathrm{s}})$$
$$+ \lambda_{\mathrm{w}}\left[\frac{(N_i+1)H_i}{2}t_{\mathrm{df}} + (t_{\mathrm{w}}-t_{\mathrm{df}})\right] + \lambda_{\mathrm{t}}t_{\mathrm{t}} \tag{4.26}$$

式中，$L_{\mathrm{b},i}$ 表示馈线 i 的分支线长度；H_i 表示馈线 i 单个环网箱的平均开关个数。

若断路器紧邻两侧无隔离刀闸，则式(4.26)中 $\lambda_{\mathrm{w}}\left[\dfrac{(N_i+1)H_i}{2}t_{\mathrm{df}}+(t_{\mathrm{w}}-t_{\mathrm{df}})\right]$ 应

替换为 $\lambda_{\mathrm{w}} H_i \left(t_{\mathrm{w}} + \dfrac{N_i - 1}{2} t_{\mathrm{df}} \right)$。

(b) 有联络且负荷开关分段。

采用负荷开关分段且紧邻两侧有隔离刀闸的有联络电缆线路 i 的 SAIDI 可表示为

$$\mathrm{SAIDI}_i = (L_i - L_{\mathrm{b},i}) \lambda_{\mathrm{f}} t_{\mathrm{df}} + (L_i - L_{\mathrm{b},i}) \frac{N_i + 1}{2 N_i} \lambda_{\mathrm{s}} t_{\mathrm{ds}}$$

$$+ \lambda_{\mathrm{w}} \left[N_i H_i t_{\mathrm{df}} + (t_{\mathrm{w}} - t_{\mathrm{df}}) \right] + \frac{L_{\mathrm{b},i}}{N_i (H_i - 2)} (\lambda_{\mathrm{f}} t_{\mathrm{f}} + \lambda_{\mathrm{s}} t_{\mathrm{s}}) + \lambda_{\mathrm{t}} t_{\mathrm{t}} \qquad (4.27)$$

若负荷开关紧邻两侧无隔离刀闸，则式 (4.27) 中 $\lambda_{\mathrm{w}} \left[N_i H_i t_{\mathrm{df}} + (t_{\mathrm{w}} - t_{\mathrm{df}}) \right]$ 应替换为 $\lambda_{\mathrm{w}} H_i \left[t_{\mathrm{w}} + (N_i - 1) t_{\mathrm{df}} \right]$。

(c) 辐射型且断路器分段。

采用断路器分段且紧邻两侧有隔离刀闸的辐射型电缆线路 i 的 SAIDI 可表示为

$$\mathrm{SAIDI}_i = (L_i - L_{\mathrm{b},i}) \frac{N_i + 1}{2 N_i} (\lambda_{\mathrm{f}} t_{\mathrm{f}} + \lambda_{\mathrm{s}} t_{\mathrm{s}}) + \frac{L_{\mathrm{b},i}}{N_i (H_i - 2)} (\lambda_{\mathrm{f}} t_{\mathrm{f}} + \lambda_{\mathrm{s}} t_{\mathrm{s}})$$

$$+ \lambda_{\mathrm{w}} \left[\frac{(N_i + 1)(H_i - 2)}{2} t_{\mathrm{df}} + (N_i + 1) t_{\mathrm{w}} \right] + \lambda_{\mathrm{t}} t_{\mathrm{t}} \qquad (4.28)$$

若断路器紧邻两侧无隔离刀闸，则式 (4.28) 中 $\lambda_{\mathrm{w}} \left[\dfrac{(N_i + 1)(H_i - 2)}{2} t_{\mathrm{df}} + (N_i + 1) t_{\mathrm{w}} \right]$ 应替换为 $\dfrac{N_i + 1}{2} H_i \lambda_{\mathrm{w}} t_{\mathrm{w}}$。

(d) 辐射型且负荷开关分段。

采用负荷开关分段且紧邻两侧有隔离刀闸的辐射型电缆线路 i 的 SAIDI 可表示为

$$\mathrm{SAIDI}_i = (L_i - L_{\mathrm{b},i}) \left[\frac{N_i - 1}{2 N_i} \lambda_{\mathrm{f}} t_{\mathrm{df}} + \frac{N_i + 1}{2 N_i} (\lambda_{\mathrm{f}} t_{\mathrm{f}} + \lambda_{\mathrm{s}} t_{\mathrm{s}}) \right]$$

$$+ \frac{L_{\mathrm{b},i}}{N_i (H_i - 2)} (\lambda_{\mathrm{f}} t_{\mathrm{f}} + \lambda_{\mathrm{s}} t_{\mathrm{s}}) + \lambda_{\mathrm{w}} \left[N_i H_i t_{\mathrm{df}} + (N_i + 1)(t_{\mathrm{w}} - t_{\mathrm{df}}) \right] + \lambda_{\mathrm{t}} t_{\mathrm{t}} \qquad (4.29)$$

若负荷开关紧邻两侧无隔离刀闸，则式 (4.29) 中 $\lambda_{\mathrm{w}} \left[N_i H_i t_{\mathrm{df}} + (N_i + 1)(t_{\mathrm{w}} - t_{\mathrm{df}}) \right]$ 应替换为 $\lambda_{\mathrm{w}} H_i \left(\dfrac{N_i + 1}{2} t_{\mathrm{w}} + \dfrac{N_i - 1}{2} t_{\mathrm{df}} \right)$。

(e)断路器和负荷开关混合分段。

断路器和负荷开关混合分段为先采用断路器将线路分为个 $N_{zd,i}$ 个主分段，再通过负荷开关将各主分段进一步分为 $N_{xd,i}$ 个小分段。

若断路器紧邻两侧有隔离刀闸，可先分别计算主分段和小分段用户的系统平均停电持续时间(其中，主分段环网单元的停电时间需要考虑其上游小分段环网单元开关的影响，小分段环网单元的停电时间需要考虑本段主分段的不同影响和上游主分段线路的影响以及上游主分段和小分段环网单元开关的影响)，然后再基于主分段和小分段的环网单元数进行加权计算整条馈线的系统平均停电持续时间。基于该思路，对于 $N_{xd,i} > 1$ 的混合分段电缆线路 i 的 SAIDI 可表示为

$$
\begin{aligned}
\mathrm{SAIDI}_i = {} & \frac{N_{\mathrm{zd},i}}{N_{\mathrm{zd},i}N_{\mathrm{xd},i}}\left[\mathrm{SAIDI}_{\mathrm{dl},i}\left(L_i - L_{\mathrm{b},i} + \frac{L_{\mathrm{b},i}}{N_{\mathrm{xd},i}}, \frac{L_{\mathrm{b},i}}{N_{\mathrm{xd},i}}, N_{\mathrm{zd},i}\right) + \Delta\mathrm{SAIDI}_{\mathrm{fh},i}\left(N_{\mathrm{zd},i}, N_{\mathrm{xd},i}\right)\right] \\
& + \frac{N_{\mathrm{zd},i}N_{\mathrm{xd},i} - N_{\mathrm{zd},i}}{N_{\mathrm{zd},i}N_{\mathrm{xd},i}}\left[\mathrm{SAIDI}_{\mathrm{fh},i}\left(\frac{L_i}{N_{\mathrm{zd},i}}\frac{N_{\mathrm{xd},i}-1}{N_{\mathrm{xd},i}}, L_{\mathrm{b},i}\frac{N_{\mathrm{xd},i}-1}{N_{\mathrm{zd},i}N_{\mathrm{xd},i}}, N_{\mathrm{xd},i}-1\right)\right. \\
& \left. + \frac{1}{N_{\mathrm{zd},i}N_{\mathrm{xd},i}}\left(L_i - L_{\mathrm{b},i}\right)\lambda_{\mathrm{f}}t_{\mathrm{fh,df}} + \lambda_{\mathrm{w}}t_{\mathrm{dl,df}} + \Delta\mathrm{SAIDI}_{\mathrm{up},i}\left(N_{\mathrm{zd},i}, N_{\mathrm{xd},i}\right)\right]
\end{aligned}
\tag{4.30}
$$

其中，

$$
\Delta\mathrm{SAIDI}_{\mathrm{fh},i}\left(N_{\mathrm{zd},i}, N_{\mathrm{xd},i}\right) = \begin{cases}
H_i t_{\mathrm{dl,df}}\lambda_{\mathrm{w}}\left(N_{\mathrm{xd},i}-1\right)\dfrac{N_{\mathrm{zd},i}+1}{2}, & \text{有联络线路} \\[3mm]
\left[2t_{\mathrm{w}} + \left(H_i-2\right)t_{\mathrm{fh,df}}\right]\lambda_{\mathrm{w}}\left(N_{\mathrm{xd},i}-1\right)\dfrac{N_{\mathrm{zd},i}+1}{2}, & \text{辐射型线路}
\end{cases}
\tag{4.31}
$$

$$
\Delta\mathrm{SAIDI}_{\mathrm{up},i}\left(N_{\mathrm{zd},i}, N_{\mathrm{xd},i}\right) = \begin{cases}
\lambda_{\mathrm{w}}N_{\mathrm{xd},i}H_i t_{\mathrm{dl,df}}\dfrac{N_{\mathrm{zd},i}-1}{2} \\
\quad + \dfrac{N_{\mathrm{zd},i}-1}{2N_{\mathrm{zd},i}}\left(L_i - L_{\mathrm{b},i}\right)\left(\lambda_{\mathrm{f}}t_{\mathrm{dl,df}} + \lambda_{\mathrm{s}}t_{\mathrm{dl,ds}}\right), & \text{有联络线路} \\[3mm]
\lambda_{\mathrm{w}}\left[2t_{\mathrm{dl,w}} + \left(H_i-2\right)t_{\mathrm{dl,df}}\right]\dfrac{N_{\mathrm{zd},i}-1}{2} \\
\quad + \lambda_{\mathrm{w}}\left(N_{\mathrm{xd},i}-1\right)\left[2t_{\mathrm{fh,w}} + \left(H_i-2\right)t_{\mathrm{fh,df}}\right]\dfrac{N_{\mathrm{zd},i}-1}{2} \\
\quad + \dfrac{N_{\mathrm{zd},i}-1}{2N_{\mathrm{zd},i}}\left(L_i - L_{\mathrm{b},i}\right)\left(\lambda_{\mathrm{f}}t_{\mathrm{dl,f}} + \lambda_{\mathrm{s}}t_{\mathrm{dl,s}}\right), & \text{辐射型线路}
\end{cases}
\tag{4.32}
$$

式中，$\mathrm{SAIDI}_{\mathrm{dl},i}\left(L_i, L_{\mathrm{b},i}, N_i\right)$ 是全长和支线长度分别为 L_i 和 $L_{\mathrm{b},i}$ 的电缆线路仅采用断路器分为 N_i 段时的系统平均停电持续时间，即对于有无联络电缆线路分别同式(4.26)和式(4.28)，但其中的 t_{df} 和 t_{ds} 应分别采用涉及断路器的负荷转供时间 $t_{\mathrm{dl,df}}$ 和 $t_{\mathrm{dl,ds}}$，其中的 t_{f} 和 t_{s} 也应分别采用相应的平均故障停运持续时间 $t_{\mathrm{dl,f}}$ 和 $t_{\mathrm{dl,s}}$；$\mathrm{SAIDI}_{\mathrm{fh},i}\left(L_i, L_{\mathrm{b},i}, N_i\right)$ 是全长和支线长度分别为 L_i 和 $L_{\mathrm{b},i}$ 的电缆线路仅采用负荷开关分为 N_i 段时的系统平均停电持续时间，即对于有无联络电缆线路分别同式(4.27)和式(4.29)，但其中的 t_{df} 和 t_{ds} 应分别采用涉及负荷开关的负荷转供时间 $t_{\mathrm{fh,df}}$ 和 $t_{\mathrm{fh,ds}}$，其中的 t_{f} 和 t_{s} 也应分别采用相应的平均故障停运持续时间 $t_{\mathrm{fh,f}}$ 和 $t_{\mathrm{fh,s}}$。

若开关紧邻两侧无隔离刀闸，混合分段电缆线路 i 的 SAIDI 仍可以式(4.30)表示，但其中引用的式(4.26)~式(4.29)应根据其下方的说明做相应的修改。

(3) 修正近似计算模型。

基于现有馈线系统平均停电持续时间 SAIDI，若已知可靠性主要影响因素(如主干线长度、故障率、计划检修率、停电时间和接线模式等)的变化比例，修正估算模型可以在不知道这些参数具体数值的情况下，快速获得馈线数据变化后的修正 SAIDI，特别适合规划态配电网的可靠性近似计算，而且由于采用了当前实际的系统平均停电持续时间，在一定程度上可自动反映某些变化不大的复杂因素(如气候)。

生产实践中通常知道故障停电和计划停电时间的相对大小，在忽略对 SAIDI 影响相对较小的开关停电、配变停电以及故障定位隔离时间的情况下，通过对上述简化估算模型的分析可知，SAIDI 主要由 2 部分组成，分别为故障停电持续时间和计划停电持续时间，它们分别与若干参数成正比，如表 4.14 所示。

表 4.14　影响系统平均停电持续时间 SAIDI 的主要参数

停电时间	故障停电	计划停电
成正比的相关参数	主干线平均长度	主干线平均长度
	线路故障率和故障停电持续时间	线路计划停电率和计划停电持续时间
	联络分段因子	联络分段因子

因此修正估算模型可表示为

$$\mathrm{SAIDI}_i = \mathrm{SAIDI}_i^{(0)} K_{\mathrm{l}} \left[\alpha_{\mathrm{f},i} K_{\lambda \mathrm{f}} K_{\mathrm{tf}} + (1-\alpha_{\mathrm{f},i}) K_{\lambda \mathrm{s}} K_{\mathrm{ts}} \right] \frac{K_{\mathrm{m}}}{K_{\mathrm{m}}^{(0)}} \tag{4.33}$$

式中，$\mathrm{SAIDI}_i^{(0)}$ 和 SAIDI_i 分别为馈线 i 可靠性主要影响因素变化前、后的系统平均停电持续时间 SAIDI；K_{l} 为相应馈线馈线长度变化后与变化前之比；$\alpha_{\mathrm{f},i}$ 为馈

线 i 可靠性主要影响因素变化前故障停电时间占总停电时间的比例因子，该比例因子的取值可根据具体估算区域供电企业统计可得，具有地域差异性；$K_{\lambda f}$ 和 $K_{\lambda s}$ 分别为相应馈线故障率和计划停电率变化后与变化前之比；K_{tf} 和 K_{ts} 分别为相应馈线故障修复时间和计划停电时间变化后与变化前之比；$K_m^{(0)}$ 和 K_m 分别为相应馈线接线模式变化前后的联络分段因子，参考上文的简化估算公式，有联络和单辐射线路可分别取值为 $(1/N_i)$ 和 $(N_i+1)/(2N_i)$。

（4）基于转供比例的 SAIDI 计算。

假设馈线 i 不能被转供的负荷比例为 $\alpha_{z,i}$，对于故障段下游能被转供的负荷（比例为 $(1-\alpha_{z,i})$），其年平均停电持续时间等同于线路有联络且不考虑转供通道容量约束的情况；而对于故障段下游不能被转供的负荷（比例为 $\alpha_{z,i}$），其年平均停电持续时间则等同于线路为单辐射的情况。对于故障段及其上游受影响的负荷，其年平均停电持续时间与线路联络情况及转供容量限制无关。经推导论证可得，在忽略馈线出线开关及其变电站侧电网停运的情况下，考虑了设备容量约束后馈线 i 的系统平均停电持续时间可表示为

$$\text{SAIDI}_i = (1-\alpha_{z,i})\text{SAIDI}_i' + \alpha_{z,i}\,\text{SAIDI}_i'' \tag{4.34}$$

式中，SAIDI_i' 和 SAIDI_i'' 分别表示馈线 i 在有联络且无容量约束和无联络（即辐射型）两种情况下的系统平均停电持续时间，可利用上述简化估算模型或修正估算模型计算获得。

3）高压配电网可靠性评估

（1）总体思路。

高压配电网通常分片运行，在近似计算情况下，各分片运行高压配电网可看作相互独立，并简化为某一典型接线模式。因此，本节总体思路是将待评估区域高压配电网的 SAIDI 计算转化为各分片区域典型接线 SAIDI 的加权平均，从而使得针对整个高压配电网可靠性估算这一复杂问题得以简化。

将各分片区域接用户数与待评估区域总用户数的占比作为相应权重，待评估区域的系统平均停电持续时间可表示为

$$\text{SAIDI}_s = \sum_{i=1}^{N_{za}} w_{a,i}\text{SAIDI}_i \tag{4.35}$$

式中，SAIDI_s 为待评估区域的系统平均停电持续时间；N_{za} 为各相互独立分片运行的区域总数；$w_{a,i}$ 为第 i 个分片区域的用户数占待评估区域总用户数的比例；

$SAIDI_i$ 为第 i 个分片区域的系统平均停电持续时间。对于各分片区域的用户数，根据可获取的数据情况，采用变电站所供馈线的配变个数，或将每个变电站的低压母线当作一个用户。

(2)模型假设。

为了便于工程师手算常用接线可靠性指标，可适当简化可靠性指标的计算公式，因此本章做了如下的假设：

假设 1：变电站母联开关均为断开状态，线路和变压器两侧均有断路器，断路器可与其他元件隔离。

假设 2：同一类元件可靠性参数相同。

假设 3：同一变电站内不同变压器的用户数相同，各变电站间通道长度相同。

假设 4：忽略电压及容量约束。

假设 5：忽略变电站高压侧母线故障引起的负荷转供时间(但要考虑高压单母线不分段情况下的母线停电时间)，不考虑低压侧母线故障的影响。

假设 6：不考虑计划停运的转供时间(但要考虑辐射型线路和变压器计划停运时间)，多重故障中仅考虑涉及修复时间的二阶故障。

(3)常用接线可靠性简化公式汇总。

典型和非典型的高压配电网接线可靠性指标 SAIDI 简化计算公式分别如表 4.15 和表 4.16 所示($SAIDI=T^{(1)}+T^{(2)}$)，其中符号定义如下：

L_t 表示双电源接线方式情况下相应线路供电变电站站间通道长度或单电源接线方式情况下相应线路通道长度。

λ_f 和 λ_s 分别表示线路的故障率和计划停运率，t_f 和 t_s 分别表示线路故障修复时间和计划停运时间。

λ_t 和 λ_{ts} 分别表示变压器的故障率和计划停运率，t_{tf} 和 t_{ts} 分别表示变压器故障修复时间和计划停运时间。

λ_w 和 λ_{ws} 分别表示开关的故障率和计划停运率，t_{wf} 和 t_{ws} 分别表示开关故障修复时间和计划停运时间。

λ_b 和 λ_{bs} 分别表示母线的故障率和计划停运率，t_{bf} 和 t_{bs} 分别表示母线故障修复时间和计划停运时间。

$T_{l_1,f}^{(2)}$(或 $T_{l_1,s}^{(2)}$)和 $T_{l_2,f}^{(2)}$(或 $T_{l_2,s}^{(2)}$)分别对应双辐射 2 站接线模式中靠电源近和远的两段双回线。

$$T_{1,f}^{(2)} = 4(\lambda_w t_{wf})^2 + (4L_t)\lambda_w \lambda_f t_{wf} t_f + L_t^2(\lambda_f t_f)^2$$

$$T_{t,f}^{(2)} = 4(\lambda_w t_{wf})^2 + 4\lambda_w \lambda_t t_{wf} t_{tf} + (\lambda_t t_{tf})^2$$

$$T_{1,s}^{(2)} = 8\lambda_{ws}t_{ws}\lambda_w \frac{t_{wf}t_{ws}}{t_{wf}+t_{ws}} + (4L_t)\lambda_{ws}t_{ws}\lambda_f \frac{t_{ws}t_f}{t_{ws}+t_f}$$

$$+ (4L_t)\lambda_s t_s\lambda_w \frac{t_{wf}t_s}{t_{wf}+t_s} + 2\lambda_s t_s\lambda_f L_t^2 \frac{t_s t_f}{t_s+t_f}$$

$$T_{t,s}^{(2)} = 8\lambda_{ws}t_{ws}\lambda_w \frac{t_{wf}t_{ws}}{t_{wf}+t_{ws}} + 4\lambda_{ws}t_{ws}\lambda_t \frac{t_{ws}t_{tf}}{t_{ws}+t_{tf}} + 4\lambda_{ts}t_{ts}\lambda_w \frac{t_{wf}t_{ts}}{t_{wf}+t_{ts}}$$

$$+ 2\lambda_{ts}t_{ts}\lambda_t \frac{t_{ts}t_{tf}}{t_{ts}+t_{tf}}$$

表 4.15　高压配电网典型接线可靠性指标 SAIDI 简化计算公式

接线模式	一阶故障 $T^{(1)}$	二阶故障 $T^{(2)}$
3T+3 站 3 变	$(\lambda_f L_t + 5\lambda_w + \lambda_t)t_{df} + \lambda_b t_{bf}$	—
3T+2 站 3 变	$(\lambda_f L_t + 4\lambda_w + \lambda_t)t_{df} + \lambda_b t_{bf}$	—
双 T+3 站 2 变	$(\lambda_f L_t + 5\lambda_w + \lambda_t)t_{df} + \lambda_b t_{bf}$	$T_{1,f}^{(2)}+T_{1,s}^{(2)}+T_{t,f}^{(2)}+T_{t,s}^{(2)}$
双 T+2 站 2 变	$(\lambda_f L_t + 4\lambda_w + \lambda_t)t_{df} + \lambda_b t_{bf}$	$T_{1,f}^{(2)}+T_{1,s}^{(2)}+T_{t,f}^{(2)}+T_{t,s}^{(2)}$
双链+3 站 2 变	$\left(\frac{1}{3}\lambda_f L_t + \frac{16}{3}\lambda_w + \lambda_t\right)t_{df} + \lambda_b t_{bf}$	$T_{t,f}^{(2)}+T_{t,s}^{(2)}$
双链+3 站 3 变	$\left(\frac{1}{3}\lambda_f L_t + \frac{19}{3}\lambda_w + \lambda_t\right)t_{df} + \lambda_b t_{bf}$	—
双链+2 站 2 变	$\left(\frac{1}{3}\lambda_f L_t + 4\lambda_w + \lambda_t\right)t_{df} + \lambda_b t_{bf}$	$T_{t,f}^{(2)}+T_{t,s}^{(2)}$
双链+2 站 3 变	$\left(\frac{1}{3}\lambda_f L_t + \frac{16}{3}\lambda_w + \lambda_t\right)t_{df} + \lambda_b t_{bf}$	—
双辐射+1 站 2 变	$(\lambda_f L_t + 4\lambda_w + \lambda_t)t_{df} + \lambda_b t_{bf}$	$T_{1,f}^{(2)}+T_{1,s}^{(2)}+T_{t,f}^{(2)}+T_{t,s}^{(2)}$
双辐射+2 站 2 变	$\left(\frac{3}{4}\lambda_f L_t + 6\lambda_w + \lambda_t\right)t_{df} + \lambda_b t_{bf}$	$T_{1,f}^{(2)}+T_{t,f}^{(2)}+T_{1,s}^{(2)}+T_{t,s}^{(2)}+\frac{1}{2}(T_{l_2,f}^{(2)}+T_{l_2,s}^{(2)})$
双环+2 站 2 变	$\left(\frac{1}{3}\lambda_f L_t + 4\lambda_w + \lambda_t\right)t_{df} + \lambda_b t_{bf}$	$T_{t,f}^{(2)}+T_{t,s}^{(2)}$
单环/单链+1 站 2 变	$\left(\frac{1}{2}\lambda_f L_t + 4\lambda_w + \lambda_t\right)t_{df} + \lambda_b t_{bf}$	$T_{1,f}^{(2)\gamma}+T_{1,s}^{(2)\gamma}+T_{t,f}^{(2)}+T_{t,s}^{(2)}$
单环/单链+2 站 2 变	$\left(\frac{1}{3}\lambda_f L_t + 5\lambda_w + \lambda_t\right)t_{df} + \lambda_b t_{bf}$	$T_{1,f}^{(2)\prime\prime}+T_{1,s}^{(2)\prime\prime}+T_{t,f}^{(2)}+T_{t,s}^{(2)}$
单辐射+1 站 1 变	$\lambda_f L_t t_f + 4\lambda_w t_{wf} + \lambda_t t_{tf} + \lambda_b t_{bf} + \lambda_{ws}t_{ws}$	—
单辐射+1 站 2 变	$\lambda_f L_t t_f + 2\lambda_w t_{wf} + 3\lambda_w t_{df} + \lambda_t t_{df} + \lambda_b t_{bf} + \lambda_{ws}t_{ws}$	$T_{t,f}^{(2)}+T_{t,s}^{(2)}$
单辐射+2 站 2 变	$\frac{3}{4}\lambda_f L_t t_f + 3\lambda_w t_{wf} + \left(\frac{9}{2}\lambda_w + \lambda_t\right)t_{df} + \lambda_b t_{bf} + \lambda_{ws}t_{ws}$	$T_{t,f}^{(2)}+T_{t,s}^{(2)}$

注：表中 $T_{1,f}^{(2)\gamma}$ 和 $T_{1,s}^{(2)\gamma}$ 分别表示将 $T_{1,f}^{(2)}$ 和 $T_{1,s}^{(2)}$ 中的 $4L_t$ 替换为 $2L_t$ 以及 L_t^2 替换为 $L_t^2/4$ 所得的表达式；$T_{1,f}^{(2)\prime\prime}$ 和 $T_{1,s}^{(2)\prime\prime}$ 分别表示将 $T_{1,f}^{(2)}$ 和 $T_{1,s}^{(2)}$ 中的 $4L_t$ 替换为 $8L_t/3$ 以及 L_t^2 替换为 $2L_t^2/9$ 所得的表达式。

表 4.16　高压配电网非典型接线可靠性指标 SAIDI 简化计算公式

接线模式	一阶故障 $T^{(1)}$	二阶故障 $T^{(2)}$
双辐射 T 接 3 站 2 变	$(\lambda_f L_t + 5\lambda_w + \lambda_t)t_{df} + \lambda_b t_{bf}$	$T_{l,f}^{(2)} + T_{l,s}^{(2)} + T_{t,f}^{(2)} + T_{t,s}^{(2)}$
单辐射 T 接 3 站 2 变	$(4\lambda_w + \lambda_t)t_{df} + \lambda_f L_t t_{lf} + 2\lambda_w t_{wf} + \lambda_b t_{bf} + \lambda_{ws}t_{ws}$	$T_{t,f}^{(2)} + T_{t,s}^{(2)}$
双辐射 π 接 3 站 2 变	$\left(\dfrac{2}{3}\lambda_f L_t + \dfrac{23}{3}\lambda_w + \lambda_t\right)t_{df} + \lambda_b t_{bf}$	$2T_{l,f}^{(2)''} + 2T_{l,s}^{(2)''} + T_{t,f}^{(2)} + T_{t,s}^{(2)}$
单辐射 π 接 3 站 2 变	$\left(\dfrac{9}{2}\lambda_w + \lambda_t\right)t_{df} + \dfrac{2}{3}\lambda_f L_t t_{lf} + 5\lambda_w t_{wf} + \lambda_b t_{bf} + \lambda_{ws}t_{ws}$	$T_{t,f}^{(2)} + T_{t,s}^{(2)}$
2×(单链 1 站 2 变)	$\left(\dfrac{1}{2}\lambda_f L_t + 4\lambda_w + \lambda_t\right)t_{df} + \lambda_b t_{bf}$	$T_{l,f}^{(2)*} + T_{l,s}^{(2)*} + T_{t,f}^{(2)} + T_{t,s}^{(2)}$
T、π 混合 2 站 2 变	$\left(\dfrac{1}{2}\lambda_f L_t + 4\lambda_w + \lambda_t\right)t_{df} + \lambda_b t_{bf}$	$T_{t,f}^{(2)} + T_{t,s}^{(2)}$
"一主一 T" 2 站 2 变	$\left(\dfrac{1}{2}\lambda_f L_t + \dfrac{9}{2}\lambda_{wf} + \lambda_t\right)t_{df} + \lambda_b t_{bf}$	$T_{l,f}^{(2)*} + T_{l,s}^{(2)*} + T_{t,f}^{(2)} + T_{t,s}^{(2)}$
"一主一 T" 2 站 3 变	$\left(\dfrac{4}{9}\lambda_f L_t + 5\lambda_w + \lambda_t\right)t_{df} + \lambda_b t_{bf}$	$T_{l,f}^{(2)*} + T_{l,s}^{(2)*}$
双侧电源不完全双 T 2 站 2 变	$\left(\dfrac{2}{3}\lambda_f L_t + 5\lambda_w + \lambda_t\right)t_{df} + \lambda_b t_{bf}$	$T_{l,f}^{(2)**} + T_{l,s}^{(2)**} + T_{t,f}^{(2)} + T_{t,s}^{(2)}$
单环/单链 2 站 1 变	$\dfrac{1}{3}\lambda_f L_t t_{df} + 2\lambda_w t_{df} + 2\lambda_w t_{wf} + \lambda_t t_{tf} + \lambda_b t_{bf}$	—

注：表中 $T_{l,f}^{(2)*}$ 和 $T_{l,s}^{(2)*}$ 分别表示将 $T_{l,f}^{(2)}$ 和 $T_{l,s}^{(2)}$ 中的 $4L_t$ 替换为 $2L_t$ 以及 L_t^2 替换为 $L_t^2/9$ 所得的表达式；$T_{l,f}^{(2)**}$ 和 $T_{l,s}^{(2)**}$ 分别表示将 $T_{l,f}^{(2)}$ 和 $T_{l,s}^{(2)}$ 中的 $4L_t$ 替换为 $8L_t/3$ 以及 L_t^2 替换为 $4L_t^2/9$ 所得的表达式。

4）高中压可靠性协调评估

在高中压混合配电网的可靠性评估中，一般将高压配电网作为具有 2 参数的等值电源来处理，这种方法在考虑不同电压等级间的相互影响时可能存在较大误差。考虑到高压配电网一般存在多个但个数有限的切负荷率的实际情况，以及高压配电网不同切负荷率与中压馈线转供率相互结合对可靠性评估的不同影响，本章简要介绍了具有"4N+2M"个参数的高压配电网等值电源[19]。

（1）总体思路。

首先，基于配电网两分层等值方法，针对每个高压变电站低压母线，将其高压侧的配电网视为中压配电网的等值电源，将其中压负荷侧的配电网(含高压变电站低压母线)视为高压配电网的等值负荷，如图 4.1 所示；然后，采用高压配电网可靠性评估方法计算各高压变电站低压母线的可靠性指标，并将其作为中压馈线上级电网等值电源的可靠性参数；最后，结合上级电网等值电源的可靠性参数，基于中压配电网可靠性评估方法，计算考虑了高压电网影响的中压配电网可靠性指标。

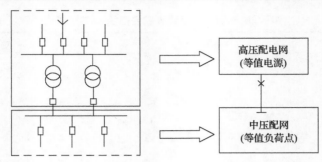

图 4.1　配电网两分层等值方法示意图

□ 断路器；× 虚拟断路器(故障率为 0)

(2)等值电源定义。

2 参数等值电源：针对某变电站低压母线，将其高压侧的配电网等效为一般的电源元件，包含 2 个独立的可靠性参数(即高压配电网的平均故障率和每次故障平均停电持续时间)。

"4N+2M" 参数等值电源：针对某变电站低压母线，将引起该母线切负荷率相同的高压配电网故障状态归为一类，对应切负荷率在 0 到 1 之间的某类故障状态，采用 4 个可靠性参数表示(即平均故障率、平均修复时间、平均内部转供时间和平均切负荷率)，对应切负荷率为 0 和 1 这两种故障状态，分别采用 2 个可靠性参数表示。对于某变电站低压母线，若存在 N 种 0 到 1 间的不同切负荷率，则有 $4N$ 个参数；若存在 M 种切负荷率为 0 或 1 的情况(M 取值仅为 0、1 或 2)，则有 $2M$ 个参数；等值电源参数共有 $4N+2M$ 个，且 $N+M>0$。

(3)不同等值电源的适用范围。

2 参数等值电源的适用情况主要包括：①高压配电网切负荷率为 0 的情况(如高压配电网比较坚强，负荷可以通过高压配电网完全转供)；②高压配电网切负荷率为 1 的情况(如辐射型的高压配电网，所有负荷不能通过高压配电网转供)；③中压线路允许负荷转供率为 0 的情况(如辐射型的中压配电网)。其中，对于情况①和③，采用 2 参数等值电源不会产生误差；对于情况②，产生的误差一般很小。

"4N+2M" 参数等值电源考虑到高压配电网可能存在有限个不同切负荷率的实际情况，给出了相应的参数和可靠性指标计算的一般表达式，能适应大多数的情况，很大程度上避免了采用 2 参数等值电源可能导致的误差，而且增加的计算量不大。

(4)基于 2 参数等值电源的协调计算。

①等值电源参数计算。

对于变电站低压母线 i，其高压侧配电网等值电源的平均故障率可表示为

$$\lambda_{\mathrm{hv},i} = \sum_{k \in \Omega_{\mathrm{g},i}} \lambda_k \tag{4.36}$$

式中，$\Omega_{g,i}$ 为导致变电站低压母线 i 停电的高压配电网故障状态集合；λ_k 为高压配电网故障状态 k 的停运率(含故障和计划停电)。

对于变电站低压母线 i，其高压侧配电网等值电源的平均每次停电时间可表示为

$$t_{hv,i} = \frac{U_{hv,i}}{\lambda_{hv,i}} \tag{4.37}$$

式中，$U_{hv,i}$ 为变电站低压母线 i 的年平均停电持续时间，可表示为

$$U_{hv,i} = \sum_{k \in \Omega_{g,i}} \lambda_k \left[Q_{i,k} t_{f,k} + \left(1 - Q_{i,k} \right) t_{i,k} \right] \tag{4.38}$$

式中，$t_{i,k}$ 为高压配电网故障状态 k 时变电站低压母线 i 的负荷通过高压配电网转供所需要的时间；$t_{f,k}$ 为故障状态 k 的修复时间；$Q_{i,k}$ 为高压配电网故障状态 k 时变电站低压母线 i 负荷切除的比例。

②可靠性指标附加值计算。

高中压配电网可靠性协调评估可以通过计算中压配电网负荷点可靠性指标的附加值来反映，对于与变电站低压母线 i 直接相连中压馈线的各负荷点，在考虑高压配电网影响后的停电时间附加值可表示为

$$\Delta U_{mv,i} = \lambda_{hv,i} \left[K_{mv,i} \min \left\{ t_{mv,i}, t_{hv,i} \right\} + \left(1 - K_{mv,i} \right) t_{hv,i} \right] \tag{4.39}$$

式中，$K_{mv,i}$ 和 $t_{mv,i}$ 分别为变电站低压母线 i 的负荷高压侧配电网停运时可通过中压线路转供的比例以及转供所需要的时间。

5) 共通道线路可靠性评估

本节内容涉及相关停运简化模型和共通道线路可靠性估算公式。

(1)相关停运简化模型。

相关停运涉及连锁停运和其他停运(如共因停运，即由于同一外部原因引起的多个元件的同时停运)。其中，本章定义连锁停运为会影响共通道线路供电可靠性的相关停运，它具有如下的特点：第一个元件的失效引起第二个元件失效，第二个元件的失效引起第三个元件失效，依此类推。由于相关停运发生概率一般情况下仅能粗略估计，且假设连锁停运因状态转移快来不及采取措施可简化为两状态模型[20]，本章采用基于独立停运的共通道线路停运模型进行简单的模拟。其中，独立停运包含了计划停运、连锁停运(含非共沟段连锁类故障的独立停运)和其他故障停运。

(2)共通道线路可靠性估算公式。

考虑到参数获取的实际情况，本章基于相关停运简化模型给出了架空或电缆

线路共通道的可靠性估算公式。

①正常运行时中压线路不由通道内的高压线路供电。

(a)中压线路用户年户均停电时间。

考虑相关停运(如火灾)时中压线路用户年均停电时间 $SAIDI_{mxg}$ 可表达为

$$SAIDI_{mxg} = SAIDI_{md}\{(1-\beta_f) + \beta_f[(1-\beta_{dls}) + \beta_{dls}(1-\beta_{gz}) + \beta_{dls}(n_{md}+n_{hd})\beta_{gz}]\}$$

$$(4.40)$$

式中，$SAIDI_{md}$、β_f 和 β_{dls} 分别为基于独立停运的单条中压线路用户的年均停电时间、故障停电时间占总停电时间的比例(如 0.2)和连锁类故障停电时间占总故障停电时间的比例(如 0.01~0.1)；β_{gz} 为线路共通道长度占自身长度的平均比例；n_{hd} 和 n_{md} 分别为同一通道内高压和中压线路的数量。

(b)高压线路用户年户均停电时间。

考虑相关停运时高压线路用户年均停电时间 $SAIDI_{hxg}$ 可表达为

$$SAIDI_{hxg} = SAIDI_{hd}(1-\beta_h)$$
$$+ SAIDI_{hd}\beta_h\{(1-\beta_f) + \beta_f[(1-\beta_{dls}) + \beta_{dls}(1-\beta_{gz}) + \beta_{dls}(n_{md}+n_{hd})\beta_{gz}]\}$$

$$(4.41)$$

式中，$SAIDI_{hd}$ 和 β_h 分别为单条高压线路用户的年均停电时间和高压线路引起的停电时间占总年均停电时间的比例(高压单辐射线路较大，如 0.9，联络线路较小，如 0.1)。

②正常运行时中压线路由通道内的高压线路供电。

考虑相关停运时高压/中压线路用户的年均停电时间可按以下方式估算：若 β_h 较大，采用式(4.41)的估算公式；若 β_h 较小，采用式(4.40)的估算公式。

4. 可靠性评估校验

各类供电区域应由点至面，逐步实现表 4.17 规定的规划目标[1]；应根据经济社会发展现状及未来发展，确定实现供电可靠性控制目标及达标年限；用户年平均停电次数目标宜结合配电网历史数据与用户可接受水平制定。

表 4.17 配电网理论计算供电可靠率控制目标

	供电区域	A+	A	B	C	D	E
可靠性规划目标	用户年平均停电时间(SAIDI)	≤5min	≤52min	≤3h	≤12h	≤24h	不低于向社会承诺的指标
	供电可靠率(RS-1)	≥99.999%	≥99.990%	≥99.965%	≥99.863%	≥99.726%	

注：RS-1 考虑故障停电、预安排停电及系统电源不足限电影响。

5. 可靠性提升措施

供电可靠性提升措施涉及设备、管理、技术和网络四个方面。首先，由于停电的主体在于设备，因此有效降低各类原因所引起的设备故障率至关重要；其次，由于停电由工作人员来处理，平均停电时间的减少需要通过先进技术和管理的有效实施来实现；另外，网络结构的合理布置可以在很大程度上缩小单次停电范围，从而有效减少用户平均停电时间。

因此，提高供电可靠性的工作主要涉及以下措施：

(1)网络结构方面，包括增加线路分段、提高联络率和提高馈线可转供率。

(2)设备方面，包括更换老旧设备、提高设备抵御自然灾害能力和降低外力破坏影响。

(3)技术方面，包括全面推广带电作业、加强配电自动化建设、大力推广设备状态监测及检修、全面应用不停电负荷转供技术、提高操作和检修效率、提高二次装备技术水平和开展专项研究。

(4)管理方面，包括加强基础管理、建立责任传递机制、加强综合停电管理、加强转供电管理、加强配电网运行管理降低配电网故障率和加强需求侧管理。

4.7　稳　定　计　算

稳定计算用于确定系统的稳定特征和稳定水平，分析和研究提高稳定水平的措施，指导规划设计的相关工作。配电网规划设计可以不开展稳定计算，必要时应按照《电力系统安全稳定导则》(GB 38755—2019)的有关规定执行[21]。

4.8　计算分析算例

4.8.1　算例 4.1：多电压等级配电网线损估算

首先通过分区负荷预测可得到各 110kV 变电站的最大负荷。同时，通过对各 110kV 变电站进行 10kV 线路新增及改造规划，可知各变电站 10kV 出线数和线路近似长度。

1. 高压配电网线损率估算

规划水平年某地区供电量为 12.817 亿 kW·h。经高压配电网潮流计算后，得到 110kV 电压等级电网最大有功损耗为 7.753MW。若最大负荷损耗小时数取 2400h，则高压配电网年线损率为

$$\delta_{\mathrm{hv,y}} = \frac{\Delta P_{\mathrm{hv,max}} \tau_{\max}}{\text{高压配电网年供电量}} = \frac{7.753 \times 2400}{1281700} = 0.015$$

2. 中压线损率估算

首先将中压馈线划分为城市和农村两种典型接线方式，由负荷预测及网架规划可得规划年两种典型接线的相关数据，如表 4.18 所示。

表 4.18　城市和农村典型接线数据

数据项	10kV 负荷/MW	中压线路总数/条	平均供电半径/km	平均每条线配变总数/台
城市电网	46.50	23	3.1	23
农村电网	80.97	87	9.94	25

按照中压配电网线损估算方法，分别算出城市和农村线路及其所带变压器的损耗，累加可得整个中压配电网损耗。假设城市电网中压主干线以 LGJ-240 为主，变压器以 S11(200kV·A) 为主；农村中压主干线以 LGJ-95 为主，变压器以 S11(80kV·A) 为主。查变压器参数表可得 S11(200kV·A) 变压器的空载损耗和负载损耗分别为 0.33kW 和 2.6kW；S11(80kV·A) 变压器的空载损耗和负载损耗分别为 0.17kW 和 1.25kW。若最大负荷损耗小时数取 2000h，根据式(4.11)和(4.12)可以分别得到每种典型接线方式的年电能损耗，累加可得整个中压配电网的年电能损耗 ΔW_{mv} 为 14149MW·h。

若最大负荷利用小时数 $T_{\max}$ 取 3000h，规划年中压公用网最大负荷 $P_{\mathrm{mv,max}}$ 为 127MW，根据式(4.13)可得规划年中压配电网的年线损率为

$$\delta_{\mathrm{mv,y}} = \frac{\Delta W_{\mathrm{mv}}}{P_{\mathrm{mv,max}} T_{\max}} = \frac{14149}{127 \times 3000} = 0.037$$

3. 低压网线损率估算

若对低压网各种型号主干线供电长度控制在对应于最大允许年平均线损率 2.5% 的长度左右，同时考虑到线路转供能力应留有裕度，线路负载率控制在 40% 左右。若主干线采用了两种型号，各种线路用电量的占比相同，都为 50%。对照表 4.9 中的数据取相应参数，则低压配电网的年线损率为

$$\delta_{\mathrm{lv,y}} = \delta_{\mathrm{lv,o}} \sum_{i=1}^{2} \left(\frac{L_{\mathrm{lv},i}}{L_{\mathrm{lv,max},i}} \times \frac{40}{50} \times 0.5 \right) = 0.02$$

假设规划年中压公用网负荷全部为低压侧负荷，低压公用网最大负荷 $P_{\mathrm{lv,max}}$ 为 127MW，则低压电网年电能损耗为

$$\Delta W_{\mathrm{lv}} = P_{\mathrm{lv,max}} T_{\mathrm{max}} \delta_{\mathrm{lv,y}} = 127 \times 3000 \times \frac{2}{100} = 7620\ (\mathrm{MW \cdot h})$$

4. 全网理论线损率估算

根据高压、中压和低压三部分计算结果，并由式(4.15)可得规划年配电网的年综合线损率为

$$\delta_{\mathrm{z,y}} = \frac{\Delta W_{\mathrm{hv}} + \Delta W_{\mathrm{mv}} + \Delta W_{\mathrm{lv}}}{\text{高压配电网年供电量}} = \frac{7.753 \times 2400 + 14149 + 7620}{1281700} = 0.0315$$

由上述计算可知，规划年网损率的总指标的百分数将达到 3.15，其中高压配电网理论线损率的百分数为 1.5，中压配电网理论线损率的百分数为 3.7，低压配电网理论线损率的百分数为 2。

4.8.2　算例 4.2～算例 4.4：典型线路可靠性评估

1. 算例 4.2：中压典型线路可靠性评估

根据 4.6 节的简化估算模型，采用表 4.19 所示的基础参数，计算分段数都为 3 但线路长度和类型不同的各线路的 RS-1 估算指标，结果如表 4.20 所示。

由表 4.20 可以看出：

(1)实现自动化的城市电缆线路在有联络的情况下，可靠率最高可达"5 个 9"，在单辐射情况下可靠率最高可达 "4 个 9"。

(2)实现自动化的城市架空线路在有联络的情况下，可靠率最高可达"4 个 9"，在单辐射情况下可靠率最高可达 "3 个 9"。

(3)未实现自动化的城市电缆线路在有联络的情况下，可靠率最高可达"4 个 9"，在单辐射情况下可靠率最高可达 "4 个 9"。

(4)未实现自动化的城市架空线路在有联络的情况下，可靠率最高可达"4 个 9"，在单辐射情况下可靠率最高可达 "3 个 9"。

表 4.19　中压线路可靠性参数

线路类型	停电率/[次/(100km·年)]		停电时间/(h/次)							
			t_{df}			t_{ds}				
	λ_{s}	λ_{r}	城市		农村	城市		农村	t_{f}	t_{s}
			自动化	未自动化		自动化	未自动化			
电缆	2.21	2.78	0.557	1.972	2.826	0.347	1.395	2.298	4.488	4.782
绝缘线	9.49	4.09	0.557	1.972	2.826	0.347	1.395	2.298	3.828	5.191
裸导线	6.13	12.96	—	—	2.826	—	—	2.298	4.437	6.156

注：表中"自动化"和"未自动化"分别用以表示实现和未实现馈线自动化不同的停电时间；$H_l = 6$ 和 $\lambda_{\mathrm{w}} = 0$。

表 4.20 分段数为 3 时不同线路的 RS-1 估算指标

地区 (线路类型)	自动化	线路 总长度 /km	RS-1/%							
			架空线路				电缆线路			
			有联络		单辐射		有联络		单辐射	
			断路器	负荷开关	断路器	负荷开关	断路器	负荷开关	断路器	负荷开关
城市 (绝缘线)	实现	3	99.99195	99.99169	99.98518	99.98492	99.99941	99.99932	99.99704	99.99695
		5	99.98659	99.98615	99.97530	99.97486	99.99901	99.99886	99.99507	99.99492
		10	99.97317	99.97231	99.95059	99.94973	99.99803	99.99773	99.99014	99.98984
	未实现	3	99.99016	99.98924	99.98518	99.98426	99.99870	99.99838	99.99704	99.99672
		5	99.98360	99.98207	99.97530	99.97377	99.99782	99.99731	99.99507	99.99454
		10	99.96719	99.96412	99.95059	99.94752	99.99564	99.99460	99.99014	99.98909
农村 (裸导线)	未实现	5	99.97223	99.96526	99.96376	99.95679	—	—	—	—
		10	99.94446	99.93053	99.92752	99.91358	—	—	—	—
		15	99.91669	99.89579	99.89128	99.87038	—	—	—	—
		30	99.83339	99.79158	99.78256	99.74075	—	—	—	—

(5)未实现自动化的农村地区架空线路有联络的情况下,可靠率最高为可达"3个9",在单辐射条件下可靠率最低仅为"2个9"。总体而言,缩短线路长度、减少单辐射线路数量和利用断路器代替负荷开关均可提高系统可靠性。

2. 算例 4.3:考虑容量约束的典型中压接线可靠性指标评估

基于表 4.19 的基础数据和表 4.20 的部分计算结果,结合文献[19]中考虑转供比例的 SAIDI 计算式,计算总长度为 5km 的不同负载率、不同分段和联络情况下各架空和电缆线路的 SAIDI 指标(假设相互关联络的各线路负载率相同),结果如表 4.21 和表 4.22 所示。

由表 4.21 和表 4.22 可以看出:

(1)对于单联络线路,架空线两分段时负载率不大于 66.67%时的可靠性相同,架空线三分段时负载率不大于 60%时的可靠性相同;电缆线路无论两分段还是三分段都是在负载率不大于 50%时可靠性相同。注意,这些计算结果是在忽略馈线出线开关及其变电站侧电网停运的情况下得到的;否则不难得出,对于单联络架空线,引起可靠性变化的负载率临界值也应为 50%。

(2)对于 n 分段 n 联络的线路,无论是架空线和电缆线,n 为 2 时线路负载率不大于 66.67%的可靠性相同,n 为 3 时线路负载率不大于 75%的可靠性相同。

(3)对于有联络的线路,当线路负载率不超过某一临界值时,可靠性相同;否则,随着负载率增加可靠性减少,其数值在辐射性线路和联络线路容量裕度不受限制两种情况之间。

(4)总体而言,控制有联络线路的负载率和增加线路的分段联络数均可提高系统可靠性。

表 4.21　架空线路不同负载率、不同分段和联络情况下的 SAIDI 指标

分类		分段数 n	在不同负载率下的 SAIDI/[h/(户·年)]						
			40.00%	50.00%	60.00%	66.67%	75.00%	85.00%	95.00%
自动化	断路器 n 分段单联络	2	**1.6300**	**1.6300**	**1.6300**	**1.6300**	1.8669	2.0898	2.2658
		3	**1.1331**	**1.1331**	**1.1331**	1.2911	1.4489	1.7461	1.9808
	n 分段 n 联络	2	**1.6300**	**1.6300**	**1.6300**	**1.6300**	1.7188	1.8254	1.9320
		3	**1.1331**	**1.1331**	**1.1331**	**1.1331**	**1.1331**	1.2594	1.3857
	负荷开关 n 分段单联络	2	**1.6585**	**1.6585**	**1.6585**	**1.6585**	1.8953	2.1183	2.2943
		3	**1.1711**	**1.1711**	**1.1711**	1.3290	1.4869	1.7841	2.0188
	n 分段 n 联络	2	**1.6585**	**1.6585**	**1.6585**	**1.6585**	1.7473	1.8539	1.9605
		3	**1.1711**	**1.1711**	**1.1711**	**1.1711**	**1.1711**	1.2974	1.4237
未实现自动化	断路器 n 分段单联络	2	**2.2202**	**2.2202**	**2.2202**	**2.2202**	2.4571	2.6801	2.8561
		3	**1.6577**	**1.6577**	**1.6577**	1.8157	1.9735	2.2708	2.5055
	n 分段 n 联络	2	**2.2202**	**2.2202**	**2.2202**	**2.2202**	2.3091	2.4157	2.5223
		3	**1.6577**	**1.6577**	**1.6577**	**1.6577**	**1.6577**	1.7840	1.9104
	负荷开关 n 分段单联络	2	**2.3211**	**2.3211**	**2.3211**	**2.3211**	2.5580	2.7809	2.9569
		3	**1.7921**	**1.7921**	**1.7921**	1.9501	2.1080	2.4052	2.6399
	n 分段 n 联络	2	**2.3211**	**2.3211**	**2.3211**	**2.3211**	2.4099	2.5165	2.6231
		3	**1.7921**	**1.7921**	**1.7921**	**1.7921**	**1.7921**	1.9185	2.0448

注：加粗的数据表示在相同分段相同联络情况下，负载率增加到某个数值前相同的可靠性。

表 4.22　电缆线路不同负载率、不同分段和联络情况下的 SAIDI 指标

分类		分段数 n	在不同负载率下的 SAIDI/[h/(户·年)]						
			40.00%	50.00%	60.00%	66.67%	75.00%	85.00%	95.00%
自动化	断路器 n 分段单联络	2	**0.1055**	**0.1055**	0.1787	0.2153	0.2884	0.3573	0.4117
		3	**0.0800**	**0.0800**	0.1288	0.1776	0.2263	0.2952	0.3496
	n 分段 n 联络	2	**0.1055**	**0.1055**	**0.1055**	**0.1055**	0.1467	0.1961	0.2455
		3	**0.0800**	**0.0800**	**0.0800**	**0.0800**	**0.0800**	0.1190	0.1580
	负荷开关 n 分段单联络	2	**0.1152**	**0.1152**	0.1884	0.2250	0.2981	0.3670	0.4214
		3	**0.0929**	**0.0929**	0.1417	0.1905	0.2392	0.3081	0.3625
	n 分段 n 联络	2	**0.1152**	**0.1152**	**0.1152**	**0.1152**	0.1564	0.2057	0.2551
		3	**0.0929**	**0.0929**	**0.0929**	**0.0929**	**0.0929**	0.1319	0.1709
未实现自动化	断路器 n 分段单联络	2	**0.2422**	**0.2422**	0.3154	0.3520	0.4252	0.4941	0.5484
		3	**0.1972**	**0.1972**	0.2460	0.2948	0.3435	0.4124	0.4668
	n 分段 n 联络	2	**0.2422**	**0.2422**	**0.2422**	**0.2422**	0.2834	0.3328	0.3822
		3	**0.1972**	**0.1972**	**0.1972**	**0.1972**	**0.1972**	0.2362	0.2752
	负荷开关 n 分段单联络	2	**0.2765**	**0.2765**	0.3497	0.3863	0.4595	0.5283	0.5827
		3	**0.2429**	**0.2429**	0.2917	0.3405	0.3892	0.4581	0.5125
	n 分段 n 联络	2	**0.2765**	**0.2765**	**0.2765**	**0.2765**	0.3177	0.3671	0.4165
		3	**0.2429**	**0.2429**	**0.2429**	**0.2429**	**0.2429**	0.2819	0.3209

注：加粗的数据表示在相同分段相同联络情况下，负载率增加到某个数值前相同的可靠性。

作为实际应用中比较常见的一个问题,可基于表 4.21 和表 4.22 分析比较单环网与双环网可靠性的高低:①对于单联络接线,单环网(见图 4.2)与由两个单环网组成的双环网(见图 4.3)可靠性相同,但若组成双环网中的两个单环网共享同一通道,考虑到它们同时停运的可能性增加,双环网可靠性应低于单环网;②当线路负载率不高于临界值 50%时,具有两联络的双环网(见图 4.4 和图 4.5)与单联络单环网和双环网(见图 4.2 和图 4.3)可靠性相同;③当线路负载率高于临界值 50%时,两联络双环网一般较单联络单环网和双环网可靠性高。

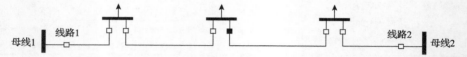

图 4.2　单环网式接线(每条线路负载率超过 50%临界值时可靠性减少)
□ 断路器(常闭);■ 断路器(常开)

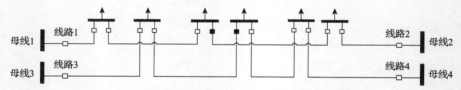

图 4.3　双环网接线(每条线路负载率超过 50%临界值时可靠性减少)
□ 断路器(常闭);■ 断路器(常开)

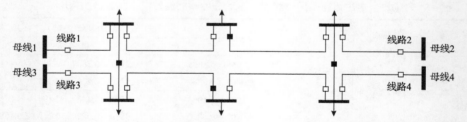

图 4.4　多分段两联络接线(每条线路负载率超过 67%临界值时可靠性减少)
□ 断路器(常闭);■ 断路器(常开)

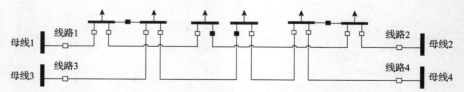

图 4.5　双"PI"两联络接线(每条线路负载率超过 67%临界值时可靠性减少)
□ 断路器(常闭);■ 断路器(常开)

3. 算例 4.4:高压配电网典型接线可靠性指标估算

假设高压开关切换时间为 5s,每个变电站用户数相同,线路和变压器两侧均有断路器，断路器可与其他设备隔离，上级电源足够可靠。在不考虑设备容量电压约束情况下，采用表 4.23 中的高压元件典型可靠性参数，依据 4.6 节的简化公式计算各高压常用接线模式的可靠性指标，结果如表 4.24 和表 4.25 所示(对于单辐射故障，假设在一个开关检修时，其他设备也将进行同步检修，因此计划检修仅考虑了一个开关检修时的情况)。

表 4.23　高压元件典型可靠性参数

设备	故障率	修复时间/(h/次)	检修率	检修时间/(h/次)
线路	0.002 次/(km·年)	23	0.013 次/(km·年)	34
变压器	0.01 次/年	90	0.57 次/年	57
断路器	0.01 次/年	43	0.58 次/年	25
母线	0.0016 次/年	37	0.5 次/年	11

表 4.24　高压配电网典型接线可靠性指标

接线方式	通道长度/km	故障率/(次/年)	SAIDI/(h/年)	接线方式	通道长度/km	故障率/(次/年)	SAIDI/(h/年)
3T 3 站 3 变	5	0.0716	0.0593	双链 3 站 2 变	5	0.0694	0.06929
	10	0.0816	0.05931		10	0.07273	0.0693
	30	0.1216	0.05937		30	0.08606	0.06932
	80	0.2216	0.05951		80	0.1194	0.06936
3T 2 站 3 变	5	0.0616	0.05928	单环/单链 1 站 2 变	5	0.05817	0.07194
	10	0.0716	0.0593		10	0.06325	0.07262
	30	0.1116	0.05935		30	0.08363	0.07514
	80	0.2116	0.05949		80	0.13489	0.08455
双 T 3 站 2 变	5	0.07325	0.07263	双链 2 站 3 变	5	0.06827	0.05929
	10	0.08343	0.07381		10	0.0716	0.0593
	30	0.12433	0.08037		30	0.08493	0.05932
	80	0.22784	0.10734		80	0.11827	0.05936
双 T 2 站 2 变	5	0.06325	0.07262	双辐射 π 接 1 站 2 变	5	0.06325	0.07262
	10	0.07343	0.0738		10	0.07343	0.0738
	30	0.11433	0.08035		30	0.11433	0.08035
	80	0.21784	0.10733		80	0.21784	0.10733
单环/单链 2 站 2 变	5	0.07648	0.07179	双辐射 π 接 2 站 2 变	5	0.08089	0.07331
	10	0.07987	0.07213		10	0.08852	0.07415
	30	0.09343	0.07381		30	0.11908	0.07819
	80	0.1275	0.07919		80	0.19597	0.0923
双链 3 站 3 变	5	0.08535	0.05932	双环 2 站 2 变	5	0.05606	0.06927
	10	0.0891	0.05932		10	0.0594	0.06928
	30	0.1041	0.05934		30	0.07273	0.0693
	80	0.1416	0.05939		80	0.10606	0.06934
双链 2 站 2 变	5	0.05606	0.06927				
	10	0.0594	0.06928				
	30	0.07273	0.0693				
	80	0.10606	0.06934				

表 4.25　高压配电网非典型接线可靠性指标

接线方式	通道长度/km	故障率/(次/年)	SAIDI/(h/年)	接线方式	通道长度/km	故障率/(次/年)	SAIDI/(h/年)
T、π 混合 2 站 2 变	5	0.05817	0.06924	双辐射 T 接 3 站 2 变	5	0.07325	0.07255
	10	0.06326	0.06925		10	0.08343	0.07382
	30	0.08364	0.06928		30	0.12433	0.0804
	80	0.13496	0.06935		80	0.22624	0.1074
双侧电源 不完双 T 2 站 3 变	5	0.06874	0.06219	一主一 T 2 变	5	0.06317	0.07196
	10	0.07552	0.06299		10	0.06826	0.07252
	30	0.10272	0.06684		30	0.08864	0.07502
	80	0.17128	0.08116		80	0.13996	0.08307
2×(单链 1 站 2 变)	5	0.05692	0.07195	一主一 T 3 变	5	0.06704	0.062
	10	0.06076	0.07251		10	0.07213	0.06256
	30	0.07614	0.075		30	0.09251	0.06506
	80	0.11496	0.08303		80	0.14383	0.07311
单辐射 π 接 1 站 1 变	5	0.6416	17.4092	单辐射 π 接 3 站 2 变	5	0.6944	16.87261
	10	0.6516	17.6392		10	0.70106	17.02594
	30	0.6916	18.5592		30	0.72773	17.63928
	80	0.7916	20.8592		80	0.7944	19.17261
单辐射 π 接 1 站 2 变	5	0.65773	16.08925	单辐射 T 接 3 站 2 变	5	0.66273	15.65927
	10	0.66773	16.31925		10	0.67273	15.88927
	30	0.70773	17.23925		30	0.71273	16.80927
	80	0.80773	19.53925		80	0.81273	19.10927
单辐射 π 接 2 站 2 变	5	0.68273	16.67677	单链 1 站 1 变	5	0.63704	16.32169
	10	0.69023	16.84927		10	0.64213	16.32199
	30	0.72023	17.53927		30	0.6625	16.32255
	80	0.79523	19.26427		80	0.71376	16.32388
双辐射 π 接 3 站 2 变	5	0.09648	0.07436				
	10	0.1032	0.0751				
	30	0.1301	0.07842				
	80	0.1975	0.08906				

　　基于上述计算结果(含一阶故障和二阶故障对故障率和 SAIDI 的影响占比)可以得到以下结论:

　　(1)针对故障率,二阶故障率占比很小,均小于 3%。这是由于二阶故障发生概率很小。

　　(2)针对停电时间 SAIDI,二阶故障停电时间的占比在 0～44.62%之间。虽然二阶故障率占比小,但二阶故障平均修复时间很大,这导致停电时间大,因此不能忽略不计。

　　(3)单辐射接线方式的停电时间远高于其他接线方式。这是由于单辐射线路考虑了计划检修且检修时间较大(如计划检修仅考虑一个开关检修的情况,计划检修时间为 0.58 次/年×25h=14.5h/年，约为总停电时间的 70%）。

4.8.3　算例 4.5：电缆共沟的可靠性和安全性分析

由于一般情况下不宜采用高中压电缆共通道，且特殊情况下应采取物理隔离措施，本算例仅针对中压电缆共沟场景，而且沟内馈线为"手拉手"联络且有联络关系的馈线不共沟。

1. 电缆共沟的可靠性和安全性分析比较典型案例

1）可靠性估算

中压线路为断路器 3 分段的有联络电缆，且实现配电自动化；供电半径分别为 3km 和 5km 的单条线路在不考虑相关停运时用户年均停电时间分别为 0.0438h 和 0.07884h（含 20%故障停电时间），且连锁故障停电时间占总故障停电时间的 10%。对于不同的共沟电缆长度和共沟电缆条数，基于式（4.40）进行停电时间的估算，结果如表 4.26 所示。

表 4.26　中压电缆共沟相关停运供电可靠性分析

共沟长度比例/%	共沟中压电缆条数	相关停运引起的 SAIDI 变化			
		线路长度 3km		线路长度 5km	
		SAIDI 变化量/h	SAIDI 增加值/%	SAIDI 变化量/h	SAIDI 增加值/%
10	1	0.0438	0	0.0788	0
	5	0.0442	0.8	0.0795	0.8
	10	0.0446	1.8	0.0803	1.8
	15	0.0450	2.8	0.0811	2.8
	20	0.0455	3.8	0.0818	3.8
25	1	0.0438	0	0.0788	0
	5	0.0447	2	0.0804	2
	10	0.0458	4.5	0.0824	4.5
	15	0.0469	7	0.0844	7
	20	0.0480	9.5	0.0863	9.5
50	1	0.0438	0	0.0788	0
	5	0.0456	4	0.0820	4
	10	0.0477	9	0.0859	9
	15	0.0499	14	0.0899	14
	20	0.0521	19	0.0938	19

由表 4.26 可以看出，随着电缆共沟数量和共沟长度比例的增加，考虑相关停运后年户均停电时间有一定幅度的增加，特别是对于 20 回中压线路且共沟长度比

例 50%的场景,户均停电时间增加了 19%,故障停电时间在总停电时间中的占比也由原来的 20%增加到 33.3%;但由于相关停运发生概率较小,相关停运对供电可靠性影响有限。

2)供电安全水平分析

假设馈线自动化采用半自动,非故障区域恢复供电时间约 0.56h,故障修复时间不超过 3h。依据表 4.13 内容进行供电安全水平分析,结果如表 4.27 所示。可以看出,考虑相关停运(含共因停运)后电缆共沟数量的增加会导致供电安全水平的降低:共沟线路数量在 3 回及以下时,供电安全水平满足要求,超过 4 回时的供电安全水平不满足要求。但若该区域馈线自动化改用全自动化模式(非故障区域负荷恢复供电约 50s),无论共沟线路数量多少,供电安全水平均满足要求。

表 4.27　中压电缆共沟相关停运供电安全水平分析

共沟电缆条数	相关停运波及的负荷/MW	负荷恢复情况		是否满足供电安全水平要求	
		馈线半自动化(0.56h)可复电的负荷/MW	故障修复后可复电的负荷/MW	指标要求	结果
1	4	4	0	3h 内恢复负荷=2MW;维修完成后恢复组负荷	√
5	20	20	0	15min 内恢复负荷≥8MW;3h 内恢复组负荷	×
10	40	40	0	15min 内恢复负荷≥26.7MW;3h 内恢复组负荷	×
15	60	60	0	15min 内恢复负荷≥40MW;3h 内恢复组负荷	×
20	80	80	0	15min 内恢复负荷≥53.3MW;3h 内恢复组负荷	×

注:表中"√"和"×"分别表示满足和不满足 DL/T256—2012[16]供电安全水平要求。

3)可靠性和安全性分析结果比较

若供电可靠性分析按照 A+类供电区域的要求进行(供电可靠性要求≥99.999%),可靠性和安全性是否满足的分析结果如表 4.28 所示。可以看出,随着电缆共沟条数的增加,在供电可靠性还满足要求的情况下供电安全水平已不满足要求,即供电可靠性对电缆共沟条数的增加不如供电安全水平敏感,这主要是由于相关停运概率较低而供电安全水平与停运概率无关。

2. 电缆共沟安全性分析实例

某区域为 A+类供电区域,集中式馈线自动化为全自动模式(非故障区域负荷恢复供电约 50s),故障修复时间超过 3h;现状年 110kV 变电站 3 座;10kV 电缆线路 40 回(每回线路平均负荷为 4MW);10kV 电网地理接线如图 4.6 所示;10kV 电网接线模式及故障处理模式见表 4.29。

表 4.28　中压电缆共沟供电可靠率与安全水平分析结果对比

共沟长度占比/%	共沟电缆条数	可靠率与安全水平分析(线路长度 3km)		可靠率与安全水平分析(线路长度 5km)	
		供电可靠率	供电安全水平	供电可靠率	供电安全水平
10	1	√	√	√	√
	5	√	×	√	×
	10	√	×	√	×
	15	√	×	√	×
	20	√	×	√	×
25	1	√	√	√	√
	5	√	×	√	×
	10	√	×	√	×
	15	√	×	√	×
	20	√	×	√	×
50	1	√	√	√	√
	5	√	×	√	×
	10	√	×	√	×
	15	√	×	√	×
	20	√	×	×	×

注：表中"√"表示满足相关要求；"×"表示不满足相关要求。

图 4.6　某区域 10kV 电网地理接线图

⭕ 变电站；----- 电缆线路；KG 开关站；HW 环网柜

表 4.29 某区域现状年 10kV 电网接线模式及故障处理模式

序号	线路	接线模式/线路"N-1"停运时的故障处理模式
1	甲清一线→甲清二线	同站双射直供开关站/开关站分段开关备自投
2	甲铁一线→甲铁二线	同站双射直供开关站/开关站分段开关备自投
3	甲环线→乙环线	异站双射直供开关站/开关站分段开关备自投
4	甲中线→乙中线	异站双射直供开关站/开关站分段开关备自投
5	甲景线→乙元线	以环网单元为节点的单环网/集中式馈线自动化
6	甲迪线→乙开线	以环网单元为节点的单环网/集中式馈线自动化
7	甲市线→乙市线	异站双射直供开关站/开关站分段开关备自投
8	甲委线→乙委线	异站双射直供开关站/开关站分段开关备自投
9	甲盛线→乙盛线	异站双射直供开关站/开关站分段开关备自投
10	甲苑线→甲湾线	以环网单元为节点的单环网/集中式馈线自动化
11	甲上线→乙人线	以环网单元为节点的单环网/集中式馈线自动化
12	甲乙线→丙加线	以环网单元为节点的单环网/集中式馈线自动化
13	甲西线、甲桃线→丙院线、丙童线	以环网单元为节点的双环网/集中式馈线自动化
14	丙桥一、二线→乙北一、二线	以中心开关为节点的同站双环网/开关站分段开关备自投
15	丙医一线→丙医二线	同站双射直供开关站/开关站分段开关备自投
16	丙擎一、二线→乙公线、乙大线	以中心开关为节点的异站双环网/开关站分段开关备自投
17	乙黄一线→乙黄二线	同站双射直供开关站/开关站分段开关备自投

依据表 4.13 内容对电缆通道"N-1"停运场景的供电安全水平进行分析,部分结果见表 4.30。但若馈线自动化改用半自动化模式(非故障区域负荷恢复供电耗时约 0.56h,超过 15min),该区域所有通道将不满足供电安全水平要求。

表 4.30 某区域电缆通道"N-1"停运场景下供电安全水平分析部分结果

序号	通道	共沟电缆条数	通道"N-1"停运场景(如通道失火)			是否满足供电安全水平要求	
			相关停运波及负荷/MW	馈线自动化可复电负荷/MW	故障修复后可复电负荷/MW	指标要求	结果
1	甲变通道1#段	13	52	36	16	15min 内恢复负荷≥34.7MW;3h 内恢复组负荷	×
2	甲变通道2#段	7	28	28	0	15min 内恢复负荷≥16MW;3h 内恢复组负荷	√
3	甲变通道3#段	5	20	20	0	15min 内恢复负荷≥8MW;3h 内恢复组负荷	√
4	甲变通道4#段	4	16	0	16	15min 内恢复负荷≥4MW;3h 内恢复组负荷	×

续表

序号	通道	共沟电缆条数	通道"N–1"停运场景(如通道失火)			是否满足供电安全水平要求	
			相关停运波及负荷/MW	馈线自动化可复电负荷/MW	故障修复后可复电负荷/MW	指标要求	结果
5	甲变通道5#段	2	8	0	8	3h 内恢复负荷 6MW;维修完成后恢复组负荷	×
6	乙变通道1#段	8	32	32	0	15min 内恢复负荷≥20MW;3h 内恢复组负荷	√
7	乙变通道2#段	5	20	20	0	15min 内恢复负荷≥8MW;3h 内恢复组负荷	√
8	乙变通道3#段	4	8	0	8	3h 内恢复负荷 6MW;维修完成后恢复组负荷	×
9	丙变通道1#段	9	36	28	8	15min 内恢复负荷≥24MW;3h 内恢复组负荷	×
10	丙变通道2#段	5	12	12	0	15min 内恢复负荷≥0MW;3h 内恢复组负荷	√
11	丙变通道3#段	2	8	8	0	3h 内恢复负荷 6MW;维修完成后恢复组负荷	√

4.9　本　章　小　结

配电网络计算分析是电网建设项目精细决策的前提和基础。本章主要介绍了配电网规划中的潮流计算、短路计算、线损计算、安全性评估和可靠性评估等基本电气计算分析功能,涉及计算目的、内容、方法、校验标准和改进措施。其中,计算方法中介绍了一些直观和工程实用的近似计算方法(如功率和电压损失系数法以及可靠性简化评估方法),应用案例涉及多电压等级配电网线损估算、典型接线可靠性评估,以及电缆共沟的可靠性和安全性分析。

参 考 文 献

[1] 中华人民共和国电力行业标准. 配电网规划设计技术导则(DL/T 5729—2016)[S]. 北京: 中国电力出版社, 2016.

[2] 陈珩. 电力系统稳态分析[M]. 3 版. 北京: 中国电力出版社, 2007.

[3] 向婷婷, 王主丁, 刘雪莲, 等. 中低压馈线电气计算方法的误差分析和估算公式改进[J]. 电力系统自动化, 2012, 36(9): 105-109.

[4] 乐欢, 王主丁, 吴建宾, 等. 中压馈线装接配变容量的探讨[J]. 华东电力, 2009, 37(4): 586-588.

[5] 马国栋. 电线电缆载流量[M]. 北京: 中国电力出版社, 2003.

[6] 中华人民共和国电力行业标准. 农村电力网规划设计导则(DL/T 5118—2010)[S]. 北京: 中国电力出版社, 2011.

[7] 电力工业部. 供电营业规则[M]. 北京: 中国电力出版社, 2001.

[8] 国家电网公司企业标准. 城市电力网规划设计导则(Q/GDW 156—2006)[S]. 北京: 国家电网公司, 2006.

[9] 国家电网公司农电工作部. 农村电网规划培训教材[M]. 北京: 中国电力出版社, 2006.

[10] 王寓, 王主丁, 张宗益, 等. 国内外常用短路电流计算标准和方法的比较研究[J]. 电力系统保护与控制, 2010, 38(20): 148-152, 158.

[11] 水利电力部西北电力设计院. 电力工程电气设计手册-第 1 册-电气一次部分[M]. 北京: 中国电力出版社, 1989.

[12] 中华人民共和国国家标准. 三相交流系统短路电流计算第 1 部分: 电流计算(GB/T 15544.1—2013/IEC 60909-0:2001)[S]. 北京: 中国标准出版社, 2014.

[13] 谷万明, 赵玉林, 任艳杰, 等. 配电网理论线损计算方法[J]. 农村电气化, 2007, 242(7), 51-52.

[14] 叶云, 王主丁, 张宗益, 等. 一种规划态配网理论线损估算方法[J]. 电力系统保护与控, 2010, 38(17): 82-86.

[15] 南方电网公司企业标准. 110 千伏及以下配电网规划技术指导原则(Q/CSG 1201023—2019)[S]. 广州: 南方电网公司, 2019.

[16] 中华人民共和国电力行业标准. 城市电网供电安全标准(DL/T 256—2012)[S]. 北京: 中国电力出版社, 2012.

[17] 刘健, 司玉芳. 考虑负荷变化的配电网架安全评估及其应用[J]. 电力系统自动化, 2011, 35(23): 70-75.

[18] 中华人民共和国电力行业标准. 中压配电网可靠性评估导则(DL/T 1563—2016)[S]. 北京: 中国电力出版社, 2016.

[19] 王主丁. 高中压配电网可靠性评估——实用模型、方法、软件和应用[M]. 北京: 科学出版社, 2018.

[20] 国家电力监管委员会电力可靠性管理中心. 电力可靠性技术与管理培训教材[M]. 北京: 中国电力出版社, 2007.

[21] 中华人民共和国电力行业标准. 配电网规划设计规程(DL/T 5542—2018)[S]. 北京: 中国计划出版社, 2018.

第5章 分布式电源接入配电网最大承载力评估

分布式电源大量并网给电能质量带来风险，评估分布式电源接入配电网最大承载力对分布式电源规划和运行具有重要的指导意义。本章阐述了能够有效处理多约束情况下多个不同类型分布式电源的最大承载力计算模型和方法。

5.1 引 言

分布式电源具有环境友好和节约资源等特点，而且基于合理的规划和管理也可以提高电网的供电质量与供电能力，已成为21世纪重要的能源选择。但分布式电源大规模接入配电网可能带来了众多不利影响，比如使得配电网的潮流大小和方向发生改变，引起电流电压畸变，造成谐波污染，以及原有保护整定方案失效[1]。这些影响对配电网分布式电源规划和运行提出了更高的要求，需要开展高比例分布式电源接入对配电网性能影响的相关研究。

含分布式电源的配电网规划一般分为分布式电源配置和分布式电源与配电网网架的协调规划，其中本章分布式电源配置是在已知网架结构和负荷分布情况下仅对分布式电源的接入位置和容量进行决策。常规的分布式电源配置需要考虑分布式电源的投资和发电费用[2]，但在实际操作中这部分成本受相关政策引导大多由分布式电源投资者承担，因此对电力公司而言通常不用考虑这部分费用，但需要响应由分布式电源投资者提出的分布式电源上网需求，即评估在满足电网性能要求下能够接纳的分布式电源容量限值。此外，由于风光等自然资源限制与相关政策要求，分布式电源申请接入的位置和可能的最大容量是相对固定的(例如居民屋顶光伏)[3]，因此对可供选择的分布式电源位置和容量集合进行系统最大并网容量的评估具有工程实际意义[3~13]。目前关于分布式电源并网的评估一般涉及电压约束[3~9]、短路容量约束[6]、谐波约束[10]和继电保护约束[11]。分布式电源最大接入容量问题通常为一个非线性优化问题，加入各类约束后又增加了模型的求解难度，一般采用智能优化方法、随机场景模拟法和解析法进行求解[12]。这些方法主要存在以下问题：一是难以高效处理多个不同类型分布式电源并网的最大接入容量计算；二是仅考虑了单类约束(如电压或短路电流约束)，未能综合协调考虑多类约束的影响。

本章以分布式电源并网容量最大为目标，结合相关技术标准的要求综合考虑多类约束，建立了分布式电源接入配电网最大承载力的优化模型，阐述了一种基于约束指标相对于分布式电源容量灵敏度的单约束和多约束协调分段计算方法[13]。

5.2　方法基础

本节内容包括线路分区、运行方式选择和承载力定义。

5.2.1　线路分区

配电网络规模大，针对全系统考虑分布式电源影响的计算效率低。考虑到分布式电源针对不同约束影响范围的大小，可将一个大的配电网供电区域划分为多个电气上相对独立的分区，然后针对相互间影响较小的各个分区进行分布式电源接入影响的评估，从而提高计算效率。

考虑到中压配电网通常为环网结构开环运行，本章线路分区主要与约束类型相关，当约束仅为电压偏移和电压波动时，若变压器低压侧母线电压固定，可将连接到该母线的每一条放射式线路当作一个线路分区；当约束涉及短路电流、继电保护和谐波时，考虑到通过变压器和上级电网流入其他线路的短路电流和谐波电流较小，可忽略不同变压器中压馈线间在电气上的相互影响，即将连接到同一变压器中压母线的所有馈线划分为一个线路分区。

5.2.2　运行方式选择

由于不同类型约束最严重情况可能对应不同的运行方式，比如节点电压上限约束一般对应最小负荷最大分布式电源发电的运行方式，而最大发电方式又不一定对应最小负荷(如光伏发电)。因此，分布式电源接入配电网的最大承载力评估需要考虑各种典型的运行方式，本章推荐基于不同的时间段来划分运行方式，可以在一定程度上自动考虑到不同类型分布式电源之间以及分布式电源与负荷之间的相关性。

5.2.3　承载力定义

文献[5]定义承载力是在保证电力系统运行性能可接受的前提下可以接入的分布式电源最大容量。本章将系统承载力 C_h 定义为在满足不同运行方式下各类约束的情况下，系统能够接入的最大分布式电源容量，它为相应的各节点分布式电源最大容量之和，即

$$C_h = \sum_{i \in \Omega_{dg}} C_{h,i} \tag{5.1}$$

式中，C_h 为系统最大承载力；$C_{h,i}$ 为节点 i 在不同运行方式下的最大承载力；Ω_{dg} 为某一线路分区内所有分布式电源接入节点编号集合。

某一地区的分布式电源发电与当地的一次能源密切相关，如当地各季的风速和光照强度等，此外各类相关政策也会限制分布式电源的接入量，因此考虑到自然资源限制和政策条件时各节点或位置存在有一个分布式电源最大可能容量值。若电网节点 i 的最大分布式电源最大可能容量表示为 $S_{\max,i}$，节点 i 的承载力 $C_{h,i}$ 与 $S_{\max,i}$ 关系可表示为

$$C_{h,i} \leqslant S_{\max,i} \tag{5.2}$$

5.3　承载力优化模型

本节针对某一线路分区的特定运行方式，建立了考虑多约束的多分布式电源接入配电网最大承载力的优化模型。

5.3.1　目标函数

目标函数为满足多类性能指标约束的系统承载力最大，可表示为

$$C_h = \max\left\{ \sum_{i \in \Omega_{dg}} S_{dg,i} \right\} \tag{5.3}$$

式中，$S_{dg,i}$ 为相应运行方式下节点 i 的分布式电源最大可接入容量。

5.3.2　约束条件

本章约束涉及功率平衡、线路容量、电压偏移、电压波动、短路电流、谐波约束、继电保护约束和分布式电源出力限制。

1）功率平衡

配电网有功和无功平衡方程可分别表示为

$$P_{dg,i} - P_{z,i} - U_i \sum_{j \in \Omega_{node}} U_j (G_{i,j} \cos\delta_{i,j} + B_{i,j} \sin\delta_{i,j}) = 0, \quad i \in \Omega_{node} \tag{5.4}$$

$$Q_{dg,i} - Q_{z,i} - U_i \sum_{j \in \Omega_{node}} U_j (G_{i,j} \sin\delta_{i,j} - B_{i,j} \cos\delta_{i,j}) = 0, \quad i \in \Omega_{node} \tag{5.5}$$

式中，$P_{dg,i}$ 和 $Q_{dg,i}$ 分别为相应运行方式下节点 i 分布式电源注入电网的最大有功功率和无功功率；$P_{z,i}$ 和 $Q_{z,i}$ 为相应运行方式下节点 i 负荷的有功功率和无功功率；

U_i 为相应运行方式下节点 i 的电压幅值；$G_{i,j}$、$B_{i,j}$、$\delta_{i,j}$ 分别是节点 i 和节点 j 之间的电导、电纳和相角差；Ω_{node} 为系统所有节点集合。

2）线路容量

线路容量约束可表示为

$$\left|I_b\right| \leqslant I_{\mathrm{max},b}, \quad b \in \Omega_b \tag{5.6}$$

式中，I_b 为支路 b 上流过的电流；$I_{\mathrm{max},b}$ 为支路 b 能够输送电流的最大值；Ω_b 为系统所有支路集合。

3）电压偏移

节点电压偏移约束可表示为

$$\left(1-\varepsilon_{\min}\right)U_{\mathrm{n}} \leqslant U_i \leqslant \left(1+\varepsilon_{\max}\right)U_{\mathrm{n}}, \quad i \in \Omega_{\mathrm{node}} \tag{5.7}$$

式中，U_{n} 为线路的额定电压；$\varepsilon_{\max}$ 和 $\varepsilon_{\min}$ 分别为技术导则规定的电压偏差上下限值。20kV 及以下三相供电电压偏差的 $\varepsilon_{\max}$ 和 $\varepsilon_{\min}$ 分别为+0.07 和−0.07[14]。

4）电压波动

节点电压波动约束可表示为

$$d_i \leqslant d_{\max}, \quad i \in \Omega_{\mathrm{node}} \tag{5.8}$$

式中，d_i 为相应运行方式下节点 i 的电压波动百分值；$d_{\max}$ 为技术导则规定的电压波动最大允许值，其取值如表 5.1 所示[15]。

表 5.1　电压波动限值

波动频率 r/(次/h)	不同电压等级下的 $d_{\max}$/%	
	低压、中压	高压
$r\leqslant1$	4	3
$1<r\leqslant10$	3	2.5
$10<r\leqslant100$	2	1.5
$100<r\leqslant1000$	1.25	1

5）短路电流

节点短路电流约束可表示为

$$I_{\mathrm{d},i} \leqslant I_{\mathrm{dmax}}, \quad i \in \Omega_{\mathrm{node}} \tag{5.9}$$

式中，$I_{\mathrm{d},i}$ 为相应运行方式下节点 i 的短路电流；I_{dmax} 为技术导则规定的短路电流最大允许值，其取值如表 4.7 所示。

6) 谐波约束

谐波约束涉及电压和电流总谐波畸变率以及公共连接点注入谐波电流分量限制。

(1) 电压和电流总谐波畸变率。

电压和电流总谐波畸变率可表示为

$$THD_v \leqslant THD_{vmax} \tag{5.10}$$

$$THD_i \leqslant THD_{imax} \tag{5.11}$$

式中，THD_v 和 THD_i 分别为电压总谐波畸变率和电流总谐波畸变率；THD_{vmax} 和 THD_{imax} 分别为技术导则规定的电压和电流总谐波畸变率最大允许值。其中，THD_{vmax} 取值如表 5.2 所示[16]。

表 5.2   配电网电压总谐波畸变率限值(相电压)

额定电压/kV	THD_{vmax}/%
0.38	5.0
10	4.0
35	3.0
110	2.0

(2) 公共连接点注入谐波电流分量。

注入公共连接点的谐波电流分量(方均根值)不应该超过表 5.3 所示[16]。注意，当公共连接点的最小短路容量不同于相应额定电压的基准容量时，表 5.3 中的谐波电流允许值应乘以该最小短路容量与对应电压基准容量的比值进行换算。

表 5.3   配电网注入公共连接点的谐波电流限值

额定电压/kV	基准短路容量/(MV·A)	不同谐波次数下的谐波电流允许值/A											
		2	3	4	5	6	7	8	9	10	11	12	13
0.38	10	78	62	39	62	26	44	19	21	16	28	13	24
10	100	26	20	13	20	8.5	15	6.4	6.8	5.1	9.3	4.3	7.9
35	250	15	12	7.7	12	5.1	8.8	3.8	4.1	3.1	5.6	2.6	4.7
110	750	12	9.6	6	9.6	4	6.8	3	3.2	2.4	4.3	2	3.7

额定电压/kV	基准短路容量/(MV·A)	不同谐波次数下的谐波电流允许值/A											
		14	15	16	17	18	19	20	21	22	23	24	25
0.38	10	11	12	9.7	18	8.6	16	6.8	7.8	7.1	14	6.5	12
10	100	3.7	4.1	3.2	6	2.8	5.4	2.6	2.9	2.3	4.5	2.1	4.1
35	250	4.7	2.5	1.9	3.6	1.7	3.2	1.5	1.8	1.4	2.7	1.3	2.5
110	750	1.7	1.9	1.5	2.8	1.3	2.5	1.2	1.4	1.1	2.1	1	1.9

7)继电保护约束

本章继电保护约束需要校验开关的电流三段式保护整定是否满足相应要求。其中,瞬时电流速断保护(Ⅰ段)需要躲过保护线路段末端最大短路电流,定时限电流速断保护(Ⅱ段)按照保护线路段末端故障与相邻下游开关线路段Ⅰ段保护配合整定,定时限过电流保护(Ⅲ段)按照躲过保护线路段最大负荷电流整定。因此,继电保护约束可表示为

$$I'_{\text{op},k} > I_{\text{d},k}, \quad k \in \Omega_{\text{kg}} \tag{5.12}$$

$$I''_{\text{op},k} > I'_{\text{op},d(k)}, \quad k \in \Omega_{\text{kg}} \tag{5.13}$$

$$I'''_{\text{op},k} > I_{\text{mfh},k}, \quad k \in \Omega_{\text{kg}} \tag{5.14}$$

式中,$I'_{\text{op},k}$、$I''_{\text{op},k}$ 和 $I'''_{\text{op},k}$ 分别为第 k 个保护开关的电流Ⅰ段、电流Ⅱ段和电流Ⅲ段保护启动电流;$I_{\text{d},k}$ 为第 k 个开关保护线路段末端的最大短路电流;$d(k)$ 为第 k 个开关相邻下游开关序号;$I_{\text{mfh},k}$ 为第 k 个开关保护线路段最大负荷电流;Ω_{kg} 为系统所有保护开关序号集合。

8)分布式电源出力限制

分布式电源出力约束可表示为

$$S_{\text{dg},i} \leqslant S_{\max,i}, \quad i \in \Omega_{\text{dg}} \tag{5.15}$$

5.4　模型求解方法

本节阐述了一种基于灵敏度分析的倒推和顺推分段求解方法,包括基于约束指标相对于分布式电源容量灵敏度的单约束和多约束协调计算方法。

5.4.1　模型求解思路

根据约束条件数量的不同,优化模型求解方法可分为单约束法和多约束协调法,而这两种方法又可基于容量分段试探和不同分布式电源初始值采用逐段倒推或逐段顺推两种思路求解。

1. 分段计算法

本章分布式电源容量分段计算是将不同节点分布式电源最大可能的容量按同一个小的容量分段步长 ΔS 划分为一系列离散的容量值,在分布式电源容量按步长 ΔS 逐段变化的情况下求各约束指标相对于分布式电源容量变化的灵敏度,并依据

该动态变化的灵敏度选择需要增加或削减容量的分布式电源。尽管这种将连续的容量视为多个离散容量处理的方法会带来一定的误差，但如果步长 ΔS 取得适当小且相关算法设计恰当，可以在计算量不大的情况下使计算误差得到有效的控制。而且，若对计算精确要求较高，可先采用简化灵敏度计算公式得到最大承载力的近似计算结果，然后再借助商业计算软件进行结果的精细微调(在最优值附近的微调不会增加过多计算量)。

分段计算步长 ΔS 可参考不同电压等级规定的装机容量推荐值设定，一般为相应电压等级推荐最小容量的十分之一至百分之一之间。其中，分布式电源并网装机容量推荐值如表 5.4 所示[17]。

表 5.4　不同电压等级分布式电源装机容量推荐值

额定电压	分布式电源参考装机容量	额定电压	分布式电源参考装机容量
220V	8kW 及以下	10kV	400kW～6MW
380V	8～200kW	10kV 以上	6MW 及以上

2. 倒推法和顺推法

基于各节点分布式电源最大可能容量，逐段倒推法的思路为：以各分布式电源最大容量接入电网作为初始状态，基于不同系统约束校验(如潮流、短路和谐波指标校验)识别各越限约束，然后以分布式电源最大承载力为目标，基于越限指标相对于分布式电源容量灵敏度逐阶段进行分布式电源容量优化削减，直至约束满足要求或所有分布式电源已削减到零。逐段顺推法的主要思路为：以所有分布式电源零出力为初始状态，以分布式电源最大承载力为目标，基于约束指标相对于分布式电源容量灵敏度逐阶段增加分布式电源的容量，直至某一约束越限或所有分布式电源已达到其最大允许值。

5.4.2　灵敏度简化计算

本章灵敏度简化计算是为了在分段计算过程中针对某一指标快速动态识别需要增加或削减容量最有利的分布式电源。

1. 电压偏移

1) 调压方式

电压偏移与调压控制关系密切，配电网调压方式一般有三类：全局调压、有载调压和中枢点调压。全局调压可整体调整区域各节点电压；有载调压通过调节变压器分接头调压；中枢点调压可分为逆调压、顺调压和恒调压，其中中枢点可选为变压器低压侧母线，在最大负荷和最小负荷情况下不同中枢点调压方式及其适用范围如表 5.5 所示[19]。

表 5.5　中枢点调压方式分类及其适用范围

调压分类	最大负荷/p.u.	最小负荷/p.u.	适用范围
逆调压	1.05	1	线路较长,负荷变动大但变化规律大致相同
顺调压	1.025	1.075	线路短,负荷变动不大
常调压	1.02～1.05	1.02～1.05	无有载调压

2) 灵敏度计算

针对分段计算中的电压偏移约束,首先找出电压偏移量最大节点,然后计算该节点的电压幅值相对于各分布式电源容量的灵敏度。

节点 i 的电压幅值 U_i 可表示为

$$U_i = U_0 - \sum_{b \in \Omega_b(i)} \frac{R_b P_b + X_b Q_b}{U_n} \tag{5.16}$$

式中, $\Omega_b(i)$ 为节点 i 至其上游调压中枢点(或电源点)最短路径上支路的集合; R_b 和 X_b 分别为支路 b 的电阻和电抗; P_b 和 Q_b 分别为支路 b 末端的有功功率和无功功率; U_0 是中枢点电压。

在所有节点中找出电压幅值最高节点,设该节点编号为 o1,相应的电压可表示为

$$U_{o1} = \max_{i \in \Omega_{node}} \{U_i\} \tag{5.17}$$

最大电压偏移相对于节点 i 分布式电源容量的灵敏度 $\beta_{u,i}$ 可表示为

$$\beta_{u,i} = \frac{\Delta U_{o1}}{\Delta S_{dg,i}} = \sum_{b \in \Omega_b(o1,i)} \frac{R_b \cos\theta_b + X_b \sin\theta_b}{U_n}, \quad i \in \Omega_{dg} \tag{5.18}$$

式中, $\Delta S_{dg,i}$ 是节点 i 的分布式电源容量变化量; ΔU_{o1} 为由 $\Delta S_{dg,i}$ 引起的 o1 节点电压幅值变化量; θ_b 为流过支路 b 潮流的功率因数角; $\Omega_b(o1,i)$ 为节点 o1 和节点 i 到电源点的公共最短路径上支路的集合, $\Omega_b(o1,i) = \Omega_b(o1) \bigcap \Omega_b(i)$ 。

由式(5.18)可以看出, $\beta_{u,i}$ 与分布式电源位置和最高电压点的位置相关,而与分布式电源接入容量的大小无关,即在每次分段计算中若节点 o1 固定可认为 $\beta_{u,i}$ 不变。

2. 电压波动

电压波动是短时内电压幅值的快速变化。由于分布式电源出力的间歇性,也会引起电网电压波动。同一分区的多个分布式电源由于其地理位置相近出力具有

较强的相关性，通常多台同类分布式电源间存在正相关，出力变化趋势具有高度的一致性；多台不同类型分布式电源间存在负相关。因此节点 i 由第 n 类分布式电源引起的电压波动的计算式为

$$d_i(n) = \lambda_{\text{dg}}(n) \sum_{b \in \Omega_b(i)} \frac{R_b P_{\text{dg},b}(n) + X_b Q_{\text{dg},b}(n)}{U_n^2} \times 100\% \tag{5.19}$$

式中，$P_{\text{dg},b}(n)$ 和 $Q_{\text{dg},b}(n)$ 分别为第 n 类分布式电源流经支路 b 的有功功率和无功功率；$\lambda_{\text{dg}}(n)$ 为由第 n 类分布式电源导致的功率瞬时变化幅值占其最大幅值的比例，可根据经验取值。

类似于电压偏移，同样需要找出电压波动最大值及其对应节点 o2 和分布式电源类型 n，最大电压波动相对于节点 i 且类型为 n 的分布式电源容量的灵敏度 $\beta_{\text{d},i}(n)$ 可表示为

$$\beta_{\text{d},i}(n) = \frac{\Delta d_{\text{o2}}(n)}{\Delta S_{\text{dg},i}(n)} = \lambda_{\text{dg}}(n) \sum_{b \in \Omega_b(\text{o2},i)} \frac{R_b \cos\varphi_b + X_b \sin\varphi_b}{U_n^2} k_{b,i}, \quad i \in \Omega_{\text{dg}}(n) \tag{5.20}$$

式中，$\Delta d_{\text{o2}}(n)$ 为由第 n 类分布式电源容量变化量 $\Delta S_{\text{dg},i}(n)$ 引起的节点 o2 的电压波动值变化量；$\Omega_{\text{dg}}(n)$ 为相应线路分区内所有属于第 n 类分布式电源的接入节点集合；$k_{b,i}$ 为支路 b 第 n 类功率变化值与节点 i 第 n 类分布式电源功率变化值的比例，考虑到同类分布式电源的相关性可近似计算为当前支路 b 第 n 类功率与节点 i 第 n 类分布式电源功率的比值。

因此，$\beta_{\text{d},i}(n)$ 与同类分布式电源类型分布和容量相对大小相关。

3. 短路电流

1) 短路电流源分类

配电网短路电流源包括上级电网和各类分布式电源，这些短路电流源可分类为电压源和电流源。其中，电压源包含上级电网、同步电机(如内燃机、燃气轮机等)及感应电机(如感应式和双馈式风电)，电流源主要为逆变电源(如光伏发电、直驱式风电、通过逆变器并网的燃机等)。不同类型分布式电源的故障电流注入能力(以额定电流的百分数表示)可参见表 5.6[11]。

表 5.6　不同类型分布式电源的故障电流注入能力

分布式电源类型	故障电流注入大小	故障电流注入持续时间
逆变电源	100%～400%	取决于控制装置
同步电机	500%～1000%	几个周波后衰减到200%～400%
感应电机	500%～1000%	10 个周波内衰减至可忽略

2)短路电流源模型

(1)上级电网。

上级电网是配电网主要的短路电流源，在短路计算中可以用一个电压源串联电抗的模型表示，相应的串联电抗可表示为

$$x_{\mathrm{d}} = \frac{U_{\mathrm{n}}^2}{S_{\mathrm{d}}} \tag{5.21}$$

式中，S_{d} 和 x_{d} 分别为某线路分区主电源节点(如中枢点)上级电网的短路容量和暂态电抗。

(2)逆变电源。

逆变电源通常通过电力电子器件将电能从一种形式转变为另外一种形式，例如光伏通过逆变器将直流电转变为交流电。此类电源在短路计算时可以认为是一个恒定电流源，相应的短路电流值可表示为

$$I_{\mathrm{d}} = \gamma_{\mathrm{i}} I_{\mathrm{dg}} = \gamma_{\mathrm{i}} \frac{S_{\mathrm{dg}}}{\sqrt{3} U_{\mathrm{n}}} \tag{5.22}$$

式中，γ_{i} 为逆变电源短路电流与额定电流的比值，光伏可取 1.5[17]；I_{dg} 和 S_{dg} 分别为光伏电源的额定电流和额定容量。

(3)同步及感应电机。

同步及感应电机类似于上级电网的情况，可以用一个电压源串联电抗的模型表示，其中电抗值代表故障电流注入能力，与分布式电源额定容量 S_{dg} 成反比，可表示为

$$x_{\mathrm{dg}}'' = (x_{\mathrm{dg}}'')^* \frac{U_{\mathrm{n}}^2}{S_{\mathrm{dg}}} \tag{5.23}$$

式中，x_{dg}'' 和 $(x_{\mathrm{dg}}'')^*$ 分别为同步电机及感应电机的次暂态电抗及其标幺值。不同类型分布式电源的次暂态和暂态电抗标幺值可参考表 5.7[11]。

表 5.7　不同类型分布式电源的次暂态和暂态电抗标幺值

分布式电源类型	暂态电抗 $(x_{\mathrm{dg}}')^*$ /p.u.	次暂态电抗 $(x_{\mathrm{dg}}'')^*$ /p.u.
同步电机	0.25~0.5	0.1
感应电机	无穷大	0.1

3）灵敏度计算

针对分段计算中的短路电流约束，首先找到最大短路电流发生的节点 o3，然后计算该位置的短路电流相对于各分布式电源容量的灵敏度。

最大短路电流相对于节点 i 分布式电源容量的灵敏度 $\beta_{\mathrm{id},i}$ 可表示为

$$\beta_{\mathrm{id},i} = \frac{\Delta I_{\mathrm{d,o3}}}{\Delta S_{\mathrm{dg},i}}, \quad i \in \Omega_{\mathrm{dg}} \tag{5.24}$$

式中，$\Delta I_{\mathrm{d,o3}}$ 为由 $\Delta S_{\mathrm{dg},i}$ 引起的节点 o3 短路电流的变化量。

由于同步及异步电机的电抗与分布式电源容量相关，灵敏度 $\beta_{\mathrm{id},i}$ 随着分布式电源容量的变化而变动，在分段计算过程中为一个动态变化的数值。

4）灵敏度公式推导实例

以仅有单个分布式电源的简单线路分区为例来进行灵敏度公式的推导。该线路分区等效电路如图 5.1 所示，共有两条线路，节点 1 处接入一台等效电抗为 x''_{dg} 的分布式电源，x_{s} 为系统电源等效电抗，$x_1 \sim x_3$ 为图中各线路段电抗。

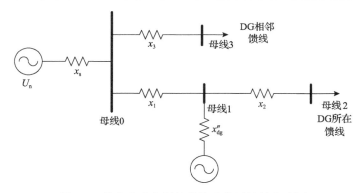

图 5.1　单分布式电源简单线路分区等效电路图

（1）分布式电源为逆变电源。

当分布式电源为逆变电源时，分析可知节点 0 处短路电流最大（即 o3 为节点 0），节点 0 最大短路电流相对于分布式电源容量的灵敏度可表示为

$$\beta_{\mathrm{id}} = \frac{\Delta I_{\mathrm{d,o3}}}{\Delta S_{\mathrm{dg}}} = \frac{\gamma_{\mathrm{i}}}{\sqrt{3}U_{\mathrm{n}}} \tag{5.25}$$

因此，短路电流相对于逆变电源容量的灵敏度与 γ_{i} 成正比，但与分布式电源容量大小无关。

（2）分布式电源为同步机或异步电机。

当分布式电源为同步或异步发电机时，根据式（5.23）可知 x''_{dg} 为分布式电源容

量的倒数。经分析可知，产生最大短路电流的节点 o3 应位于图 5.1 中节点 0 与节点 1 之间的某一点，即 o3 点把电抗 x_1 分为了两段，因此 x_1 可表示为

$$x_1 = \alpha_x x_1 + (1 - \alpha_x) x_1 \tag{5.26}$$

式中，α_x 为线路段的分割参数，取值范围为 0～1。

基于式(5.26)，图 5.1 在 o3 节点短路时可等效变换为图 5.2 所示的短路电流计算示意图。

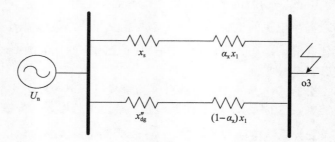

图 5.2　o3 节点短路计算等效电路示意图

图 5.2 中系统的短路总电抗可表示为

$$x_{\text{sys}} = \frac{(x_s + \alpha_x x_1)\left[x_{\text{dg}}'' + (1 - \alpha_x)x_1\right]}{x_s + x_1 + x_{\text{dg}}''} \tag{5.27}$$

对应式(5.27)电抗最小值的点即为短路电流最大点。考虑到 x_{sys} 是一个关于 α_x 的开口向下的抛物线，最大短路电流对应的 α_x 取值为 0 或者 1。当 $x_s > x_{\text{dg}}''$ 时，α_x 取 1，即短路电流最大点为分布式电源接入点母线 1；当 $x_s \leqslant x_{\text{dg}}''$ 时，α_x 取 0，即短路电流最大点为母线 0。不同情况下的最大短路电流 I_d 可表示为

$$I_d = \begin{cases} \dfrac{x_s + x_1 + x_{\text{dg}}''}{x_s\left(x_1 + x_{\text{dg}}''\right)} U_n, & x_s \leqslant x_{\text{dg}}'' \\[4mm] \dfrac{x_s + x_1 + x_{\text{dg}}''}{x_{\text{dg}}''\left(x_1 + x_s\right)} U_n, & x_s > x_{\text{dg}}'' \end{cases} \tag{5.28}$$

由于分布式电源的等效 x_s 往往大于上级电网等值电源的电抗 x_s，即短路电流最大点 o3 通常为母线 0，此时最大短路电流相对于分布式电源容量的灵敏度可表示为

$$\beta_{id} = \frac{U_n^3 (x_{dg}'')^*}{x_1^2 S_{dg}^2 + 2U_n^2 x_1 (x_{dg}'')^* S_{dg} + U_n^4} \qquad (5.29)$$

因此，灵敏度 β_{id} 随着 S_{dg} 的变化而变化，在分段计算过程中是一个动态值。

当线路分区中含有多个不全为逆变电源的分布式电源时，写出灵敏度的简单解析表达式较为困难，此时可考虑借助短路分析软件进行计算。

4. 谐波

当电网电压发生畸变或者配电网线路、设备、负荷和分布式电源构成的电路发生谐振时，系统谐波将会增大，从而影响电能质量。研究表明，若不增加任何谐波滤波装置，具有换流设备的分布式电源在配电网中渗透率通常应限制为 10%~30%[10]，且分布式电源位置越接近线路末端，线路沿线各负荷节点的电压畸变越严重，应减小其接入容量。在有条件的情况下，可通过网络谐波潮流计算进行谐波详细计算分析[18]。

1) 电压和电流总谐波畸变率

本章谐波约束式(5.10)和式(5.11)中的电压总谐波畸变率和电流总谐波畸变率的计算式为

$$THD_v = \frac{\sqrt{\sum_{h=2}^{\infty} \left(U^{(h)}\right)^2}}{U^{(1)}} \times 100 \qquad (5.30)$$

$$THD_i = \frac{\sqrt{\sum_{h=2}^{\infty} \left(I^{(h)}\right)^2}}{I^{(1)}} \times 100 \qquad (5.31)$$

式中，h 为谐波次数；$U^{(1)}$ 和 $I^{(1)}$ 分别为相应基波电压和电流。

在各分段计算过程中，针对总谐波畸变率约束，首先识别最大总谐波畸变率 THD_{max}（$THD_{max}=max\{THD_v, THD_i\}$），然后计算该谐波畸变率相对于各分布式电源容量的灵敏度。

最大谐波畸变率相对于节点 i 分布式电源容量的灵敏度 $\beta_{thd,i}$ 可表示为

$$\beta_{thd,i} = \frac{\Delta THD_{max}}{\Delta S_{dg,i}}, \quad i \in \Omega_{dg} \qquad (5.32)$$

式中，ΔTHD_{max} 为由 $\Delta S_{dg,i}$ 引起的总谐波畸变率的变化量。

2) 公共连接点注入谐波电流分量

对于分段计算过程中各公共连接点注入不同谐波次数电流分量限制的多个约束(见表 5.3),针对节点 i 的分布式电源容量,可通过仅考虑对应谐波电流分量最大越限值的灵敏度 β_{ih},将相关的多个约束转换为一个约束:首先在所有公共连接点所有注入谐波电流分量中找到对应谐波电流分量最大越限值的连接点 o4 和谐波次数 v,然后计算连接点 o4 注入的 v 次谐波电流分量相对于节点 i 分布式电源容量的灵敏度,即

$$\beta_{\text{ih},i}=\frac{\Delta I_{\text{h,o4}}^{(v)}}{\Delta S_{\text{dg},\,i}}, \quad i\in\Omega_{\text{dg}} \tag{5.33}$$

式中,$\Delta I_{\text{h,o4}}^{(v)}$ 为由 $\Delta S_{\text{dg},i}$ 引起的公共连接点 o4 注入的 v 次谐波电流分量变化量。

因此,$\beta_{\text{thd},i}$ 和 $\beta_{\text{ih},i}$ 一般情况为一个动态变化值。当系统较为复杂时,写出相应的简洁灵敏度表达式公式较为困难,可考虑直接采用谐波分析软件进行计算。

5. 继电保护

1) 不同故障情况分析

分布式电源接入对继电保护的影响大致可分为两类:一是不需要对保护设置进行重新整定;二是需要少量改变原有保护设置。在不改变原有保护设置的情况下分布式电源的准入容量通常很小[11]。

考虑到某一位置分布式电源接入对其上游、下游以及相邻线路保护的影响各不相同。在考虑继电保护约束时,需要分别对不同位置的保护装置进行校验。其中,对于 I 段和 II 段保护,位于分布式电源相邻线路和下游的保护可能会出现误动,位于分布式电源上游的保护可能会出现拒动和误动两种情况;对于 III 段保护,位于分布式电源上游的保护可能会出现拒动。

2) 灵敏度计算

类似短路电流灵敏度式(5.24)的定义,保护开关 k 的 I 段保护启动电流相对于节点 i 分布式电源容量的灵敏度 $\beta'_{\text{ik},k,i}$ 可表示

$$\beta'_{\text{ik},k,i}=\frac{\Delta I_{\text{dk},k}}{\Delta S_{\text{dg},i}}, \quad i\in\Omega_{\text{dg}} \tag{5.34}$$

式中,$\Delta I_{\text{dk},k}$ 为由 $\Delta S_{\text{dg},i}$ 引起的保护开关 k 所在线路段末端短路电流的变化量。$\beta'_{\text{ik},k,i}$ 的计算方法类似于短路电流灵敏度的计算。

保护开关 k 的 II 段保护启动电流相对于节点 i 分布式电源容量的灵敏度 $\beta''_{\text{ik},k,i}$

可表示为

$$\beta''_{\text{ik},k,i} = \frac{\Delta I_{\text{op},d(k)}}{\Delta S_{\text{dg},i}}, \quad i \in \Omega_{\text{dg}} \tag{5.35}$$

式中，$\Delta I_{\text{op},d(k)}$ 为由 $\Delta S_{\text{dg},i}$ 引起的开关 $d(k)$ 的电流 I 段保护启动电流变化量。$\beta''_{\text{ik},k,i}$ 的计算方法类似于短路电流灵敏度的计算。

保护开关 k 的 III 段保护启动电流相对于节点 i 分布式电源容量的灵敏度 $\beta'''_{\text{ik},k,i}$ 可表示

$$\beta'''_{\text{ik},k,i} = \frac{\Delta I_{\text{mfh},k}}{\Delta S_{\text{dg},i}}, \quad i \in \Omega_{\text{dg}} \tag{5.36}$$

式中，$\Delta I_{\text{mfh},k}$ 为由 $\Delta S_{\text{dg},i}$ 引起的开关 k 保护线路段最大负荷电流变化量。当开关 k 位于节点 i 的上游时 $\beta'''_{\text{ik},k,i} = 1/(\sqrt{3}U_{\text{n}})$，当开关 k 位于节点 i 的下游或相邻线路时，$\beta'''_{\text{ik},k,i} = 0$。

5.4.3　单约束求解法

单约束求解法可分为单约束倒推法和单约束顺推法。

1. 单约束倒推法

以各分布式电源最大可能容量接入为初始状态，基于指标灵敏度的单约束倒推法计算步骤如下：

(1)确定某线路分区中各分布式电源并网节点的集合 Ω_{dg} 和分布式电源最大可能容量值 $S_{\text{max},i}$，令 $S_{\text{dg},i} = S_{\text{max},i}$ 并进行相应的电气计算(如潮流计算和短路计算)。

(2)校验约束条件，若满足约束条件则转至步骤(6)。

(3)找到约束越限情况最严重的节点，计算该节点越限指标相对于各分布式电源容量的灵敏度。

(4)基于灵敏度找出越限改善效果最大且容量不为零的目标分布式电源，将其容量减少一个分段容量 ΔS。

(5)基于灵敏度更新各节点和支路相应指标，跳转到步骤(2)。

(6)基于商业软件的电气计算对计算结果进行微调。

(7)令 $C_{\text{h},i} = S_{\text{dg},i}$，由式(5.1)计算线路分区的承载力 C_{h}。

单约束倒推法计算流程如图 5.3 所示。

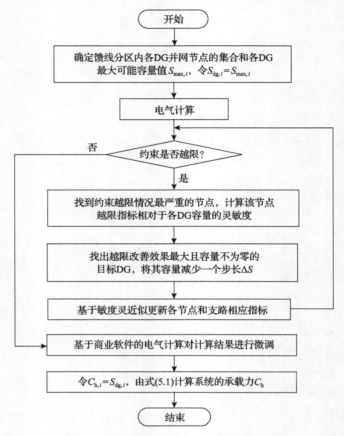

图 5.3 基于灵敏度的单约束倒推求解流程图

2. 单约束顺推法

单约束顺推法和单约束倒推法求解思路类似，不同点是以线路分区内无分布式电源接入为初始状态，按分段容量ΔS逐步增加分布式电源容量直至某一约束违限或所有分布式电源容量均达到其上限，相应的算法流程如图 5.4 所示。

5.4.4 多约束协调法

多约束协调法可分为多约束协调倒推法和顺推法。

1. 协调倒推法

在每次分段计算中，协调倒推法要对进行容量削减的目标分布式电源进行优选：首先针对各分布式电源找出越限改善最差的关键指标，然后基于各分布式电源关键指标识别改善效果最好的分布式电源，即目标分布式电源。

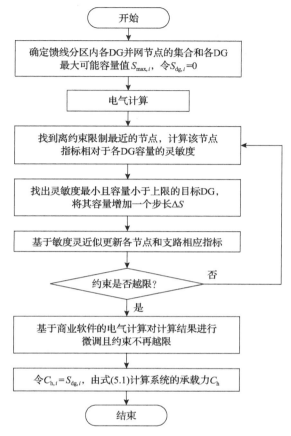

图 5.4　基于指标灵敏度的单约束顺推求解流程图

对于指标越上限的情况(如电压、短路电流、谐波和继电保护中误动)，分布式电源关键指标的识别可用公式表示为

$$Y_i^{(k)} = \max_{j \in \Omega_{\text{ind}}^{(k-1)}} \left\{ \frac{Y_{j,i}^{(k)} - Y_{\max,j}}{Y_j^{(k-1)} - Y_{\max,j}} \right\}, \quad i \in \Omega_{\text{dg}} \tag{5.37}$$

式中，$Y_i^{(k)}$ 和 $Y_{j,i}^{(k)}$ 分别为第 k 次分段计算中若采用削减节点 i 分布式电源容量时越限指标改善程度最差的值(即分布式电源关键指标值)和第 j 种指标更新值；$Y_{\max,j}$ 为第 j 种越限指标的最大允许值；$\Omega_{\text{ind}}^{(k-1)}$ 和 $Y_j^{(k-1)}$ 分别为第 k 次分段计算前线路分区越限指标集合和第 j 种越限指标值。

对于指标越下限的情况(如继电保护中拒动)，分布式电源关键指标的识别可

用公式表示为

$$Y_i^{(k)} = \max_{j \in \Omega_{\mathrm{ind}}^{(k-1)}} \left\{ \frac{Y_{\min,j} - Y_{j,i}^{(k)}}{Y_{\min,j} - Y_j^{(k-1)}} \right\}, \quad i \in \Omega_{\mathrm{dg}} \tag{5.38}$$

式中，$Y_{\min,j}$ 为第 j 种越限指标的最小允许值。

基于各分布式电源关键指标，改善效果最好的目标分布式电源识别可用公式表示为

$$Y^{(k)} = \min_{i \in \Omega_{\mathrm{dg}}} \left\{ Y_i^{(k)} \right\} \tag{5.39}$$

式中，$Y^{(k)}$ 为所有分布式电源关键指标值中的最小值，即第 k 次分段计算中越限指标改善程度最好的值。$Y^{(k)}$ 所对应的分布式电源即为第 k 次分段计算中最终选择进行分布式电源容量削减的目标分布式电源。

协调倒推法的计算步骤如下：

(1)确定某线路分区中各分布式电源并网节点的集合 Ω_{dg} 和分布式电源最大可能容量值 $S_{\max,i}$；令 $k=1$，$S_{\mathrm{dg},i}=S_{\max,i}$；进行相关电气计算。

(2)校验约束条件，若满足所有约束条件则转至步骤(7)。

(3)针对越限指标集合 $\Omega_{\mathrm{ind}}^{(k-1)}$，基于灵敏度计算求解对应节点 i 且容量不为零分布式电源的 $Y_{j,i}^{(k)}$。

(4)基于式(5.37)和式(5.38)计算 $Y_i^{(k)}$。

(5)由式(5.39)得到 $Y^{(k)}$，将对应 $Y^{(k)}$ 的目标分布式电源容量减少一个分段容量ΔS。

(6)基于灵敏度更新各节点和各支路相应的指标，令 $k=k+1$，返回步骤(2)。

(7)基于商业软件的电气计算对计算结果进行微调。

(8)令 $C_{\mathrm{h},i}=S_{\mathrm{dg},i}$，由式(5.1)计算线路分区的承载力 C_{h}。

协调倒推法的计算流程如图 5.5 所示。

2. 协调顺推法

协调顺推法和协调倒推法求解思路类似，不同点是以系统内无分布式电源接入为初始状态，按分段容量ΔS逐步增加机组容量直至某一约束违限或所有分布式电源容量均达到其上限。

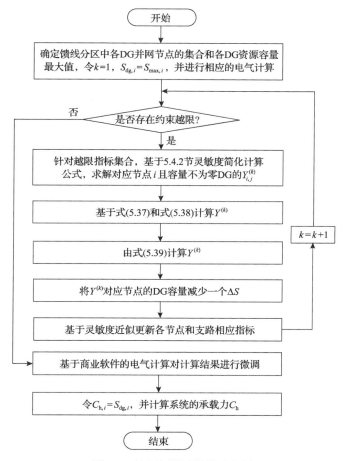

图 5.5　协调倒推法计算流程图

不同于式(5.37)，对于指标越上限的情况，协调顺推法中分布式电源关键指标的识别公式为

$$Y_i^{(k)} = \min_{j \in \Omega_{\mathrm{ind}}^{(k-1)}} \left\{ \frac{Y_{\mathrm{max},j} - Y_{j,i}^{(k)}}{Y_{\mathrm{max},j} - Y_j^{(k-1)}} \right\}, \quad i \in \Omega_{\mathrm{dg}} \tag{5.40}$$

不同于式(5.38)，对于指标越下限的情况，协调顺推法中分布式电源关键指标的识别公式为

$$Y_i^{(k)} = \min_{j \in \Omega_{\mathrm{ind}}^{(k-1)}} \left\{ \frac{Y_{j,i}^{(k)} - Y_{\mathrm{min},j}}{Y_j^{(k-1)} - Y_{\mathrm{min},j}} \right\}, \quad i \in \Omega_{\mathrm{dg}} \tag{5.41}$$

识别改善效果最好分布式电源公式为

$$Y^{(k)} = \max_{i \in \Omega_{dg}} \left\{ Y_i^{(k)} \right\} \tag{5.42}$$

协调顺推法计算流程如图 5.6 所示。

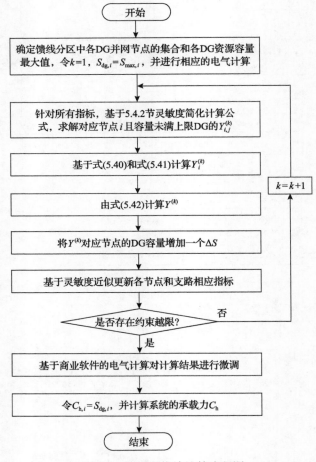

图 5.6　协调顺推法计算流程图

5.5　最大承载力评估算例

采用本章模型方法开发了计算程序，并将其应用于本算例的计算分析。

5.5.1　算例简介

本章算例为 45 节点双馈线(即 A 线和 B 线)辐射型 20kV 线路分区,其网络结构如图 5.7 所示,相应的支路阻抗和负荷数据与文献[20]相同。该线路分区共有 9 台分布式电源,其中风机机组共 4 台,接入节点分别为 A1、A6、A10 和 A14;光伏机组共 5 台,接入节点分别为 A18、A21、B7、B8 和 B18。根据相关技术导则,ε_{max} 和 ε_{min} 分别为+0.07 和–0.07,电压波动限值 d_{max} 为 3%,最大三相短路电流限值 I_{dmax} 为 20kA。

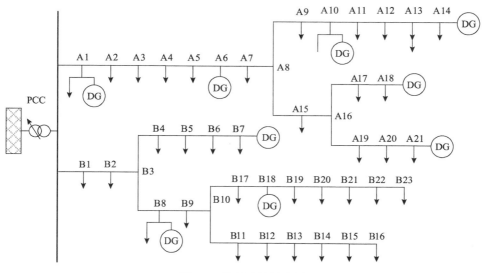

图 5.7　算例系统单线图

5.5.2　算例 5.1:单约束最大承载力计算分析

设线路分区各节点分布式电源最大可能容量如表 5.8 所示,本节就单约束分别为电压偏移、电压波动和短路电流的情况计算分析各节点和系统的最大承载力。

表 5.8　线路分区各节点分布式电源最大可能容量

接入点	分布式电源最大可能容量/(MV·A)	接入点	分布式电源最大可能容量/(MV·A)
A1	7.00	A21	4.00
A6	6.00	B7	7.80
A10	4.00	B8	7.80
A14	3.15	B18	7.80
A18	4.00		

1. 电压偏移

针对各分布式电源接入点在不同情况下的电压水平如图 5.8 所示。可以看出，无分布式电源并网时，由于配电网多为辐射状运行方式，电压水平沿着各分支线路逐渐降低，线路末端的电压最低；当线路分区内所有分布式电源按其最大容量并网时，分布式电源会抬高电压水平，导致电压偏移增大，且越靠近馈线末端，电压提升效果越明显，当并网容量过大时会导致部分电压偏移越上限(如 A 线大多数接入点)。

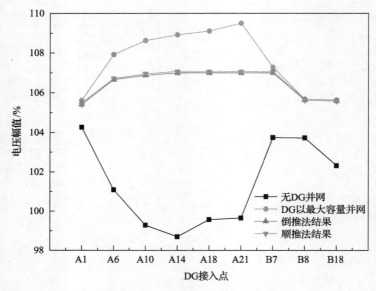

图 5.8　分布式电源接入点的电压偏移

在电压偏移单约束下，采用单约束顺推法和倒推法求得的各点电压水平如图 5.8 所示，最大电压为 107%临界处，刚好满足电压偏移约束，且顺推法和倒推法两种方法得到的电压曲线几乎重合，各节点和系统承载力结果如表 5.9 所示。

表 5.9　电压偏移单约束下的最大承载力

接入点	$C_{h,i}$/(MV·A)	接入点	$C_{h,i}$/(MV·A)
A1	7.00	A21	1.61
A6	6.00	B7	7.00
A10	4.00	B8	7.80
A14	2.52	B18	7.80
A18	2.80		

2. 电压波动

取线路分区位置的光伏和风电电压波动幅值系数 λ_{dg} =0.5，针对各分布式电源接入点在不同情况下的电压波动水平如图 5.9 所示。从图中可以看出，当线路分区内所有分布式电源按其最大容量并网时，线路末端处电压波动较大并导致电压波动越限（如 A 线大多数节点）。

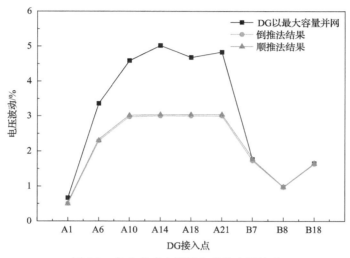

图 5.9　各分布式电源接入点的电压波动

在电压波动单约束下，采用单约束顺推法和倒推法求得的各点电压水平如图 5.9 所示，最大电压波动降低到 3%临界处，刚好满足电压波动约束，且顺推法和倒推法两种方法得到的电压波动曲线几乎重合，各节点和系统承载力结果如表 5.10 所示。

表 5.10　电压波动单约束下的最大承载力

接入点	$C_{h,i}$/(MV·A)	接入点	$C_{h,i}$/(MV·A)
A1	7.00	A21	1.53
A6	6.00	B7	7.80
A10	4.00	B8	7.80
A14	0.11	B18	7.80
A18	2.23		

3. 短路电流

当线路分区内所有分布式电源按其最大容量并网时，由短路计算可知图 5.7 中变压器低压母线短路电流为最大（为 19.88kA），其中上级电网提供的短路电流为 14.55kA，各分布式电源贡献的短路电流如表 5.11 所示。由于最大短路电流小于 20kA，各节点和系统的最大承载力即对应各分布式电源的最大容量，不用再进行最大承载力的优化计算。

表 5.11 变压器低压母线短路时各分布式电源提供的最大短路电流

分布式电源类型	接入点	I_d/kA
风电	A1	1.91
	A6	1.09
	A10	0.6
	A14	0.45
光伏	A18	0.17
	A21	0.17
	B7	0.34
	B8	0.34
	B18	0.34

从表 5.11 中可以看出，对于风电而言，离母线越近，容量越大，提供的短路电流越大；对于光伏而言，由于为恒电流源，相应的短路电流仅与其自身容量相关，与接入位置无关；相同容量下，光伏注入的短路电流一般较风电小。

5.5.3 算例 5.2：多约束最大承载力计算分析

本算例的多约束涉及电压偏移、电压波动和短路电流。假设变压器低压侧母线采用常调压(维持在 1.05p.u.)且其三相短路容量为 480MV·A，光伏和风电电压波动幅值系数 λ_dg 为 0.7。取容量分段步长 ΔS 为 0.01MW，分别对分布式电源资源大、中和小三种情况进行最大承载力计算。

1. 较大分布式电源资源

当分布式电源资源较大时，若将分布式电源最大可能容量接入电网，很有可能导致多个约束越限。假定各节点分布式电源最大可能容量是表 5.8 中相应数值的 1.3 倍且所有分布式电源按其最大可能容量并网，此时三类约束均有越限：电压最大值出现在节点 A21(22.46kV)，电压波动最大值出现在节点 A14(3.826%)，短路电流最大值出现在变压器低压母线(21.01kA)。

采用多约束顺推法和倒推法均需要考虑所有约束，结果如表 5.12 所示。其中的"单约束法"为基于 5.4.3 节的方法求解多约束问题的方法：首先分别求得不同单约束情况 $C_{\mathrm{h},i}$，然后取各单约束情况下对应节点 $C_{\mathrm{h},i}$ 中的最小值为最终值。

从表 5.12 可以看出，多约束协调法较"单约束法"获得的最大承载力提升了 8.06%～8.90%；由于协调法是启发式方法，采用顺推和倒推可能出现多解，但系统最大承载力计算结果接近(仅相差 0.76%)，这种情况下可以在多解中选择系统承载力最大的方案作为最终方案。

表 5.12　分布式电源资源大情况下的最大承载力

分布式电源类型	接入点	分布式电源最大可能容量/(MV·A)	最大承载力/(MV·A)		
			单约束法	协调法	
				倒推	顺推
风电	A1	9.10	2.21	9.09	6.77
	A6	7.80	7.80	5.40	7.80
	A10	5.20	4.22	0.00	0.00
	A14	4.75	1.41	0.00	2.73
光伏	A18	5.20	2.22	3.43	3.13
	A21	5.20	1.25	4.87	2.74
	B7	10.14	6.25	6.25	6.25
	B8	10.14	10.14	10.14	10.14
	B18	10.14	10.14	10.14	10.14
汇总	风电	26.85	15.64	14.49	17.30
	光伏	40.82	30.00	34.83	32.40
	总和	67.67	45.64	49.32	49.70

2. 适中的分布式电源资源

当分布式电源资源适中时，若将分布式电源最大可能容量接入电网，可能会导致部分约束越限。假定各节点分布式电源最大可能容量是表 5.8 中相应数值且所有分布式电源按其最大可能容量并网，此时三类约束中仅电压偏移越限：电压最大值出现在节点 A21，其标幺值为 1.095。若采用倒推法仅需考虑电压偏移约束；若采用顺推法则为多约束协调顺推法，需要考虑所有约束。计算结果如表 5.13 所示。可以看出，顺推和倒推协调法的系统最大承载力也较为接近(仅相差 2.1%)。

表 5.13　分布式电源资源适中情况下的最大承载力

分布式电源类型	接入点	分布式电源最大可能容量/(MV·A)	协调法最大承载力/(MV·A)	
			倒推	顺推
风电	A1	7.00	7.00	7.00
	A6	6.00	6.00	6.00
	A10	4.00	4.00	1.15
	A14	3.15	2.52	3.15
光伏	A18	4.00	2.79	2.82
	A21	4.00	1.62	2.81
	B7	7.80	7.00	7.00
	B8	7.80	7.80	7.80
	B18	7.80	7.80	7.80
汇总	风电	20.15	19.52	17.30
	光伏	31.40	27.01	28.23
	总和	51.55	46.53	45.53

3. 较小分布式电源资源

当分布式电源资源匮乏时，即使将分布式电源最大可能容量接入电网，也可能不存在任何约束越限。假定各节点分布式电源最大可能容量是表 5.8 中相应数值的 50%且所有分布式电源按其最大容量并网，此时三类约束均无越限。若采用倒推法可以直接识别各分布式电源最大容量即为对应最大承载力的结果；若采用顺推法需要考虑所有约束，但最终结果与倒推法相同。

5.5.4　算例 5.3：计算精度和效率分析

为简化计算精度和效率分析，仅采用图 5.7 中接入节点为 B7 和 B8 的两个分布式电源进行计算分析。该简化线路分区基本情况为：变压器低压侧母线采用常调压(维持在 1.05p.u.)且其三相短路容量为 665MV·A，两个分布式电源最大可能容量均为 10MV·A，光伏和风电电压波动幅值系数 λ_{dg} 为 0.5，容量分段步长 ΔS 为 0.002MV·A。

假设节点 B7 和 B8 接入分布式电源类型不同，可得到三类场景，即分别以 "WW"、"WP" 和 "PP" 表示的分布式电源 "全为风电"、"风光混合" 和 "全为光伏"。分别采用本章多约束协调法与枚举法求解，结果如表 5.14 所示(其中枚举法仅列出最优的三个解)。可以看出，三种场景下多约束协调法和枚举法得到的各节点承载力和系统最大承载力均相同；系统 C_h 较小时顺推法计算时间小于倒推法，C_h 接近上限值时倒推法计算时间小于顺推法，且多约束协调法计算时间远小于枚举法。

表 5.14　多约束协调法和枚举法计算结果与时间对比

场景	方法	$C_{h,B7}/(MV·A)$	$C_{h,B8}/(MV·A)$	$C_h/(MV·A)$	计算时间/min
WW	顺推	3.050	0.005	3.055	1.425
	倒推	3.050	0.005	3.055	4.938
	枚举	3.050	0.005	3.055	
		3.035	0.015	3.050	751.227
		3.020	0.030	3.050	
WP	顺推	1.335	10.000	11.335	5.365
	倒推	1.335	10.000	11.335	2.032
	枚举	1.335	10.000	11.335	
		1.330	10.000	11.330	649.200
		1.335	9.995	11.330	
PP	顺推	7.914	10.000	17.914	3.730
	倒推	7.914	10.000	17.914	0.705
	枚举	7.914	10.000	17.914	
		7.914	9.998	17.912	668.974
		7.912	10.000	17.912	

对于枚举法，若减小容量分段步长 ΔS 和/或增加电源点个数，计算量会呈指数型增长。例如，对于在节点 B7、B8 和 B18 接有风电的情况，对应容量分段步长 ΔS 分别为 0.5MV·A、0.2MV·A 和 0.1MV·A 的计算条件，协调顺推法较枚举法的计算时间分别提高了 244 倍、1218 倍和 5011 倍，且分段步长越小时协调法相对于枚举法的计算效率越高。

5.6　本　章　小　结

本章阐述了考虑多约束的多分布式电源接入配电网最大承载力计算模型和分段求解算法。

（1）介绍了分布式电源接入配电网最大承载力计算模型：以分布式电源并网容量最大为目标，约束涉及电压偏移、电压波动、短路电流、谐波和继电保护。

（2）阐述了基于约束指标相对于分布式电源容量灵敏度的优化模型分段求解方法；根据约束条件数量的不同，求解方法又分为单约束求解法和多约束协调法；依据分布式电源初始出力不同，求解方法又分为倒推法和顺推法。

（3）本章协调法能够处理多约束情况下多个不同类型分布式电源的最大承载力计算，计算过程直观、稳定且高效。

（4）算例表明了本章模型方法的有效和实用：

①顺推法和倒推法均为启发式方法，得到的各个分布式电源最大接入容量可能存在不完全一致的情况，但系统最大承载力计算结果较为接近；

②在分布式电源资源较小时，即使安装分布式电源最大可能容量都不会存在任何约束越限，此时采用倒推法计算量较小；

③在分布式电源资源充沛且按照分布式电源最大可能容量进行规划时，采用倒推法计算过程中可能会存在所有约束均越限的情况，此时若最终承载力结果较小顺推法计算量较小；

④对于存在多个约束越限的情况，多约束协调优化结果明显优于基于单约束法的优化结果。

参 考 文 献

[1] 沈鑫, 曹敏. 分布式电源并网对于配电网的影响研究[J]. 电工技术学报, 2015, 30(s1): 346-351.

[2] 曾鸣, 杜楠, 张鲲, 等. 基于多目标静态模糊模型的分布式电源规划[J]. 电网技术, 2013, 37(4): 954-959.

[3] 周良学, 张迪, 黎灿兵, 等. 考虑分布式光伏电源与负荷相关性的接入容量分析[J]. 电力系统自动化, 2017, 41(4): 56-61.

[4] Abad M S S, Ma J, Zhang D, et al. Probabilistic assessment of hosting capacity in radial distribution systems[J]. IEEE Transactions on Sustainable Energy, 2018, 9(4): 1935-1947.

[5] Wang Z, Wang X, Meng W, et al. Constraint models of voltage fluctuation limit on OLTC/SVR caused by DG power fluctuation and generator disconnection to assess their impacts on DG penetration limit[J]. IET Generation, Transmission & Distribution, 2017, 11(17): 4299-4306.

[6] 邹宏亮, 韩翔宇, 廖清芬, 等. 考虑电压质量与短路容量约束的分布式电源准入容量分析[J]. 电网技术, 2016, 40(8): 2273-2280.

[7] 姚宏民, 杜欣慧, 李廷钧, 等. 光伏高渗透率下配网消纳能力模拟及电压控制策略研究[J]. 电网技术, 2019, 43(2): 462-469.

[8] 赵波, 韦立坤, 徐志成, 等. 计及储能系统的馈线光伏消纳能力随机场景分析[J]. 电力系统自动化, 2015, 39(9): 34-40.

[9] 胡骅, 吴汕, 夏翔, 等. 考虑电压调整约束的多个分布式电源准入功率计算[J]. 中国电机工程学报, 2006(19): 13-17.

[10] 钟清, 高新华, 余南华, 等. 谐波约束下的主动配电网分布式电源准入容量与接入方式[J]. 电力系统自动化, 2014(24): 108-113.

[11] 王江海, 邰能灵, 宋凯, 等. 考虑继电保护动作的分布式电源在配电网中的准入容量研究[J]. 中国电机工程学报, 2010, 30(22): 37-43.

[12] 董逸超, 王守相, 闫秉科. 配电网分布式电源接纳能力评估方法与提升技术研究综述[J]. 电网技术, 2019, 43(7): 2258-2266.

[13] 谭笑, 王主丁, 李强, 等. 计及多约束的多分布式电源接入配电网最大承载力分段算法[J]. 电力系统自动化, 2020, 44(4): 72-80.

[14] 中华人民共和国国家标准. 电能质量 供电电压偏差(GB/T 12325—2008)[S]. 北京:中国电力出版社, 2008.

[15] 中华人民共和国国家标准. 电能质量 电压波动和闪变(GB/T 12326—2008)[S]. 北京:中国电力出版社, 2008.

[16] 中华人民共和国电力行业标准. 配电网规划设计规程(DL/T 5542—2018)[S]. 北京: 中国计划出版社, 2018.

[17] 国家电网公司企业标准. 分布式电源接入配电网设计规范(Q/GDW 11147—2013)[S]. 北京: 国家电网公司, 2014.

[18] Arrillaga J, Watson N R. 电力系统谐波[M]. 北京: 中国电力出版社, 2008.

[19] 陈珩. 电力系统稳态分析[M]. 3版. 北京: 中国电力出版社, 2007.

[20] Bignucolo F, Caldon R, Prandoni V. Radial MV networks voltage regulation with distribution management system coordinated controller[J]. Electric Power Systems Research, 2008, 78(4): 634-645.

第6章 基于分区分压的配电网供电能力计算

配电网供电能力反映了配电网满足负荷的能力，正逐渐成为评价配电网的一个重要指标。配电网供电能力的提升可以释放一次系统占有的资源，达到节省或推迟配电网投资的目的，而供电能力的定量计算对于配电网供电能力的提升具有重要的指导作用。本章从实际规划应用的目的出发，阐述了一套直观、简单、快速、稳定和有效的配电网整体供电能力计算模型和方法。

6.1 引　　言

配电网(最大)供电能力(total supply capability，TSC)一般是指在一定供电区域内配电网满足"N–1"安全准则的最大负荷供应能力。供电能力评估对于提升配电网的供电能力、制定升级和改造策略具有重要的参考价值。

现有的配电网供电能力计算方法由于系统规模大和复杂少有实际应用，主要可分为两大类：一类是将 TSC 建模为非线性规划问题[1~3](包括不计"N–1"安全准则的负荷供应能力计算[3])，这类方法为提高计算精度一般采用基于潮流的供电能力计算模型，涉及节点电压上下限约束，适用于配电网实际运行情况下的供电能力计算，但计算方法复杂且计算量大；另一类是将 TSC 建模为线性规划问题[4~9]，这类方法对计算模型进行了简化，一般没有考虑电压约束，适用于网架和负荷不十分确定情况下的规划态电网供电能力计算，但对于负荷较重的长线路存在计算误差大的问题(特别是对于"N–1"安全校验时负荷转供的情况)[10]。其中，文献[4]～[7]是在负荷未知的条件下，计算满足设备容量约束的配电网最大供电负荷；文献[8]和[9]考虑了已有负荷分布，不需要切减现有的负荷，但剩余供电能力(即增量供电能力)的计算仍然是在增量负荷未知的条件下进行的。考虑到负荷或增量负荷分布有其自身的规律且难以随意调整，这些仅基于网架结构和设备容量限制的方法得到的理想负荷分布在实际中可能根本不存在或很难发生。

本章从规划应用的目的出发，在考虑电压约束和中压负荷分布及其发展趋势约束的情况下，阐述了一套直观、简捷、稳定和有效的配电网整体供电能力计算模型和方法[11]，包括实际电网两种供电能力的定义、电压损耗转换为容量约束的简化计算公式、分区分压的供电能力计算(涉及台区、中压联络电网、高中压供电分区和高压联络电网等计算单元),以及配电网供电能力薄弱环节的识别和相应的提升措施。

6.2 计算边界和策略

本章考虑到各分区供电能力的相对独立和不同电压等级配电网间供电能力的相互制约和相互支撑,以及电压约束、负荷分布约束和负荷发展趋势约束,给出了多电压等级配电网整体供电能力的简化计算方法和流程。

6.2.1 两种供电能力的定义

实际配电网中通常存在结构上不满足"N–1"安全校验的局部网络(如单辐射线路且不能通过下级线路联络实现负荷转供),其满足"N–1"安全校验的最大安全输送容量为 0,但正常运行时仍有相应的最大负荷供应能力(即不满足"N–1"安全校验的配电网负荷供应能力[3])。因此,为了反映结构上不满足"N–1"安全校验局部网络的正常最大供电负荷,本章对两种供电能力进行了明确的定义:一是安全供电能力,即在满足"N–1"安全校验下配电网的最大负荷供应能力;二是准安全供电能力,即在安全供电能力的基础上增加了结构上不满足"N–1"安全校验的局部网络正常最大供电负荷。

6.2.2 实际配电网的简化条件

针对用于规划的配电网供电能力计算,通常缺乏详细的网架和负荷数据,且涉及的不确定性因素较多,精确计算意义不大;而具有一定精度的近似计算数据要求量小,且便于工程技术人员进行直观快速的计算分析。因此,本章实际配电网供电能力近似计算模型和方法主要采用了以下的简化条件。

(1)相同电压等级配电网的供电能力采用其电气上各相对独立分区供电能力直接累加求得;多电压等级配电网整体供电能力需要考虑各相关电压等级供电能力的相互制约和相互支撑。

(2)采用典型负荷分布情况下线路最大允许电压损耗约束代替节点电压上下限约束[12,13]。

(3)同一供电分区负荷功率因数和线路单位长度阻抗相同;忽略元件功率损耗。

6.2.3 负荷分布和发展趋势约束

目前,供电能力计算方法大都是在现有负荷或增量负荷分布未知的条件下,基于网架结构和设备容量限制得到理想负荷分布及其供电能力[1~9],而这种特定的理想负荷分布在实际中可能根本不存在或很难发生。这是因为：配电网负荷直接由各馈线或馈线段所带，设备"N-1"停运情况下的转移负荷即为相关馈线或馈线段所带负荷，其大小和变化趋势主要是由电网现状负荷分布及其增长特性确定，不是经供电能力优化后可以随意调整的；为了减小投资费用和运行费用，避免出现接线无序、供电范围不清晰和交叉供电等问题，负荷需要在相对独立的供电分区就近接入线路[14]，因此受负荷和线路通道的地理限制，以及受优化网架结构的约束，大规模调整负荷在馈线或馈线段间的分布是不切实际的，故对于较为确定的负荷分布及其发展趋势，供电能力计算中应该考虑相应的约束。鉴于实际负荷数据难于搜集的现实，本章仅在高中压配电网供电能力协调计算中考虑了中压负荷分布及其发展趋势。

6.2.4　基于分区的供电能力计算

为了实现配电网整体供电能力计算的由大到小和由繁到简，可以将相同电压等级供电区域划分为电气上(或供电能力上)相对独立的各供电分区。这些供电分区主要涉及两类：一是同电压等级各供电分区电气上相对独立，但可能存在上游或下游电气联系的局部配电网，如不同 T 和 π 接链式等典型的高压接线模式或不同多分段适度联络等中压接线模式；二是通过中压馈线相互联络的变电站馈线组合或分区。

基于供电分区的同电压等级配电网供电能力计算步骤为：首先，基于相同电压等级不同接线模式(或接线组)进行供电分区的划分；其次，针对电气上相对独立的各小规模供电分区分别进行供电能力的近似计算；最后，相同电压等级配电网供电能力采用其各分区供电能力直接累加求得。

6.2.5　基于分压的供电能力计算

近年来，为实现跨电压等级的"N-1"安全校验和相互支撑，配电网规划中普遍关心上下级配电网的协调。本章为此提出了如图 6.1 所示的多电压等级供电能力计算方法，综合考虑了低压、中压和高压设备(线路和变压器)的容量约束，中压转供能力和高压转供能力限制，以及不同电压等级配电网间供电能力的相互制约和相互支撑。

按电压等级由低到高的顺序，本章多电压等级配电网整体供电能力的计算步骤为：从低压配电网开始，首先以配电台区(即低压供电分区)为单元求得低压配电网的供电能力；再以中压联络电网(即中压供电分区)为单元，考虑中压联络配电网供电能力与之前计算的低压配电网供电能力配合(如取最小值)得到中压配电网的供电能力；接着以通过中压相互联络的变电站及其中压供电网为单元(即变电站馈线分区)，计算各变电站的供电能力；最后，以高压联络电网(即高压供电分区，可考虑中压转供)为单元求得高压配电网的供电能力。其中，求得的不同单元、不同电压等级配电网和高压变电站的供电能力分别代表相应供电分区的供电能力。

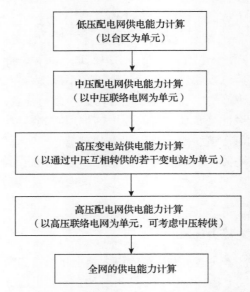

图 6.1　基于分区的多电压等级配电网整体供电能力计算流程图

6.3　电压损耗转换为容量约束

本节分别根据中压线路和高压线路的特点,提出了电压约束的简化处理思路,推导了将允许的电压损耗转换为相应允许容量的简化计算公式。

6.3.1　电压约束的简化处理思路

本章重点是对配电网将来供电能力的评估,由于不确定性因素较多,采用线路最大允许电压损耗约束代替节点电压上下限约束,并将线路最大允许电压损耗约束转化为相应的最大允许容量约束,之后的方法不再考虑电压约束。

本章定义基于电压的容量 $S_{v,l}$ 是指线路最大电压损耗等于其最大允许值时线路流过的视在功率。取基于电流的容量和基于电压的容量两者中的较小值,线路 l 满足允许电流和允许电压损耗后的持续极限输送容量可表示为

$$S_{c,l} = \min\left\{S_{n,l}, S_{v,l}\right\} \tag{6.1}$$

其中,

$$S_{n,l} = \sqrt{3}U_n I_{max,l} \tag{6.2}$$

式中,$S_{n,l}$ 为线路 l 基于电流的最大允许容量(或传统容量),即线路通过的视在功率不应大于线路允许电流对应的容量;U_n 为线路的额定电压;$I_{max,l}$ 为线路 l 的最大允许电流值。

6.3.2　中压线路的近似计算公式

1. 辐射式线路

对于辐射式线路 l，电压损耗可表示为[15]

$$\Delta U_l = G_u \frac{S_l r_l L_l \cos\alpha}{U_n} \left(1 + \frac{x_l}{r_l}\tan\alpha\right) \tag{6.3}$$

式中，L_l 和 $r_l + jx_l$ 分别为线路 l 的长度和单位长度的阻抗；S_l 和 $\cos\alpha$ 分别为线路 l 的总负荷及其功率因数；G_u 为不同典型负荷分布情况下的电压损耗系数，忽略高阶项的系数取值如表 6.1 所示[15]。

表 6.1　电压损耗系数表[15]

负荷分布形式	G_u
末端集中	1
均匀分布	0.5
渐增分布	0.67
递减分布	0.33
中间较重	0.5

根据式 (6.3)，辐射式线路 l 允许最大电压损耗对应的容量可表示为

$$S_{v,l} = \frac{\Delta U_{max1} U_n}{G_u L_l \cos\alpha (r_l + x_l \tan\alpha)} \tag{6.4}$$

式中，ΔU_{max1} 为线路允许的最大电压损耗。

2. 相互联络线路

以图 6.2 所示相互联络的两条中压线路 l 和 l' 为例，假设两条线路的长度分别为 L_l 和 $L_{l'}$，负荷分别为 S_l 和 $S_{l'}$，令 $\xi_0 = \cos\alpha(r_l + x_l \tan\alpha)/U_N$ 和 $\xi = G_u \xi_0$（以下称为等效电压损耗系数）。

图 6.2　两互相联络的中压线路示意图

→ 电源；--▶ 停运电源；▭ 联络；—— 中压线路

在线路 l' 侧电源停运和线路 l' 的负荷通过线路 l 转供的情况下：线路 l 的负荷在线路 l 上的等效电压损耗系数仍为 ξ；线路 l' 的负荷在线路 l 上的分布可看作集

中于线路 l 末端，相对于线路 l 的等效电压损耗系数为 ξ_0；记线路 l' 的负荷在线路 l' 上的等效电压损耗系数为 $\bar{\xi}$，其取值如表 6.2 所示。由表 6.2 可知，转供负荷的原始分布形式为末端集中分布时 $\bar{\xi}=0$，这是由于集中于线路 l' 末端的负荷由线路 l' 转供时不再流经线路 l'，相应的电压损耗为 0。

表 6.2　系数 $\bar{\xi}$ 取值表

转供负荷的原始分布形式	末端集中分布	均匀分布	渐增分布	递减分布	中间较重分布
$\bar{\xi}$	0	$0.5\,\xi_0$	$0.33\,\xi_0$	$0.67\,\xi_0$	$0.5\,\xi_0$

因此，基于式(6.3)，在线路 l' 失去主供电源的情况下，由线路 l 和线路 l' 组成的长线路电压损耗等于 $\Delta U_{\max 1}$ 时的线路负荷应满足的等式可表示为

$$\Delta U_{\max 1} = \xi S_l L_l + \tau_{l'} S_{l'} \left(\xi_0 L_l + \bar{\xi} L_{l'} \right) \tag{6.5}$$

式中，$\tau_{l'}$ 为由线路 l' 转移至线路 l 的负荷占线路 l' 总负荷的比例(如单联络为 1.0，负荷均匀分布情况下的两联络为 0.5)。

假设线路 l 和线路 l' 的最大负荷相同，则由线路 l 和线路 l' 组成的长线路运行时最大允许电压损耗对应的容量可表示为

$$S_{\mathrm{v},l} = S_l + \tau_{l'} S_{l'} = \frac{\left(\tau_{l'} + 1 \right) \Delta U_{\max 1}}{\xi L_l + \tau_{l'} \left(\xi_0 L_l + \bar{\xi} L_{l'} \right)} \tag{6.6}$$

当存在多条线路可由线路 l 转供时，应按上述方法计算相应的允许最大电压损耗对应的容量，并取其中最小值作为 $S_{\mathrm{v},l}$。

考虑到正常情况下 10kV 线路电压损耗分配值为 3%～5%[12,13]，而非正常情况下允许的线路最大电压损耗可以在此基础上再增加 5% 左右，因此本章分别采用了 4%、6%、8%、10% 和 12% 等最大允许电压损耗数值进行计算；同时假设线路 l 和 l' 上负荷的分布形式相同(但不限特定形式，如均匀分布)，功率因数为 0.9，$\tau_{l'}$ 为 1，线路单位长度阻抗如表 6.3 所示。据此针对不同的线路长度和型号，分别按式(6.6)计算对应不同最大允许电压损耗的容量，结果如表 6.4 所示。

表 6.3　不同型号线路的单位长度阻抗值

线路型号	$R/(\Omega/\mathrm{km})$	$X/(\Omega/\mathrm{km})$
LGJ-120	0.27	0.347
LGJ-150	0.21	0.34
LGJ-185	0.17	0.333
LGJ-240	0.132	0.325

表 6.4　中压线路基于电流和电压约束的允许容量

长度 $(L_l+L_{l'})$/km	线路型号	允许容量/(MV·A)					
		基于最大允许电压损耗					基于电流约束
		4%	6%	8%	10%	12%	
3+3	LGJ-185	4.47	6.71	8.94	11.18	13.42	8.92
	LGJ-240	5.12	7.68	10.24	12.80	15.36	10.56
5+5	LGJ-185	2.68	4.02	5.37	6.71	8.05	8.92
	LGJ-240	3.07	4.61	6.14	7.68	9.21	10.56
10+10	LGJ-120	1.01	1.52	2.03	2.54	3.04	6.58
	LGJ-150	1.19	1.78	2.37	2.97	3.56	7.71
	LGJ-185	1.34	2.01	2.68	3.35	4.02	8.92
	LGJ-240	1.54	2.30	3.07	3.84	4.61	10.56
15+15	LGJ-120	0.68	1.01	1.35	1.69	2.03	6.58
	LGJ-150	0.79	1.19	1.58	1.98	2.37	7.71
	LGJ-185	0.89	1.34	1.79	2.24	2.68	8.92
	LGJ-240	1.02	1.54	2.05	2.56	3.07	10.56

由表 6.4 可以看出，在线路长度 L_l 和 $L_{l'}$ 均小于 5km 且最大允许电压损耗大于 8%时，中压配电网一般可忽略允许的最大电压损耗约束，但线路长度 L_l 和 $L_{l'}$ 均大于等于 5km 的中压配电网需要考虑允许电压损耗约束的影响。

6.3.3　高压线路的近似计算公式

由于负荷集中分布于变电站，任一变电站负荷在高压线路上的分布形式均表现为负荷集中于某线路段的末端，相应的等效电压损耗系数均为 ξ_0。

1. 单辐射单变电站接线

单辐射单变电站接线不满足线路"N–1"安全校验，正常运行时电源出线允许最大电压损耗对应的容量可表示为

$$S_{v,1} = \frac{\Delta U_{max2}}{\xi_0 L_l} \tag{6.7}$$

式中，ΔU_{max2} 为高压配电网线路允许的最大电压损耗。

根据相关导则，非正常情况下高压配电网最大电压偏差不超过±10%[16]，即理想情况下线路最大电压损耗不超过 20%，正常情况下线路最大电压损耗不超过 7.5%[12,13]。假设功率因数为 0.9，针对不同的线路长度和型号，分别按式(6.7)计算对应不同最大允许电压损耗的容量，结果如表 6.5 所示。可以看出，若正常情况下线路允许最大电压损耗为 5%，长度小于 10km 的 110kV 线路和小于 5km 的

35kV 线路一般可忽略允许的电压损耗约束;若非正常情况下线路允许最大电压损耗为 10%,长度小于 30km 的 110kV 线路和小于 10km 的 35kV 线路一般可忽略允许的电压损耗约束。

表 6.5　110kV 和 35kV 线路基于电流约束和电压约束的允许容量

电压/kV	长度/km	线路型号	允许容量/(MV·A)			
			基于最大允许电压损耗			基于电流约束
			5%	10%	15%	
110	10	LGJ-240	213.35	426.71	640.05	116.22
		LGJ-300	236.88	473.77	710.64	135.27
		LGJ-400	272.05	544.11	816.15	160.99
	20	LGJ-240	106.68	213.35	320.04	116.22
		LGJ-300	118.44	236.88	355.32	135.27
		LGJ-400	136.03	272.05	408.09	160.99
	30	LGJ-240	71.12	142.24	213.36	116.22
		LGJ-300	78.96	157.92	236.88	135.27
		LGJ-400	90.68	181.37	272.04	160.99
	100	LGJ-240	21.34	42.67	64.02	116.22
		LGJ-300	23.69	47.38	71.07	135.27
		LGJ-400	27.21	54.41	81.63	160.99
35	5	LGJ-240	43.20	47.96	129.6	36.98
		LGJ-300	86.40	95.93	259.2	43.04
		LGJ-400	172.80	191.86	518.4	51.23
	10	LGJ-240	21.60	43.20	64.80	36.98
		LGJ-300	23.98	47.96	71.94	43.04
		LGJ-400	27.54	55.09	82.62	51.23
	20	LGJ-240	10.80	21.60	32.40	36.98
		LGJ-300	11.99	23.98	35.97	43.04
		LGJ-400	13.77	27.54	41.31	51.23
	50	LGJ-240	4.32	8.64	12.96	36.98
		LGJ-300	4.80	9.59	14.40	43.04
		LGJ-400	5.51	11.02	16.53	51.23

2. 双链 T 接

双链 T 接正常运行时的开关状态如图 6.3 所示,下面以电源 B 的出线停运且仅有电源 A 的一条出线运行为例进行基于最大允许电压损耗的线路 L_1 最大允许容量的公式推导。

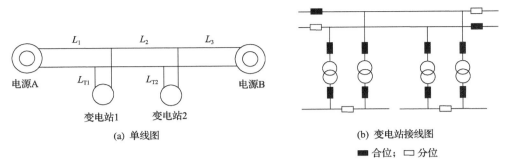

图 6.3 双链 T 接接线示意图

一般情况下，离上级电源较远的 110kV 变电站电压较低，基于式(6.3)，由线路 L_1 和 L_2 组成的长线路电压损耗等于 $\Delta U_{\max 2}$ 时的相关负荷应满足的等式可表示为

$$\Delta U_{\max 2} = \xi_0 \left[S_{T1} L_1 + S_{T2} \left(L_1 + L_2 + L_{T2} \right) \right] \tag{6.8}$$

式中，S_{T1} 和 S_{T2} 分别为变电站 1 和变电站 2 的最大允许负荷。

在假设各变电站负荷相同的条件下，由式(6.8)可得到变电站 2 的最大允许负荷 S_{T2} 为

$$S_{T2} = \frac{\Delta U_{\max 2}}{\xi_0 \left(2L_1 + L_2 + L_{T2} \right)} \tag{6.9}$$

从电源 A 出线由线路 L_1 和 L_2 组成的长线路的最大允许容量可表示为

$$S_{v,1} = S_{T1} + S_{T2} = \frac{2\Delta U_{\max 2}}{\xi_0 \left(2L_1 + L_2 + L_{T2} \right)} \tag{6.10}$$

类似于式(6.10)的推导过程，当电源 A 的出线停运时，受允许最大电压损耗的约束，从电源 B 出线由线路 L_3 和 L_2 组成的长线路的最大允许容量可表示为

$$S_{v,3} = \frac{2\Delta U_{\max 2}}{\xi_0 \left(L_2 + 2L_3 + L_{T1} \right)} \tag{6.11}$$

3. 双链 π 接

双链 π 接正常运行时的开关状态如图 6.4 所示，在两侧线路任意一回停运时，受影响的主变负荷可由变电站母联或高压联络线转供。下面分别就电源 A 和电源 B 的一回出线停运时，基于允许最大电压损耗推导线路的最大允许容量估算公式。

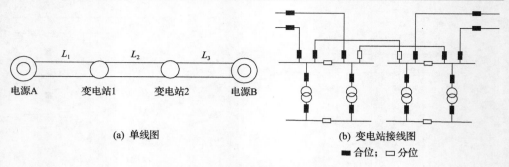

图 6.4　双链 π 接接线示意图

1)经变电站母联进行负荷转供

对于经变电站母联进行负荷转供的情况，当电源 A 的一回出线停运时，变电站 1 所带负荷全部由另一回 L_1 线路承担，因此受允许最大电压损耗的约束，线路 L_1 单回的最大允许容量可表示为

$$S_{v,11} = \frac{\Delta U_{max2}}{\xi_0 L_1} \tag{6.12}$$

2)经高压联络线进行负荷转供

对于经高压联络线进行负荷转供的情况，当电源 B 的一回出线停运，变电站 2 受影响的负荷通过联络线路 L_2 转由电源 A 供电。此时，线路 L_1 所带负荷为变电站 1 和变电站 2 的最大供电负荷的一半，由线路 L_1 和 L_2 组成的长线路电压损耗等于 ΔU_{max2} 时的相关负荷应满足的等式可表示为

$$\Delta U_{max2} = \frac{1}{2} \xi_0 \left[S_{T1} L_1 + S_{T2} (L_1 + L_2) \right] \tag{6.13}$$

类似于式(6.10)的推导过程，从电源 A 出线由线路 L_1 和 L_2 组成的一回长线路的最大允许容量可表示为

$$S_{v,12} = \frac{2\Delta U_{max2}}{\xi_0 (2L_1 + L_2)} \tag{6.14}$$

类似于式(6.12)和式(6.14)的推导过程，双链 π 接从电源 B 出线 L_1 单回线路的最大允许容量和由线路 L_3 和 L_2 组成的一回长线路的最大允许容量可分别表示为

$$S_{v,33} = \frac{\Delta U_{max2}}{\xi_0 L_3} \tag{6.15}$$

$$S_{v,32} = \frac{2\Delta U_{max2}}{\xi_0 (2L_3 + L_2)} \tag{6.16}$$

4. 基于最大允许电压损耗的出线容量估算公式汇总

采用类似上文的推导过程，可得到各典型接线基于最大允许电压损耗的出线容量估算公式，结果如表 6.6 所示。

表 6.6　各典型接线基于最大允许电压损耗的线路容量公式汇总

接线模式	基于电压的线路容量估算公式	接线模式	基于电压的线路容量估算公式
单辐射+1 站	$S_{v,1} = \dfrac{\Delta U_{max2}}{\xi_0 L_1}$	双链 T 接+2 站	$S_{v,1} = \dfrac{2\Delta U_{max2}}{\xi_0 (2L_1 + L_2 + L_{T2})}$ $S_{v,3} = \dfrac{2\Delta U_{max2}}{\xi_0 (L_2 + 2L_3 + L_{T1})}$
单辐射+2 站	$S_{v,1} = \dfrac{2\Delta U_{max2}}{\xi_0 (2L_1 + L_2)}$	双链 π 接+2 站 （或双环+2 站）	$S_{v,11} = \dfrac{\Delta U_{max2}}{\xi_0 L_1}$ $S_{v,12} = \dfrac{2\Delta U_{max2}}{\xi_0 (2L_1 + L_2)}$ $S_{v,33} = \dfrac{\Delta U_{max2}}{\xi_0 L_3}$ $S_{v,32} = \dfrac{2\Delta U_{max2}}{\xi_0 (L_2 + 2L_3)}$
双辐射+1 站 （或单环/单链+1 站）	$S_{v,1} = \dfrac{\Delta U_{max2}}{\xi_0 L_1}$	双链 T 接+3 站	$S_{v,1} = \dfrac{3\Delta U_{max2}}{\xi_0 (3L_1 + 2L_2 + L_3 + L_{T3})}$ $S_{v,4} = \dfrac{3\Delta U_{max2}}{\xi_0 (L_2 + 2L_3 + 3L_4 + L_{T1})}$
单环/单链+2 站	$S_{v,1} = \dfrac{2\Delta U_{max2}}{\xi_0 (2L_1 + L_2)}$ $S_{v,3} = \dfrac{2\Delta U_{max2}}{\xi_0 (L_2 + 2L_3)}$	三链 T 接+2 站	$S_{v,1} = \dfrac{2\Delta U_{max2}}{\xi_0 (2L_1 + L_2 + L_{T2})}$ $S_{v,3} = \dfrac{2\Delta U_{max2}}{\xi_0 (L_2 + 2L_3 + L_{T1})}$
双辐射 π 接+2 站	$S_{v,1} = \dfrac{2\Delta U_{max2}}{\xi_0 (2L_1 + 0.5L_2)}$	三链 T 接+3 站	$S_{v,1} = \dfrac{3\Delta U_{max2}}{\xi_0 (3L_1 + 2L_2 + L_3 + L_{T3})}$ $S_{v,4} = \dfrac{3\Delta U_{max2}}{\xi_0 (L_2 + 2L_3 + 3L_4 + L_{T1})}$
双辐射 T 接+2 站	$S_{v,1} = \dfrac{2\Delta U_{max2}}{\xi_0 (2L_1 + L_2 + L_{T2})}$	—	—

6.4　低压配电网供电能力计算

本章低压配电网供电能力计算涉及的分区或计算单元为各配电台区。

6.4.1　配电台区

在不考虑负荷发展趋势和在低压线路间相互转供的情况下，涉及配变和低压线路的配电台区供电能力可表示为

$$C_{\text{tq},i} = \min\left\{S_{\text{tq},i}, \sum_{l \in \Omega_{\text{lvx},i}} S_{\text{c},l}\right\} \tag{6.17}$$

式中，$C_{\text{tq},i}$ 为配电台区 i 的供电能力；$S_{\text{tq},i}$ 为配电台区 i 的配变容量；$S_{\text{c},l}$ 为低压线路 l 持续极限输送容量；$\Omega_{\text{lvx},i}$ 为配电台区 i 所有低压出线编号集合。

6.4.2　低压配电网

以配电台区为单元，低压配电网供电能力可表示为

$$C_{\text{lv}} = \sum_{i \in \Omega_{\text{tq}}} C_{\text{tq},i} \tag{6.18}$$

式中，Ω_{tq} 为低压配电网台区编号集合。

6.5　中压配电网供电能力计算

本章中压配电网供电能力计算涉及的分区或计算单元为各中压接线组。

6.5.1　中压接线组

本章定义中压接线组为中压局部联络电网，其内部各馈线通过联络开关相互支援(如各典型接线模式)。由于失去电源是最严重的故障情况，若某接线组中任意一条馈线在失去电源情况下所带负荷都能够得到转供，则该接线组满足"N-1"安全准则。因此，本章中压典型接线安全供电能力的计算将基于满足供电电源"N-1"停运情况下求解。

在不考虑低压配电网供电能力约束情况下，中压接线组 i 的安全供电能力 $C_{\text{mtc},i}^{0}$ 可表示为

$$C_{\text{mtc},i}^{0} = \sum_{l \in \Omega_{\text{mvx},i}} \left(\eta_{\max,l}^{0} S_{\text{c},l}^{0}\right) \tag{6.19}$$

式中，$S_{\text{c},l}^{0}$ 为中压线路 l 的持续极限输送容量；$\eta_{\max,l}^{0}$ 表示在不考虑低压供电能力约束情况下中压线路 l 的最大安全负载率；$\Omega_{\text{mvx},i}$ 为中压接线组 i 的线路编号集合。

其中，$\eta^0_{\max,l}$ 的取值一般为：单辐射线路为 0，"$n{-}1$"接线（如架空单联络或电缆单环网）为 0.5；架空两联络为 0.667；架空三联络及以上大于等于 0.75；两个单环网之间有联络的电缆双环依据不同的线路分段取值不同，通常在 0.5～0.67；电缆 N 供一备的任一主供线路为 1，备用线路为 0。

在不考虑负荷发展趋势和在低压线路间相互转供的情况下，综合考虑低压供电能力后中压接线组 i 的安全供电能力 $C_{\mathrm{mtc},i}$ 可定义为 $C^0_{\mathrm{mtc},i}$ 和相应低压配电网供电能力两者中的较小值，即

$$C_{\mathrm{mtc},i} = \min\left\{C^0_{\mathrm{mtc},i}, C_{\mathrm{lv},i}\right\} \tag{6.20}$$

式中，$C_{\mathrm{lv},i}$ 为由中压接线组 i 供电的低压配电网的供电能力。

考虑低压供电能力后中压线路 l 的最大安全输送容量 $S_{\mathrm{c},l}$ 可表示为

$$S_{\mathrm{c},l} = \eta_{\max,l} S^0_{\mathrm{c},l} \tag{6.21}$$

其中，

$$\eta_{\max,l} = \eta^0_{\max,l} \frac{C_{\mathrm{mtc},i}}{C^0_{\mathrm{mtc},i}}, \quad l \in \Omega_{\mathrm{mvx},i} \tag{6.22}$$

6.5.2　中压配电网

以中压接线组为计算单元，在不考虑负荷发展趋势和在低压线路间相互转供的情况下，中压配电网及其下游电网的整体供电能力可表示为

$$C_{\mathrm{mv}} = \sum_{i\in\Omega_{\mathrm{mtc}}} C_{\mathrm{mtc},i} \tag{6.23}$$

式中，C_{mv} 为中压配电网的供电能力；Ω_{mtc} 为中压配电网内接线组编号集合。

6.6　高压配电网供电能力计算

基于中压接线组的供电能力，本节高压配电网供电能力计算考虑了中压负荷的分布和发展趋势，以及变电站站内（通过母联开关）和站间（通过高压和中压线路）的负荷转移。

6.6.1　变电站馈线计算单元

变电站馈线计算单元或分区为通过馈线相互联络的变电站及其中压供电网络。

1. 供电能力计算模型

在考虑到站内负荷转移和经馈线站间负荷转移的情况下，变电站馈线计算单元供电能力计算涉及变电站主变容量、台数、站内站外主变间的联络方式、主变中压出线现状最大负荷及其变化趋势。对于变电站馈线计算单元的"N–1"安全校验，由于供电变电站侧停电最为严重，仅需考虑主变停运。因此，在正常运行情况下设备无过载且电压不越限的条件下，以馈线总负荷最大为目标，变电站馈线计算单元供电能力的计算模型可表示为

$$\max f_{\mathrm{s}} = \sum_{i \in \Omega_{\mathrm{f}}} S_i$$

$$\mathrm{s.t.} \begin{cases} \sum_{l \in \Omega_{\mathrm{tf},j}} S_l + \sum_{l' \in \Omega_{\mathrm{tf},j,k}} S_{l'}\tau_{l'} \leqslant S_{\mathrm{tn},j} \\ S_l + S_{l'}\tau_{l'} \leqslant S_{\mathrm{c},l} \\ S_i = S_{0,i} + \Delta S_i \\ i \in \Omega_{\mathrm{f}}, j \in \Omega_{\mathrm{t}}, k \in \Omega_{\mathrm{tt},j}, l \in \Omega_{\mathrm{tf},j}, l' \in \Omega_{\mathrm{tf},j,k}, \text{且}l'\text{可经}l\text{转供} \end{cases}$$

(6.24)

式中，$S_{\mathrm{tn},j}$ 为主变 j 的额定容量；Ω_{t} 和 Ω_{f} 分别为计算单元内所有主变编号和馈线编号的集合；$\Omega_{\mathrm{tt},j}$ 为与主变 j 直接联络的主变编号集合；$\Omega_{\mathrm{tf},j}$ 为主变 j 的中压出线编号集合；$\Omega_{\mathrm{tf},j,k}$ 为主变 k 停运时转移到主变 j 的中压出线编号集合；$S_{0,i}$、ΔS_i 和 S_i 分别为馈线 i 的现状负荷、负荷变化量和负荷总量。

由式(6.24)可以看出，若变电站馈线计算单元的网络拓扑结构不变，在馈线现状负荷分布及其变化趋势已知的情况下，该计算单元的供电能力具有唯一值。

2. 基于逐年负荷预测的计算模型

针对变电站馈线计算单元，若已知式(6.24)中馈线逐年负荷预测结果 ΔS_i，可逐年进行主变停运的"N–1"安全校验，直到主变或馈线容量不能满足要求为止，之前满足校验时的单元最大负荷即为该单元的整体供电能力。

3. 基于预设负荷增长模式的计算模型

负荷发展涉及因素非常多，准确预测比较困难，在没有准确负荷预测结果的情况下，若已知馈线现状负荷分布，可根据经验预设各馈线负荷的变化趋势进行供电能力的估算。本节假设各馈线负荷增长趋势为以下两种情况。

1)基于等负荷增长率的供电能力

(1)计算模型。

假定各馈线的负荷按相同负荷增长率增加，则供电能力计算模型(6.24)经变换后可表示为

$$\max \gamma$$

$$\text{s.t.} \begin{cases} \displaystyle\sum_{l \in \Omega_{\text{tf},j}} S_l + \sum_{l' \in \Omega_{\text{tf},j,k}} S_{l'}\tau_{l'} \leqslant S_{\text{tn},j} \\ S_l + S_{l'}\tau_{l'} \leqslant S_{\text{c},l} \\ S_i = \gamma \eta_{0,i} S_{\text{c},i} \\ i \in \Omega_{\text{f}}, j \in \Omega_{\text{t}}, k \in \Omega_{\text{tt},j}, l \in \Omega_{\text{tf},j}, l' \in \Omega_{\text{tf},j,k}, \text{且} l' \text{可经} l \text{转供} \end{cases}$$

$$(6.25)$$

式中，γ 为与负荷增长率相关的各馈线负荷变化比例因子；$\eta_{0,i}$ 为馈线 i 的现状负载率。

(2) 计算方法。

由式 (6.25) 可以看出，主变 j 所有出线所带负荷与主变 k 停运后通过联络线转移到主变 j 的所有馈线负荷之和不能大于主变 j 容量；主变 j 任一出线所带负荷与主变 k 停运后通过联络线转移到该出线的负荷之和不能大于该出线的容量。因此主变 k 停运情况下最大负荷变化比例因子应满足

$$\begin{cases} \gamma_{j,k}\left(\displaystyle\sum_{l \in \Omega_{\text{tf},j}} \eta_{0,l} S_{\text{c},l} + \sum_{l' \in \Omega_{\text{tf},j,k}} \eta_{0,l'} S_{\text{c},l'}\tau_{l'}\right) \leqslant S_{\text{tn},j} \\ \gamma_{j,k}\left(\eta_{0,l} S_{\text{c},l} + \eta_{0,l'} S_{\text{c},l'}\tau_{l'}\right) \leqslant S_{\text{c},l} \end{cases}$$

$$(6.26)$$

式中，$\gamma_{j,k}$ 为主变 k 停运后通过联络线向主变 j 及其出线转移负荷时为满足相关设备容量约束馈线负荷变化比例因子，在现状负荷满足 "$N-1$" 安全准则下，有 $\gamma_{j,k} \geqslant 1$。

由式 (6.26) 可以得到

$$\gamma_{j,k} = \min\left\{\frac{S_{\text{tn},j}}{\displaystyle\sum_{l \in \Omega_{\text{tf},j}} \eta_{0,l} S_{\text{c},l} + \sum_{l' \in \Omega_{\text{tf},j,k}} \eta_{0,l'} S_{\text{c},l'}\tau_{l'}}, \gamma_{\text{f},j,k}\right\}$$

$$(6.27)$$

其中，

$$\gamma_{\text{f},j,k} = \min_{l \in \Omega_{\text{tf},j,k}, l' \in \Omega_{\text{tf},j,k}}\left\{\frac{S_{\text{c},l}}{\eta_{0,l} S_{\text{c},l} + \eta_{0,l'} S_{\text{c},l'}\tau_{l'}}\right\}$$

$$(6.28)$$

遍历所有主变 j 和与其相联络的所有主变，得到不同主变匹配对的 $\gamma_{j,k}$ 并取其最小值，即为相应计算单元内馈线负荷变化的最大允许增长率 $\gamma_{\max}$，即

$$\gamma_{\max} = \min_{j \in \Omega_{\text{t}}}\left\{\min_{k \in \Omega_{\text{tt},j}}\left\{\gamma_{j,k}\right\}\right\}$$

$$(6.29)$$

变电站 i 及其下游电网的整体供电能力可表示为

$$C_{\mathrm{sub},i} = \gamma_{\max} \sum_{j \in \Omega_{\mathrm{t},i}} \sum_{l \in \Omega_{\mathrm{tf},j}} \eta_{0,l} S_{\mathrm{c},l} \tag{6.30}$$

式中，$C_{\mathrm{sub},i}$ 为变电站 i 的供电能力；$\Omega_{\mathrm{t},i}$ 为变电站 i 内主变编号集合。

（3）最大允许负荷变化比例因子计算步骤。

① 令 $\tilde{\Omega}_{\mathrm{t}} = \Omega_{\mathrm{t}}$。

② 将 j 设置为 $\tilde{\Omega}_{\mathrm{t}}$ 中的一个元素，令 $\tilde{\Omega}_{\mathrm{tt}} = \Omega_{\mathrm{tt},j}$。

③ 将 k 设置为 $\tilde{\Omega}_{\mathrm{tt}}$ 中的一个元素；按照式（6.27）计算 $\gamma_{j,k}$。

④ 将 k 从 $\tilde{\Omega}_{\mathrm{tt}}$ 中删除，若 $\tilde{\Omega}_{\mathrm{tt}}$ 不为空，跳转到步骤③。

⑤ 将 j 从 $\tilde{\Omega}_{\mathrm{t}}$ 中删除，若 $\tilde{\Omega}_{\mathrm{t}}$ 不为空，则跳转到步骤②。

⑥ 按照式（6.29）计算并输出 $\gamma_{\max}$。

最大允许负荷变化比例因子 $\gamma_{\max}$ 的计算流程图如图 6.5 所示。

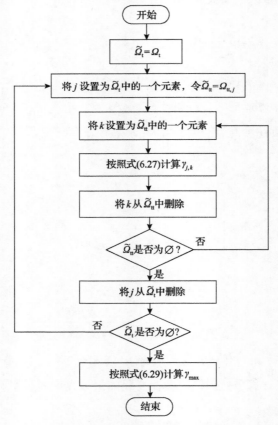

图 6.5　最大负荷变化比例因子计算流程图

2) 基于等负荷增长裕度的供电能力

基于等负荷增长率的供电能力计算可能导致设备出现重载和轻载的情况，为此假设可通过局部调整负荷尽量实现负荷在馈线间的均衡分布。

（1）计算模型。

假设在现有负荷的基础上，各线路的负荷增量按各线路最大允许的安全负荷增长裕度（即线路"$N-1$"最大安全负荷与现有最大负荷之差）乘以某一相同区间负荷增长比例因子得到，则式（6.24）的供电能力计算模型经变换后可表示为

$$\max \ \delta$$

$$\text{s.t.} \begin{cases} S_{\text{t},j} + S_{\text{f},j,k} \leqslant S_{\text{tn},j} \\ S_{\text{t},j} = \sum_{l \in \Omega_{\text{tf},j}} \left[\eta_{0,l} + \delta \left(\eta_{\max} - \eta_{0,l} \right) \right] S_{\text{c},l} \\ S_{\text{f},j,k} = \sum_{l \in \Omega_{\text{tf},j,k}} \left[\eta_{0,l} + \delta \left(\eta_{\max} - \eta_{0,l} \right) \right] \tau_l S_{\text{c},l} \\ j \in \Omega_{\text{t}}, \quad k \in \Omega_{\text{tt},j} \end{cases}$$

$$(6.31)$$

式中，δ 为馈线最大允许的区间负荷增长比例因子，$0 \leqslant \delta \leqslant 1$；$S_{\text{t},j}$ 为主变 j 正常运行时各出线带的最大负荷之和；$S_{\text{f},j,k}$ 为主变 k 停运时转移到主变 j 的各线路最大负荷之和。

（2）计算方法。

由式（6.31）可以看出，随着负荷的增长，主变 k 停运情况下最大允许的区间负荷增长比例因子应满足

$$\sum_{l \in \Omega_{\text{tf},j}} \left[\eta_{0,l} + \delta_{j,k} \left(\eta_{\max,l} - \eta_{0,l} \right) \right] S_{\text{c},l} + \sum_{l \in \Omega_{\text{tf},j,k}} \left[\eta_{0,l} + \delta_{j,k} \left(\eta_{\max,l} - \eta_{0,l} \right) \right] \tau_l S_{\text{c},l} \leqslant S_{\text{tn},j}$$

$$(6.32)$$

式中，$\delta_{j,k}$ 为主变 k 停运后为满足主变 j 容量约束相关联络馈线最大允许的区间负荷增长比例因子。

由式（6.32）可以得到

$$\delta_{j,k} = \frac{S_{\text{tn},j} - \left(\sum_{l \in \Omega_{\text{tf},j}} \eta_{0,l} S_{\text{c},l} + \sum_{l \in \Omega_{\text{tf},j,k}} \eta_{0,l} \tau_l S_{\text{c},l} \right)}{\sum_{l \in \Omega_{\text{tf},j}} \left(\eta_{\max,l} - \eta_{0,l} \right) S_{\text{c},l} + \sum_{l \in \Omega_{\text{tf},j,k}} \left(\eta_{\max,l} - \eta_{0,l} \right) \tau_l S_{\text{c},l}}$$

$$(6.33)$$

计算单元内最大允许的馈线区间负荷增长比例因子 $\delta_{\max}$ 可表示为

$$\delta_{\max} = \min_{j \in \Omega_t} \left\{ \min_{k \in \Omega_{tt,j}} \left\{ \delta_{j,k} \right\}, 1 \right\} \tag{6.34}$$

计算单元内变电站 i 及其下游电网的整体供电能力可表示为

$$C_{\mathrm{sub},i} = \sum_{j \in \Omega_{t,i}} \sum_{l \in \Omega_{tf,j}} \left[\eta_{0,l} + \delta_{\max} \left(\eta_{\max,l} - \eta_{0,l} \right) \right] S_{c,l} \tag{6.35}$$

（3）最大区间负荷增长比例因子计算步骤。

最大允许区间负荷增长比例因子 $\delta_{\max}$ 的计算步骤与最大允许负荷变化比例因子 $\gamma_{\max}$ 的计算步骤类似，只需将步骤③中的式（6.27）替换为式（6.33），步骤⑥中的式（6.29）替换为式（6.34），此处不再赘述。

6.6.2　高中压接线组

本章定义高中压接线组为高中压局部联络电网，其内部负荷可通过高中压联络开关和联络线路相互转供（如各高压典型接线模式及其供电馈线）。

1. 单辐射单变电站接线

单辐射单变电站接线满足线路"N–1"安全校验的供电能力为 0，线路 L_1 考虑电流和电压约束后的最大允许容量基于式（6.1）可表示为

$$S_{c,1} = \min \left\{ S_{n,1}, S_{v,1} \right\} \tag{6.36}$$

单辐射单变电站接线正常运行时的准安全供电能力为 $\min\left\{ S_{c,1}, C_{\mathrm{sub},1} \right\}$。

由文献[14]可知，A+、A、B、C 类供电区域高压配电网本级不能满足"N–1"安全校验时，应通过加强中压线路站间联络提高转供能力，以满足高压配电网供电安全准则。因此，若考虑到可通过中压站间联络线路转供负荷，单辐射单变电站接线整体安全供电能力 C'_{htc} 可表示为

$$C'_{\mathrm{htc}} = \min \{ S_{c,1}, C_{\mathrm{sub},1}, \sum_{l \in \Omega_{\mathrm{sf},1}} S_{\mathrm{ds},l} \} \tag{6.37}$$

式中，$\Omega_{\mathrm{sf},1}$ 为可转供变电站 1 负荷的中压联络线路编号集合（这些联络线的上级电网与相应高压停电元件相对独立）；$S_{\mathrm{ds},l}$ 为线路 l 为满足高压主变"N–1"安全校验预留的备用容量，可基于式（6.24）求得。

2. 双链 T 接

如图 6.3 所示的双链 T 接模式，一般情况下，由于线路 L_2 流过的负荷相较于线路 L_1 和线路 L_3 小，在计算供电能力时忽略线路 L_2 的容量约束。因此考虑电流

和电压约束后，串联线路的安全供电能力基于式(6.1)可表示为

$$S_{cl} = \min\left\{S_{v,1}, S_{n,1}, S_{v,3}, S_{v,3}\right\} \tag{6.38}$$

式中，S_{cl} 为双链 T 接接线模式下串联线路的供电能力。

T 接部分的供电能力涉及直接连接到变电站 1 和变电站 2 的 T 接线路，可表示为

$$S_{ct} = \min\left\{S_{c,T1}, S_{sub,1}\right\} + \min\left\{S_{c,T2}, S_{sub,2}\right\} \tag{6.39}$$

式中，$S_{c,T1}$ 和 $S_{c,T2}$ 分别为直接连接变电站 1 和变电站 2 的 T 接线路的供电能力。

双链 T 接接线整体安全供电能力可表示为

$$C_{htc} = \min\left\{S_{cl}, S_{ct}\right\} \tag{6.40}$$

若考虑到可通过中压站间联络线路转供负荷，双链 T 接接线整体安全供电能力 C'_{htc} 可表示为

$$C'_{htc} = S_{cl} + \min\left\{S_{ct} - S_{cl}, \sum_{l \in \Omega_{sf,1,2}} S_{ds,l}\right\} \tag{6.41}$$

式中，$\Omega_{sf,1,2}$ 为可转供变电站 1 和变电站 2 负荷的中压联络线路编号集合。

3. 双链 π 接

1) 经变电站母联进行负荷转供

如图 6.4 所示的双链 π 接，线路 L_1 和 L_3 考虑电流和电压约束后的安全供电能力基于式(6.1)可分别表示为

$$S_{c,1} = \min\left\{S_{n,1}, S_{v,11}\right\} \tag{6.42}$$

$$S_{c,3} = \min\left\{S_{n,3}, S_{v,33}\right\} \tag{6.43}$$

对于经变电站母联进行负荷转供的情况，电源 A(或电源 B)出线 L_1(或 L_3)一回线路停运时，变电站 1(或变电站 2)所带全部负荷由线路 L_1(或 L_3)的另一回线路承担，此部分负荷允许最大值为 $\min\{S_{c,1}, C_{sub,1}\}$ (或 $\min\{S_{c,3}, C_{sub,2}\}$)；变电站 2(或变电站 1)所带负荷不受影响，最大负荷为 $C_{sub,2}$(或 $C_{sub,1}$)。故满足线路 "N–1" 安全校验的安全供电能力可表示为

$$C_{\text{htc1}} = \min\left\{\min\left\{S_{c,1}, C_{\text{sub},1}\right\} + C_{\text{sub},2}, \ \min\left\{S_{c,3}, C_{\text{sub},2}\right\} + C_{\text{sub},1}\right\} \tag{6.44}$$

若考虑到可通过中压站间联络线路转供负荷,其安全供电能力 C'_{htc1} 可表示为

$$C'_{\text{htc1}} = \min\left\{S_{c,1} + \min\left\{C_{\text{sub},1} - S_{c,1}, \sum_{l \in \Omega_{\text{sf},1}} S_{\text{ds},l}\right\} + C_{\text{sub},2}, \ S_{c,3} + \min\left\{C_{\text{sub},2} - S_{c,3}, \sum_{l \in \Omega_{\text{sf},2}} S_{\text{ds},l}\right\} + C_{\text{sub},1}\right\} \tag{6.45}$$

式中, $\Omega_{\text{sf},1}$ 和 $\Omega_{\text{sf},2}$ 分别为可转供变电站 1 和变电站 2 负荷的中压联络线路编号集合。

2) 经联络线进行负荷转供

对于经联络线进行负荷转供的情况,线路 L_1 和 L_3 考虑电流和电压约束后的安全供电能力基于式(6.1)可分别表示为

$$S_{c,1} = \min\left\{S_{n,1}, S_{v,12}\right\} \tag{6.46}$$

$$S_{c,3} = \min\left\{S_{n,3}, S_{v,32}\right\} \tag{6.47}$$

对于经联络线进行负荷转供的情况,电源 A(或电源 B)出线 L_1(或 L_3)一回线路停运时,变电站 1 单台主变的负荷通过联络线路 L_2 转至线路 L_3(或 L_1)的一回线路上,此回 L_1(或 L_3)线路容量允许最大值可表示为 $\min\{S_{c,3}, (C_{\text{sub},1} + C_{\text{sub},2})/2\}$(或 $\min\{S_{c,1}, (C_{\text{sub},1} + C_{\text{sub},2})/2\}$);变电站 1 和 2 的其余负荷不受影响,即 $(C_{\text{Sub},1} + C_{\text{Sub},2})/2$。故满足线路"$N$–1"安全校验的安全供电能力可表示为

$$C_{\text{htc2}} = \min\left\{S_{c,1}, S_{c,3}, \frac{1}{2}\left(C_{\text{sub},1} + C_{\text{sub},2}\right)\right\} + \frac{1}{2}\left(C_{\text{sub},1} + C_{\text{sub},2}\right) \tag{6.48}$$

若考虑到可通过中压站间联络线路转供负荷,其安全供电能力 C'_{htc2} 可表示为

$$C'_{\text{htc2}} = \min\left\{S_{c,1} + \min\left\{\frac{1}{2}(C_{\text{sub},1} + C_{\text{sub},2}) - S_{c,1}, \sum_{l \in \Omega_{\text{sf},1,2}} S_{\text{ds},l}\right\},\right.$$

$$\left. S_{c,3} + \min\left\{\frac{1}{2}(C_{\text{sub},1} + C_{\text{sub},2}) - S_{c,3}, \sum_{l \in \Omega_{\text{sf},1,2}} S_{\text{ds},l}\right\}\right\} + \frac{1}{2}(C_{\text{sub},1} + C_{\text{sub},2}) \tag{6.49}$$

综上所述，双链 π 接满足线路"$N{-}1$"安全校验的安全供电能力可表示为

$$C_{\mathrm{htc}} = \min\left\{C_{\mathrm{htc1}}, C_{\mathrm{htc2}}\right\} \tag{6.50}$$

考虑到可通过站间中压联络线路转供负荷时，双链 π 接满足线路的安全供电能力可表示为

$$C'_{\mathrm{htc}} = \min\left\{C'_{\mathrm{htc1}}, C'_{\mathrm{htc2}}\right\} \tag{6.51}$$

4. 典型接线供电能力估算公式汇总

采用类似上文的推导过程，本章分别针对两种负荷转供方式(即仅通过高压和通过高中压转供负荷)，推导了高压配电网各典型接线的安全供电能力，结果如表 6.7 和表 6.8 所示。

表 6.7　高压典型接线基于高压线路负荷转供的安全供电能力估算公式汇总

接线模式	安全供电能力
单辐射+1 站	—
单辐射+2 站	—
双辐射+1 站(或单环/单+1 站)	$\min\left\{S_{\mathrm{c,1}}, C_{\mathrm{sub,1}}\right\}$
单环/单链+2 站	$\min\left\{S_{\mathrm{c,1}}, S_{\mathrm{c,3}}, C_{\mathrm{sub,1}} + \min\left\{S_{\mathrm{c,2}}, C_{\mathrm{sub,2}}\right\}, C_{\mathrm{sub,2}} + \min\left\{S_{\mathrm{c,2}}, C_{\mathrm{sub,1}}\right\}\right\}$
双辐射 π 接+2 站	$\min\left\{S_{\mathrm{c,1}}, C_{\mathrm{sub,1}} + \min\left\{2S_{\mathrm{c,2}}, C_{\mathrm{sub,2}}\right\}\right\}$
双辐射 T 接+2 站	$\min\left\{S_{\mathrm{c,1}}, \min\left\{S_{\mathrm{c,T1}}, C_{\mathrm{sub,1}}\right\} + \min\left\{S_{\mathrm{c,T2}}, C_{\mathrm{sub,2}}\right\}\right\}$
双链 T 接+2 站	$\min\left\{S_{\mathrm{c,1}}, S_{\mathrm{c,3}}, \min\left\{S_{\mathrm{c,T1}}, C_{\mathrm{sub,1}}\right\} + \min\left\{S_{\mathrm{c,T2}}, C_{\mathrm{sub,2}}\right\}\right\}$
双链 π 接+2 站(或双环+2 站)	$\min\Bigl\{\min\left\{S_{\mathrm{c,1}}, C_{\mathrm{sub,1}}\right\} + C_{\mathrm{sub,2}}, \min\left\{S_{\mathrm{c,3}},\ C_{\mathrm{sub,2}}\right\} + C_{\mathrm{sub,1}},$ $\min\left\{S_{\mathrm{c,1}}, S_{\mathrm{c,3}}, \frac{1}{2}\left(C_{\mathrm{sub,1}} + C_{\mathrm{sub,2}}\right)\right\} + \frac{1}{2}\left(C_{\mathrm{sub,1}} + C_{\mathrm{sub,2}}\right)\Bigr\}$
双链 T 接+3 站	$\min\left\{S_{\mathrm{c,1}}, S_{\mathrm{c,4}}, \min\left\{S_{\mathrm{c,T1}}, C_{\mathrm{sub,1}}\right\} + \min\left\{S_{\mathrm{c,T2}}, C_{\mathrm{sub,2}}\right\} + \min\left\{S_{\mathrm{c,T3}}, C_{\mathrm{sub,3}}\right\}\right\}$
三链 T 接+2 站	$\min\left\{2S_{\mathrm{c,1}}, 2S_{\mathrm{c,3}}, \min\left\{2S_{\mathrm{c,T1}}, C_{\mathrm{sub,1}}\right\} + \min\left\{2S_{\mathrm{c,T2}}, C_{\mathrm{sub,2}}\right\}\right\}$
三链 T 接+3 站	$\min\left\{2S_{\mathrm{c,1}},\ 2S_{\mathrm{c,4}}, \min\left\{2S_{\mathrm{c,T1}}, C_{\mathrm{sub,1}}\right\} + \min\left\{2S_{\mathrm{c,T2}}, C_{\mathrm{sub,2}}\right\} + \min\left\{2S_{\mathrm{c,T3}}, C_{\mathrm{sub,3}}\right\}\right\}$

表 6.8 高压典型接线基于高中压负荷转供的安全供电能力估算公式汇总

接线模式	安全供电能力
单辐射+1 站	$\min\left\{S_{\mathrm{c},1}, C_{\mathrm{sub},1}, \sum\limits_{l\in\Omega_{\mathrm{sf},1}} S_{\mathrm{ds},l}\right\}$
单辐射+2 站	$\min\left\{S_{\mathrm{c},1}, C_{\mathrm{sub},1} + \min(S_{\mathrm{c},2}, C_{\mathrm{sub},2}), \sum\limits_{l\in\Omega_{\mathrm{sf},1,2}} S_{\mathrm{ds},l}\right\}$
双辐射+1 站（单环/单链+1 站）	$S_{\mathrm{c},1} + \min\left\{C_{\mathrm{sub},1} - S_{\mathrm{c},1}, \sum\limits_{l\in\Omega_{\mathrm{sf},1}} S_{\mathrm{ds},l}\right\}$
单环/单链+2 站	$\min\left\{S_{\mathrm{c},1} + \min\left\{C_{\mathrm{sub},1} + S_{\mathrm{c},2} + \min\left\{C_{\mathrm{sub},2} - S_{\mathrm{c},2}, \sum\limits_{l\in\Omega_{\mathrm{sf},2}} S_{\mathrm{ds},l}\right\} - S_{\mathrm{c},1}, \sum\limits_{l\in\Omega_{\mathrm{sf},1}} S_{\mathrm{ds},l}\right\},\right.$ $\left. S_{\mathrm{c},3} + \min\left\{C_{\mathrm{sub},2} + S_{\mathrm{c},1} + \min\left\{C_{\mathrm{sub},1} - S_{\mathrm{c},1}, \sum\limits_{l\in\Omega_{\mathrm{sf},1}} S_{\mathrm{ds},l}\right\} - S_{\mathrm{c},3}, \sum\limits_{l\in\Omega_{\mathrm{sf},2}} S_{\mathrm{ds},l}\right\}\right\}$
双辐射 π 接+2 站	$\min\{S_{\mathrm{c},1}, C_{\mathrm{sub},1} + \min(2S_{\mathrm{c},2}, C_{\mathrm{sub},2})\} + \min\left\{\max\{C_{\mathrm{sub},1} + \min(2S_{\mathrm{c},2}, C_{\mathrm{sub},2}) - S_{\mathrm{c},1}, 0\}, \sum\limits_{l\in\Omega_{\mathrm{sf},1,2}} S_{\mathrm{ds},l}\right\}$
双辐射 T 接+2 站	$\min\{S_{\mathrm{c},1}, \; S_{\mathrm{c},3}, \min\{S_{\mathrm{c,T1}}, C_{\mathrm{sub},1}\} + \min\{S_{\mathrm{c,T2}}, C_{\mathrm{sub},2}\}\} + \min\left\{S_{\mathrm{ut}} + S_{\mathrm{ul}}, \sum\limits_{l\in\Omega_{\mathrm{sf},1,2}} S_{\mathrm{ds},l}\right\}$
双链 T 接+2 站	$S_{\mathrm{cl}} + \min\left\{S_{\mathrm{ct}} - S_{\mathrm{cl}}, \sum\limits_{l\in\Omega_{\mathrm{sf},1,2}} S_{\mathrm{ds},l}\right\}$
双链 π 接+2 站（或双环+2 站）	$\min\{C'_{\mathrm{htc1}}, C'_{\mathrm{htc2}}\}$
双链 T 接+3 站	$S_{\mathrm{cl}} + \min\left\{S_{\mathrm{ct}} - S_{\mathrm{cl}}, \sum\limits_{l\in\Omega_{\mathrm{sf},1,2,3}} S_{\mathrm{ds},l}\right\}$
三链 T 接+2 站	$S_{\mathrm{cl}} + \min\left\{S_{\mathrm{ct}} - S_{\mathrm{cl}}, \sum\limits_{l\in\Omega_{\mathrm{sf},1,2}} S_{\mathrm{ds},l}\right\}$
三链 T 接+3 站	$S_{\mathrm{cl}} + \min\left\{S_{\mathrm{ct}} - S_{\mathrm{cl}}, \sum\limits_{l\in\Omega_{\mathrm{sf},1,2,3}} S_{\mathrm{ds},l}\right\}$

注："双辐射 T 接+2 站"接线的安全供电能力公式中，S_{ut} 表示未能通过高压 T 接线路 T_1 和 T_2 转供的负荷大小，其表达式为 $S_{\mathrm{ut}} = \max\{C_{\mathrm{sub},2} - S_{\mathrm{c,T2}}, 0\} + \max\{C_{\mathrm{sub},1} - S_{\mathrm{c,T1}}, 0\}$；$S_{\mathrm{ul}}$ 表示未能通过高压线路 L_1 和 L_3 转供的负荷大小，其表达式为 $S_{\mathrm{ul}} = \max\{\min(S_{\mathrm{c,T1}}, C_{\mathrm{sub},1}) + \min(S_{\mathrm{c,T2}}, C_{\mathrm{sub},2}) - S_{\mathrm{c},1}, \; \min(S_{\mathrm{c,T1}}, C_{\mathrm{sub},1}) + \min(S_{\mathrm{c,T2}}, C_{\mathrm{sub},2}) - S_{\mathrm{c},3}, 0\}$。

6.6.3 高压配电网

高压配电网及其下游电网的整体供电能力计算以高压接线组为单元可表示为

$$C_{\mathrm{hv}} = \sum_{i=1}^{N_{\mathrm{htc}}} C_{\mathrm{htc},i} \tag{6.52}$$

式中，C_{hv} 为高压联络电网及其下游电网的整体供电能力；N_{htc} 为高压联络电网内高中压接线组的个数。

6.7　配电网供电能力分析和提升

通过对配电网供电能力的计算分析可找到相应的薄弱环节，并据此优选提升供电能力的规划方案。

6.7.1　配电网薄弱环节分析

配电网薄弱环节分析是从正常运行方式和 "N–1" 停运方式下提升供电能力的角度，量化计算各种情况下的设备容量需求，做到对配电网瓶颈线路和变压器的精确定位，并据此对瓶颈问题提出改造措施，避免较大范围的停电改造施工。由于高压、中压和低压配电网供电能力相互制约，可基于那些取最小供电能力的计算公式(如式(6.17)、式(6.22)和式(6.37)等)，明确限制整体供电能力的电压等级及其设备。其中，低压配电网可明确至配变台区或线路，中压配电网可明确至中压馈线，高压配电网可明确至主变和高压线路。

6.7.2　配电网供电能力提升措施

本章根据配电网薄弱环节的分析，从正常运行方式和 "N–1" 停运方式下设备负载均衡角度出发，总结归纳出制定配电网供电能力提升措施应遵循的原则：①尽量实现正常运行方式下线路和主变的负载均衡，容量大的主变出线数应较多，容量小的主变出线数应较少；②尽量实现主变 "N–1" 停运方式下负荷有所增加的线路和主变的负载均衡，容量大的主变联络线路数应较多，容量小的主变联络线路数应较少；③尽量减少每台主变与周边主变分别联络的线路组数；④通过中压配电网在变电站间快速转带负荷。

如前所述，大规模调整负荷在馈线或馈线段间的分布是不切实际的。因此，对于较为确定的负荷分布，可以优化的仅是负荷在馈线或馈线段间的局部调整[14,17]，以及各主变间线路的联络方式[18]。在不改变网架规模的情况下，基于提高配电网供电能力应遵循的原则，本章推荐的主要措施有：线路切改、新增负荷接入不同馈线、网络重构、主变间联络结构优化、线路分段联络结构优化、不同电压等级网架结构的协调优化和配电网自动化等(参见 2.2.1 节、11.3 节和 11.4 节)。

6.7.3　方案优选

针对某种确定负荷变化模式，基于供电能力提升措施应遵循的原则，可获得若干配电网供电能力提升方案并从中优选，相应的优选模型可表示为

$$\max f_{\mathrm{c},i} = \max_{k \in \Omega_{\mathrm{c},i}} \left\{ C_{i,k} \right\} \tag{6.53}$$

式中，$C_{i,k}$ 为在负荷变化模式 i 情况下对应第 k 个供电能力提升方案的供电能力；$\Omega_{\mathrm{c},i}$ 为在负荷变化模式 i 情况下供电能力提升方案的编号集合。

6.8 供电能力评估算例

6.8.1 算例 6.1：变电站馈线计算单元供电能力

为进行计算结果的比较，本算例借鉴了文献[8]的算例且不考虑电压约束和中压负荷站间转供。

1. 参考算例及其调整

1）参考算例

本节参考算例的电网结构如图 6.6 所示。图中有变电站两座；主变 4 台；20 条 10kV 馈线分别记为 1～20，相应负荷数值见文献[8]（总负荷为 88.97MV·A），馈线型号均为 JKLYJ-185，极限输送容量均为 11.30MV·A[8]；20 个馈线出口开关，编号为 1～20；11 个联络开关，编号为 100～110；两个分段开关，编号为 000 和 001；4 台主变变比为 35/10kV，容量均为 40MV·A。

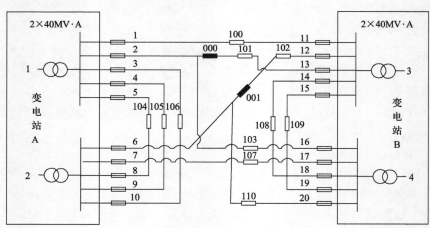

图 6.6 算例电网结构示意图

▭ 馈线出口开关； ▭ 联络开关； ▬ 分段开关； ◉◉ 主变

2）参考算例调整

考虑到参考文献[8]算例现状电网已经不满足"N-1"安全准则(如当主变 3 或主变 4 停运时，馈线 6 所带负荷将超过其极限容量)，本章删除了该文献算例中的负荷 S_{21} 和 S_{22}，只保留了负荷 S_1～S_{20}，相应的总负荷为 81.73MV·A，现状负荷分布及线路负载率如表 6.9 所示，且满足"*N*–1"安全准则。

表 6.9　删除文献[8]中的 S_{21} 和 S_{22} 后的现状电网负荷分布

馈线或馈线段编号	负荷/(MV·A)	现状负载率/%	最大安全负载率/%	馈线或馈线段编号	负荷/(MV·A)	现状负载率/%	最大安全负载率/%
1	3.04	0.27	0.5	11	3.45	0.305	0.5
2	1.01	0.09	0.4	12	4.77	0.422	0.5
3	5.98	0.529	0.53	13	3.77	0.334	0.5
4	4.1	0.363	0.5	14	4.81	0.426	0.5
5	4.65	0.412	0.5	15	3.42	0.303	0.5
6	3.19	0.282	0.5	16	6.77	0.599	0.6
7	3.32	0.294	0.5	17	3.46	0.306	0.5
8	3.84	0.34	0.5	18	3.68	0.326	0.5
9	4.13	0.365	0.5	19	5.07	0.449	0.5
10	4.5	0.398	0.47	20	4.77	0.422	0.5

注："*n*–1"接线的最大安全负载率一般为 0.5，若实际负载率已超过 0.5，取其自身负载率为最大安全负载率，与其联络的其他线路的最大安全负载率按"*n*–1"联络线路负载率之和为 1 计算(本算例不存在多条联络线路实际负载率之和大于 1 的情况)。

2. 供电能力计算分析

采用 6.6.1 节基于等负荷增长率的供电能力计算方法，可得到最大允许的负荷变化比例因子 γ_{max} 为 1.07824，变电站 A 和 B 的供电能力 $C_{sub,A}$ 和 $C_{sub,B}$ 分别为 40.714MV·A 和 47.418MV·A，整体安全供电能力为 88.132MV·A。

基于等负荷增长裕度的供电能力计算方法，可得到最大允许的区间负荷增长比例因子 δ_{max} 为 0.547，变电站 A 和 B 的供电能力 $C_{sub,A}$ 和 $C_{sub,B}$ 分别为 47.406MV·A 和 51.442MV·A，整体安全供电能力 98.848MV·A。

综上，采用等负荷增长率方法的计算结果比采用等负荷增长裕度方法小，这是由于：①馈线 3 与馈线 16 两条线路为重载线路，受"*N*–1"安全准则的约束使得全网的最大负荷变化比例因子 γ_{max} 很小；②等负荷增长裕度方法协调了不同容量裕度线路的负荷增长速度，充分利用了各线路的裕度空间。

3. 供电能力优化计算与分析

1)线路负载均衡措施

由于现状负荷相对较重的馈线有馈线 3 和馈线 16，基于负荷均匀分布和就近转移的原则，将高负载率馈线 3 的 2MV·A 负荷改由相邻最低负载率馈线 2 转供，将最高负载率馈线 16 的 2MV·A 负荷改由相邻馈线 2 和馈线 17 各转供 1MV·A。负荷调整前，最大负载率为 0.6，最小负载率为 0.09，平均负载率为 0.36；负荷调整后，最大负载率为 0.45，最小负载率为 0.27，平均负载率为 0.36。负荷调整后的负荷分布及线路负载率如表 6.10 所示。

表 6.10　线路负载调整后的负荷分布

馈线或馈线段编号	负荷/(MV·A)	现状负载率/%	最大安全负载率/%	馈线或馈线段编号	负荷/(MV·A)	现状负载率/%	最大安全负载率/%
1	3.04	0.27	0.5	11	3.45	0.31	0.5
2	4.01	0.35	0.5	12	4.77	0.42	0.5
3	3.98	0.35	0.5	13	3.77	0.33	0.5
4	4.1	0.36	0.5	14	4.81	0.43	0.5
5	4.65	0.41	0.5	15	3.42	0.3	0.5
6	3.19	0.28	0.5	16	4.77	0.42	0.5
7	3.32	0.29	0.5	17	4.46	0.4	0.5
8	3.84	0.34	0.5	18	3.68	0.33	0.5
9	4.13	0.37	0.5	19	5.07	0.45	0.5
10	4.5	0.4	0.5	20	4.77	0.42	0.5

注: "n–1"接线的最大安全负载率一般为 0.5, 若实际负载率已超过 0.5, 取其自身负载率为最大安全负载率, 与其联络的其他线路的最大安全负载率按"n–1"联络线路负载率之和为 1 计算(本算例不存在多条联络线路实际负载率之和大于 1 的情况)。

2) 主变负载均衡措施

由文献[18]和 6.8.3 节可知, 每台主变与周边主变分别进行联络的线路组数越少, 主变最大安全负载率越大, 供电能力越强。本算例中每台主变有五条出线, 而主变总数仅有 4 台, 所以每台主变可与周边主变分别采用 1~2(尽量避免 3)组联络线的方式组网。考虑到主变 1 与主变 2 之间相互联络的线路条数已达到 3, 故做如下的出线联络关系调整: 去掉原有的馈线 3 与馈线 10 之间的联络, 去掉原有的馈线 2 与馈线 16 之间的联络, 去掉原有的馈线 6 与馈线 20 之间的联络; 将馈线 3 与馈线 16 相互联络, 将馈线 10 与馈线 20 相互联络。经此调整后, 两台主变间出线联络的最大数目为 2, 最小数目为 1, 相应的电网结构如图 6.7 所示。

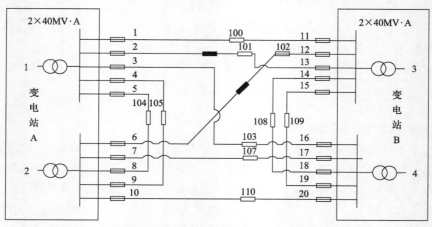

图 6.7　主变间联络方式调整后的电网结构示意图
—▭— 馈线出口开关; —▭— 联络开关; —■— 分段开关; —◯◯— 主变

3）供电能力计算分析

经采用上述线路和主变负载均衡措施后，按照等负荷增长率的计算方法，可得到最大负荷变化比例因子 γ_{max} 为 1.22，变电站 A 和 B 的安全供电能力 $C_{sub,A}$ 和 $C_{sub,B}$ 分别为 47.29MV·A 和 52.42MV·A，安全供电能力从调整前的 88.132MV·A 上升到 99.71MV·A。

按照等负荷增长裕度的计算方法，可得到最大允许的区间负荷增长比例因子 δ_{max} 为 1，供电能力已不受主变容量的约束，转而受线路容量约束。变电站 A 和 B 的安全供电能力 $C_{sub,A}$ 和 $C_{sub,B}$ 均为 56.5MV·A，安全供电能力从调整前的 98.848MV·A 上升到 113MV·A。

因此，本章供电能力提升原则合理、措施有效。

4．算例比较与分析

文献[8]和文献[9]与本章一样是在已知配电网现有负荷分布的情况下计算配电网的供电能力，但文献[8]和文献[9]没有考虑到负荷发展趋势的约束，其理想的负荷分布结果可能难于符合实际。本章供电能力计算是基于实际负荷分布及其发展趋势，供电能力优化也是基于现实可行的措施，结果符合实际，更有现实指导意义。

6.8.2　算例 6.2：多电压等级配电网供电能力

1．系统简介

多电压等级配电网高压接线如图 6.8 所示，包括三个典型接线模式，即涉及

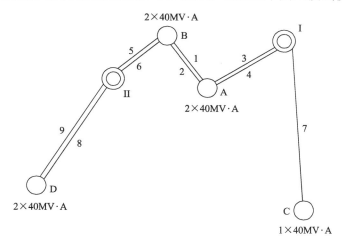

图 6.8　多电压等级配电网高压接线示意图

◎ 220kV变电站；　○ 35kV变电站；　—— 35kV线路

35kV 变电站 A 和 B 的双链 π 接、含 35kV 变电站 C 的单辐射单变电站接线和含 35kV 变电站 D 的双辐射单变电站接线。变电站 A、B、C 和 D 的主变变比均为 35kV/10kV，容量均为 40MV·A，各 35kV 高压线路的导线型号均为 LGJ-400 并且基于电流约束的容量均为 51.23MV·A，其长度如表 6.11 所示。

表 6.11　高压线路情况

线路编号	导线长度/km	线路编号	导线长度/km
1,2	6.3	7	24.8
3,4	9.2	8,9	35.2
5,6	7.5	—	—

变电站 A 和 B 的 10kV 中压出线均为手拉手联络线路，每条线路现状所带负荷均为 4.085MV·A；变电站 C 和 D 分别各出两条 10kV 线路相互联络，其余出线均为单辐射，且每条线路现状所带负荷均为 3.5MV·A。各变电站中压出线的其他相关数据如表 6.12 所示。

表 6.12　各变电站中压出线情况

变电站名称	出线条数	导线型号	基于电流的容量/(MV·A)	主干线平均长度/km	负荷分布形式
变电站 A	10	JKLYJ-185	11.30	3	均匀分布
变电站 B	10	JKLYJ-185	11.30	3	均匀分布
变电站 C	4	LGJ-185	8.92	7.6	中间较重
变电站 D	8	LGJ-185	8.92	6.3	均匀分布

2. 计算分析

1)低压配电网供电能力

经计算分析，变电站 A 和 B 每条中压出线低压配电网的供电能力大约为 9MV·A；变电站 C 和 D 每条中压出线低压配电网的供电能力大约为 8MV·A。

2)电压约束对线路允许容量的影响

对于变电站 A 和 B，由表 6.4 可以得到其相互联络的中压线路考虑最大允许电压损耗 10%后的容量与基于电流的容量基本相同，因此考虑和不考虑电压约束对变电站 A 和 B 中压线路最终容量都没有影响，为 5.65MV·A。

对于变电站 C 和 D，由式(6.4)可得到考虑正常运行最大允许电压损耗 5%后每条辐射式中压出线容量分别为 4.42MV·A 和 5.34MV·A(低于基于电流的容量 8.92MV·A)，但在不考虑电压约束影响的情况下会受到低压配电网的供电能力的约束，为 8MV·A；由表 6.4 估计得到每条相互联络 10kV 出线考虑最大允许电压损耗 10%后的容量分别为 2.265MV·A 和 2.735MV·A(参考表 6.4 考虑了基于电压的 5MV·A 容量约束)，但在不考虑电压约束影响的情况下均为 4.46MV·A。

对于单辐射 35kV 线路 7，由式 (6.7) 可得到考虑正常运行最大允许电压损耗 5% 后的容量为 11.12MV·A（低于基于电流的容量 51.23MV·A）；对于双辐射 35kV 线路 8 和 9，由式 (6.7) 可得到考虑"N–1"停运时最大允许电压损耗 10% 后的容量为 15.65MV·A；对于 35kV 线路 1~6，考虑电压约束后的容量均大于基于电流的容量 51.23MV·A。

3）中压配电网供电能力

在不考虑负荷发展趋势和在低压线路间相互转供的情况下，变电站 A 和 B 的每条中压出线的最大安全供电能力均为 5.65MV·A；对于变电站 C 和 D，每条相互联络 10kV 出线的安全供电能力分别为 2.265MV·A 和 2.735MV·A，每条辐射式 10kV 出线的准安全供电能力分别为 4.42MV·A 和 5.34MV·A，但在不考虑电压约束时每条相互联络 10kV 出线的安全供电能力均为 4.46MV·A，每条辐射式 10kV 出线的准安全供电能力均为 8MV·A。

综上，整个系统中压配电网安全供电能力为 123MV·A，准安全供电能力为 163.88MV·A。若不考虑电压约束的影响，中压配电网安全供电能力为 130.84MV·A，较考虑电压约束后的 123MV·A 增加了 6.37%；中压配电网准安全供电能力为 194.84MV·A，较考虑电压约束后的 163.88MV·A 增加了 18.89%。

4）高压配电网供电能力

本小节涉及负荷变化趋势（或预测）以及高中压配电网供电能力的协调。

(1) 变电站供电能力。

假设负荷按等负荷增长率变化，由 6.8.1 节可知，经供电能力优化后的最大负荷变化比例因子 γ_{max} =1.22，变电站 A 和 B 的安全供电能力分别为 47.29MV·A 和 52.42MV·A。

对于变电站 C 和 D，每条辐射式 10kV 出线的准安全供电能力均为 $\gamma_{max} \times 3.5$MV·A=4.27MV·A（满足基于电流和电压的容量约束），每条相互联络 10kV 出线的安全供电能力分别为 2.265MV·A 和 2.735MV·A（满足基于电压的容量约束）。因此，变电站 C 和 D 安全供电能力分别为 4.53MV·A 和 5.47MV·A，准安全供电能分别为 13.07MV·A 和 31.09MV·A。

若不考虑电压约束的影响，变电站 A 和 B 的供电能力不变；变电站 C 和 D 每条辐射式 10kV 出线的准安全供电能力基于比例因子 γ_{max} 仍为 4.27MV·A（小于低压配电网供电能力 8MV·A），每条相互联络 10kV 出线的安全供电能力均为 $\gamma_{max} \times 3.5$MV·A=4.27MV·A（小于基于电流的容量 4.46MV·A）。因此，变电站 C 和 D 的安全供电能力均为 8.54MV·A，准安全供电能分别为 17.08MV·A 和 34.16MV·A。

(2) 高压典型接线模式供电能力计算。

基于计算得到的变电站供电能力和式 (6.44)，双链 π 接接线的安全供电能力为 99.71MV·A，且可以在线路 "N–1" 停运的情况下仅通过高压线路全部转供；基于式(6.37)，单辐射单变电站接线的安全供电能力 4.53MV·A，准安全供电能力为 13.07MV·A；基于表 6.8 的相应计算公式，双辐射单变电站接线的安全供电能力为 5.47MV·A，准安全供电能力为 31.09MV·A。

若不考虑电压约束的影响，双链 π 接接线的供电能力不变；单辐射单变电站接线的安全供电能力 8.54MV·A，准安全供电能力为 17.08MV·A；双辐射单变电站接线的安全供电能力为 8.54MV·A，准安全供电能力为 34.16MV·A。

(3)高压配电网的整体供电能力。

根据式(6.52)，高压配电网的整体安全供电能力为 109.71MV·A，准安全供电能力为 143.87MV·A。若不考虑电压约束的影响，高压配电网的整体安全供电能力为 116.79MV·A，较考虑电压约束的 109.71MV·A 增加了 6.45%；准安全供电能力为 150.95MV·A，较考虑电压约束的 143.87MV·A 增加了 4.92%。

6.8.3　算例 6.3：主变间联络结构优化措施

作为提升配电网供电能力的主要措施之一，基于全局统筹的各主变出线联络结构优化可显著提升主变的设备利用率[18]。

1. 优化依据

依据相关规划导则[19]，不同类型地区推荐的变电站主变台数、主变容量及常用主变推荐的出线间隔数如表 6.13 和表 6.14 所示。

表 6.13　不同类型地区变电站建设规模

供电区域类型	台数/台	单台容量/(MV·A)
A+、A 类	3～4	63、50
B 类	2～3	63、50、40
C 类	2～3	50、40、31.5
D 类	2～3	40、31.5、20
E 类	1～2	20、12.5、6.3

表 6.14　不同主变容量的 10kV 出线规模

主变容量/(MV·A)	推荐间隔数/个
63	12～16
50	12～16
40	8～12
31.5	8～12
20	6～8

基于相关技术导则中主变安全负载率(双主变 65%，三主变 87%，四主变近似 100%)和推荐的导线选型，以及单主变最大负载率按 80%为重载考虑，可计算得到不同场景下线路的允许的最大负载率，结果如表 6.15 所示。

表 6.15　基于主变安全负载率的线路最大负载率

容量/(MV·A)	线路条数	线路最大负载率/%							
		单主变		双主变				三主变	四主变
		JKLYJ-120	JKLYJ-150	JKLYJ-120	JKLYJ-150	JKLYJ-185	YJV22-3×300	YJV22-3×300	YJV22-3×400
20	6	41.52	36.32	33.8	29.5	—	—	—	—
	8	31.2	27.2	25.3	22.1	—	—	—	—
31.5	8	49.12	42.88	39.9	34.8	30.2	—	—	—
	12	32.72	28.56	26.6	23.2	20.1	—	—	—
40	8	—	—	—	—	38.3	31.4	42.1	45.7
	12	—	—	—	—	25.6	21.0	28.1	30.5
50	12	—	—	—	—	31.9	26.2	35.1	38.1
	16	—	—	—	—	24.0	19.6	26.3	28.6
63	12	—	—	—	—	40.3	33.0	44.2	48.0
	16	—	—	—	—	30.2	24.8	33.1	36.0

由表 6.15 可以看出，与主变安全负载率对应的线路负载率约为 40%的经济负载率[20]。因此，在走廊通道资源充足的前提下，宜尽量推广架空单联络、电缆单环网或双环网接线，当其以经济负载率运行时不仅可以满足线路安全负载率，而且结构简单、运维便捷和改造便利。

2. 主变安全负载率分析

为从宏观上定量分析主变间联络组网方式，假设各条馈线所带负荷相同(即线路负载均衡)且暂不考虑其线路容量(可以通过校验结果进行修正)，经式(6.24)的简化变换，主变 i 以百分数表示的最大安全负载率 η_i 可写为

$$\eta_i = \frac{n_i}{n_i + \Delta n_i} \times 100 \tag{6.54}$$

式中，n_i 为主变 i 正常运行时的出线数；Δn_i 为因其他主变"N–1"停运需由主变 i 转带的最大线路数(即两台主变间的联络线组数)。

基于不同主变容量及其出线规模，对于两台主变间不同的联络线组数，由式(6.54)可得到满足主变"N–1"安全校验的主变及其出线最大负载率，结果

如表 6.16 所示。

表 6.16 两台主变间不同联络线组数对应的主变及其出线最大安全负载率

容量 /(MV·A)	n_i /条	主变及其出线最大安全负载率/%							
		$\Delta n_i=1$		$\Delta n_i=2$		$\Delta n_i=3$		$\Delta n_i=4$	
		主变	线路	主变	线路	主变	线路	主变	线路
20	6	85.71	27.08	75.00	23.70	66.67	21.06	—	—
	8	88.89	21.06	80.00	18.96	72.73	17.23	66.67	15.80
31.5	8	88.89	33.18	80.00	29.86	72.73	27.14	66.67	24.88
	12	92.31	22.97	85.71	21.33	80.00	19.91	75.00	18.66
40	8	88.89	42.13	80.00	37.91	72.73	34.47	66.67	31.60
	12	92.31	29.17	85.71	27.08	80.00	25.28	75.00	23.70
50	8	88.89	52.66	80.00	47.39	72.73	43.09	66.67	39.50
	14	93.33	31.59	87.50	29.62	82.35	27.88	77.78	26.33
63	12	92.31	45.94	85.71	42.65	80.00	39.81	75.00	37.32
	16	94.12	35.13	88.89	33.18	84.21	31.43	80.00	29.86

由表 6.16 可以看出，两台主变间联络线组数越少(或与一台主变相联络的主变台数越多)，主变安全负载率越大，线路安全负载率越大，供电能力越强，因此仅从供电能力的提升来看应尽可能减少两台主变间联络线组数；在两台主变间联络线组数相同的情况下，主变出线条数越多，主变安全负载率越高，但线路安全负载率越低。

特别要注意的是，当两台主变间联络线组数为 1 时，变电站和线路负载率分别可提升至 85.7%～94.12%之间和 21.06%～52.66%之间，其中对于较大容量主变(即 40MV·A、50MV·A 和 63MV·A)分别可达 88.89%～94.12%之间和对应的 29.17%～52.66%之间；当两台主变间联络线组数为 2 时，变电站和线路负载率可分别提升至 75%～88.9%之间和 18.96%～42.65%之间，其中对于较大容量主变分别可达 80%～88.89%之间和对应的 27.08%～47.39%之间。

3. 主变组网优化

对于主变间采用 1 组联络线的组网方式，主变最大安全负载率最高，但与每一主变发生联络的主变台数较多，主变间的接线也可能趋于复杂，而且对于负荷密度较低的区域或电网发展过渡期间，单主变站和双主变站较多且变电站分布较为分散，难以实现两台主变间采用 1 组联络线的方式组网。

对于主变间采用 2 组联络线的组网方式，较大容量主变的最大安全负载率为 80%～88.89%，接近三主变站安全负载率 87%。

对于主变间采用 3～4 组联络线的组网方式，主变最大安全负载率偏低，低于相关技术导则中三主变站安全负载率 87%的规定，主变设备利用率不高。

基于上述分析，兼顾接线简洁和设备利用率，本章推荐主变间成片组网的简单规则：每台主变与周边主变分别采用 2 组联络线的方式组网；对于因通道紧张而出线困难的情况，也可在两台主变间仅采用 1 组联络线来提高主变设备利用率。对于某变电站与周边六座、四座、三座和两座变电站发生联络的典型情况，主变间成片组网或联络方式如图 6.9 所示(图中相连的三个圆点代表相应变电站的不同主变，不同灰度和线型代表不同主变供电的线路)。

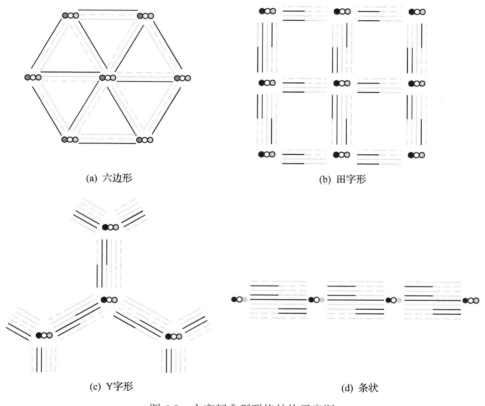

(a) 六边形　　　　　　　　　　　　　(b) 田字形

(c) Y字形　　　　　　　　　　　　　(d) 条状

图 6.9　主变间典型联络结构示意图

值得注意的是，现有相关技术导则中主变最大负载率一般是指：首先，仅在站内转移负荷的情况下，主变负载率不超过 130%；然后，在短时(如 2 小时)内将主变过载负荷进行站间转移或切除。这种负荷转移方式存在的问题是：没有提出短时过载负荷站间转移的具体方案；对于最大负载率接近 100%的四主变站，难于接纳相邻变电站的过载负荷，影响系统整体供电安全水平。

本章推荐的简单规则既能兼容和完善现有导则，又能适应电网的发展：

首先，是简单规则的兼容性：较大容量主变的安全负载率可提升至 85.7%～88.9%，满足现有相关技术导则双主变 65% 和三主变 87% 的要求。

然后，是简单规则对现有导则完善：①提供了如何进行短时过载负荷站间转移的优化解决方案；②对于新增落点困难的负荷集中区或四主变站，也可考虑在两台主变间仅采用 1 组联络线，以使主变在超过 90% 负载率时仍满足"N–1"安全校验。

最后，是简单规则的适应性，随着站间负荷转移自动化水平的提高，简单规则可使中压配电网对上级配电网形成了强有力支撑：①对于任何主变台数的变电站，较大容量主变"N–1"停运的安全负载率可提升至 85.7%～88.9%，且不依赖短时过载；②高压配电网可以弱化以节省投资，容载比有望下降至 1.3～1.5。

6.9　本 章 小 结

本章从规划应用的目的出发，阐述了基于分区分压的配电网整体供电能力计算的实用模型和方法，得到以下结论：

(1)明确定义了两种配电网供电能力，即安全供电能力和准安全供电能力，其中的准安全供电能力用以考虑实际配电网中因结构上不满足"N–1"安全校验的局部网络的正常最大供电负荷。

(2)基于电气上相对独立的各供电分区，同时考虑到不同电压等级配电网间供电能力的相互制约和相互支撑，阐述了由大化小和由繁化简的多电压等级配电网整体供电能力的简化计算方法(其中同一电压等级配电网供电能力采用其不同供电分区供电能力直接累加求得)。通过分区分压的计算过程可以比较直观方便地识别配电网的薄弱环节，用以作为制定提升供电能力措施或方案的依据。

(3)将节点电压上下限约束简化为最大允许线路电压损耗约束，进而转化为线路容量约束，使得考虑容量约束时可自动考虑电压约束，简化了评估流程且更符合实际，在计算量增加较小的情况下巧妙解决了因忽略电压约束造成计算误差大的问题；针对通过中压线路相互联络的高中压供电分区，根据现有的中压负荷分布及其变化趋势求得相应的最大供电能力，结果更加符合实际。

(4)为了便于人工计算或干预，推导了将高压和中压典型接线允许电压损耗转化为相应容量约束的近似计算公式，并推导了高压和中压典型接线模式供电能力的近似计算公式。这些公式便于人工计算，具有较大的工程实用价值。

(5)算例表明不考虑电压约束可能产生较大的供电能力计算误差，不同电压等级配电网供电能力的协调和设备负载均衡措施可显著提升配电网的整体供电能力。其中，线路负载均衡措施或基于等负荷增长裕度的负荷增长方式可充分利用各馈线容量；主变负载均衡措施(特别是减少每台主变与周边各主变间相互联络的线路组数)可充分利用各主变容量。

(6)基于供电能力提升和接线简洁的权衡，推荐了每台主变与周边主变分别采用 2 组联络线的简单组网规则，主变最大安全负载率为 85.7%～88.9%(与变电站主变台数无关)，既能兼容和完善现有导则，又能适应电网的发展。因此，通过主变和线路负载率均衡并结合本章给出的简化估算公式，可直观快速求得多电压等级配电网的整体供电能力。

(7)与现有用于规划的供电能力计算方法不同，本章模型和方法更加符合实际，而且直观、简单、快速、稳定和有效，便于在实际工程中推广运用。只要掌握了本章的基本思路和方法，规划人员可借助简单的计算工具甚至仅依靠人工完成具体工作。

参 考 文 献

[1] 刘洪, 李吉峰, 张家安, 等. 考虑可靠性的中压配电系统供电能力评估[J]. 电力系统自动化, 2017, 41(12): 154-160.

[2] 肖峻, 刘世嵩, 李振生, 等. 基于潮流计算的配电网最大供电能力模型[J]. 中国电机工程学报, 2014, 34(31): 5516-5524.

[3] Fan T, Chen X, Liao Y, et al. The maximum power supply capability calculation based on the actual load characteristics[C]//IEEE International Conference of IEEE Region 10, Xi'an, 2013.

[4] 中国电力企业联合会标准. 配电网供电能力计算导则(T/CEC 274—2019)[S]. 北京: 中国电力企业联合会, 2019.

[5] 葛少云, 韩俊, 刘洪, 等. 计及主变过载和联络容量约束的配电系统供电能力计算方法[J]. 中国电机工程学报, 2011, 31(25): 97-103.

[6] 刘洪, 郭寅昌, 葛少云, 等. 配电系统供电能力的修正计算方法[J]. 电网技术, 2012, 36(3): 217-222.

[7] 范黎, 隗震, 娄素华, 等. 配电项目最大供电能力及增供电量效益的评估[J]. 电工技术学报, 2017, 32(s1): 84-91.

[8] 赵志强, 高跃, 付高善, 等. 配电系统实际运行的剩余供电能力计算方法[J]. 现代电力, 2018, 35(4): 59-65.

[9] 甄国栋, 高新智, 于树刚, 等. 配电网的剩余供电能力实用模型[J]. 电网技术, 2018, 42(10): 3420-3432.

[10] 肖峻, 郭晓丹, 王成山, 等. 配电网最大供电能力模型解的性质[J]. 电力系统自动化, 2013, 37(16): 59-65.

[11] 孙东雪, 王主丁, 田园, 等. 基于分区分压的配电网供电能力计算实用方法[J]. 电网技术, 2020, 44(8): 3081-3089.

[12] 国家电网公司企业标准. 城市电力网规划设计导则(Q/GDW 156—2006)[S]. 北京: 国家电网公司, 2006.

[13] 国家电网公司农电工作部. 农村电网规划培训教材[M]. 北京: 中国电力出版社, 2006.

[14] 明煦, 王主丁, 王敬宇, 等. 基于供电网格优化划分的中压配电网规划[J]. 电力系统自动化, 2018, 42(22): 159-164, 186.

[15] 向婷婷, 王主丁, 刘雪莲, 等. 中低压馈线电气计算方法的误差分析和估算公式改进[J]. 电力系统自动化, 2012, 36(19): 105-109.

[16] 电力工业部. 供电营业规则[M]. 北京, 中国电力出版社, 2001.

[17] 肖峻, 李振生, 张跃. 基于最大供电能力的智能配电网规划与运行新思路[J]. 电力系统自动化, 2012, 36(13): 8-14.

[18] 张漫, 王主丁, 王敬宇, 等. 计及发展不确定性的配电网柔性规划方法[J]. 电力系统自动化, 2019, 43(13): 114-123.

[19] 中华人民共和国电力行业标准. 配电网规划设计技术导则(DL/T 5729—2016)[S]. 北京: 中国电力出版社, 2016.

[20] 乐欢, 王主丁, 吴建宾, 等. 中压馈线装接配变容量的探讨[J]. 华东电力, 2009, 37(1): 586-588.

第7章 基于电价和电量分摊的项目经济评价

配电网工程项目经济评价可以促进电力建设的决策水平和管理水平。其中，项目收益计算中电价和电量的正确分摊对评价结果的影响很大。为此本章阐述了一套基于电价和电量合理分摊的配电网项目经济评价思路、模型和方法。

7.1 引　　言

经济评价是项目可行性研究的重要内容和方案优选的重要依据，可以促进电力建设决策的科学化和提高规划项目的经济效益。针对某一个(或批)配电网工程项目的可行性分析，除了要考虑项目在技术上是否先进、可靠和适用外，还要评价项目在经济上是否合理。目前，国内配电网项目评价通常过分偏重技术指标，不重视经济指标，导致不合理的投资和较差的投入产出效果。

配电网工程项目的经济评价主要采用方案的经济比较方法，包括最小费用法、净现值法、净年值法、内部收益率法和投资回收期法等。净年值法由于处理计算期不同的方案比较方便而被广泛使用，其中的收益计算涉及项目自身贡献电量增加值和相关电价的合理估算。由于与项目相关的电网或设备可能仅为购售电价(或输配电价)涉及电网中的部分电网或设备，项目收益计算中应考虑这些电价在不同电网或设备间的合理分摊；由于项目投入前电网供电能力通常存在裕度，项目收益计算也应考虑项目投入前后的供电能力进行增供电量的合理分摊。目前，已有许多涉及配电网工程项目经济评价的文献[1~12]，但相关的收益模型或者没有完善的电价计算方法或者没有合理的电量计算方法，造成项目收益计算偏差较大。

为了合理计算项目收益涉及的增供电量和相关电价，本章阐述了基于电价和电量合理分摊的项目经济评价思路、模型和方法[12]，涉及电网设备分类、基于电网分类资产的电价分摊和基于项目投入前后供电能力的增供电量分摊、经济评价简化计算和若干算例应用，其中收益计算除了考虑增供电量外，还考虑了线损改善和供电可靠性提升的影响。

7.2 经济评价基础

经济评价是工程项目评价的一个组成部分，内容包括财务评价、国民经济评价、不确定分析和方案比较四个方面。电力系统规划中经济评价应用最为广泛的是方案经济比较，常用的方法有最小费用法、净现值法、内部收益率法和投资回收期法等，其中每种方法又可演化出不同的表达式。根据实际情况选取适宜的比较方法对方案进行筛选后，往往将优选方案再进行财务评价、国民经济评价和不确定性分析。

1. 经济评价方法

1)经济评价方法分类

经济评价内容包括财务评价、国民经济评价、不确定分析和方案比较四个方面。

财务评价是从企业角度，根据国家现行财税制度和现行价格分析测算项目的效益和费用，考察项目的获利能力、清偿能力和外汇效果等财务状况，以判别建设项目财务上的可行性。

国民经济评价是从国家整体角度考察项目的效益和费用，计算分析项目给国民经济带来的净效益，评价项目经济上的合理性。

不确定性的评价方法是考虑原始数据的不确定性和不准确性的经济分析方法，这种不确定性通常来自电力负荷的预测误差、一次能源和设备价格的变化等。

方案比较主要用于多方案筛选，并排列出方案经济上的优劣顺序，应根据约束条件和项目性质的不同选择相应的方法。比如，互斥方案比选时，应选取全寿命周期成本最小或效益成本比、净年值最大的项目；独立项目排序时，可采用效益成本比法，按照项目成本比降序排列，据此根据约束条件依次选取项目(约束条件可为投资、可靠性和供电能力等)；如有必要，敏感性分析可进一步明确负荷预测、运维费用和电价等因素变动对经济指标的影响。

2)经济评价方法的差异

财务评价和国民经济评价都是以国家规定的效益指标为基础做比较，必须严格计算规定的各项指标(包括现金流入和流出量)。与财务评价相比，国民经济评价将社会效益纳入现金流入范围，更注重体现全社会资源的配置水平。不确定性分析是分析可变因素以测定项目可承担风险的能力。方案比较可根据项目实际情况选取不同的方法，可能只需计算比较方案的不同部分，比如各方案的部分费用。

2. 方案优选方法

方案比较常用的方法有最小费用法、净现值法、内部收益率法、投资回收期法和效益成本比法等。

1)净现值法

净现值(net present value, NPV)是反映项目在全寿命周期内总收益与总费用

之差，采用净现值判断项目可行性的方法即为净现值法，净现值可表示为

$$\text{NPV} = \sum_{i=0}^{N_\text{p}} (I_i - O_i)(1+r)^{-i} \tag{7.1}$$

式中，I_i 为第 i 年现金流入量(项目建设初期为 $i=0$)；O_i 为第 i 年现金流出量；r 为基准收益率；N_p 为项目的生命周期。

当采用净现值法对一个独立的工程投资项目进行经济评价时，若 NPV ≥ 0，则认为该项目在经济上是可取的，反之则不可取。当进行多方案比较时，若各方案使用寿命不同，为了使方案具有可比性，可采用基于净年值(见下文)的方案比较方法；若各方案投资金额不同，可采用净现值率反映不同方案单位投资取得的效益。

净现值率可表示为

$$\text{NPVR} = \frac{\text{NPV}}{I_\text{p}} \tag{7.2}$$

式中，I_p 为全部投资的现值。

2) 内部收益率法

一个工程项目的净现值与所用的贴现率有密切关系，且净现值随给定的贴现率增大而减小。内部收益率是使工程项目的净现值为零的收益率。含内部收益率的计算式可表示为

$$\sum_{i=1}^{N_\text{p}} (I_i - O_i)(1+\text{IRR})^{-i} = 0 \tag{7.3}$$

式中，IRR 为内部收益率。

内部收益率法在进行互斥方案比较时，不需要事先知道标准的贴现率，而只需要对计算得到的收益率直接进行比较，内部收益率越大的方案经济效益越好。对于独立方案，当工程项目的内部收益率大于基准收益率时在经济上是可取的(按照现有的规定，电力工业的财务基准收益率在独资情况下和有贷款情况下分别取值为 0.08 和 0.085)。

内部收益率法的关键是求出式(7.3)中的 IRR，一般要采用逐步逼近的方法迭代求解，计算量比较大。

3) 投资回收期法

投资回收期又称投资返本年限，是项目的净收益抵偿全部投资(包括固定资产和流动资金)所需的时间，反映的是资金周转的速度即财务投资的回收能力。投资回收期分为静态投资回收期和动态投资回收期两种。

静态投资回收期 PP_s 按年表示的计算式为

$$\sum_{i=1}^{PP_s}(I_i - O_i)=0 \tag{7.4}$$

动态投资回收期 PP_d 的计算式为

$$\sum_{i=1}^{PP_d}(I_i - O_i)(1+r)^{-i}=0 \tag{7.5}$$

通常情况下,投资回收期小于电力工业投资基准回收期(如 15 年)的项目即为可行,且 PP_s 和 PP_d 越小则项目越优。

4)净年值法

净年值是指按给定的折现率,通过等值换算将项目计算期内各个不同时点的净现金流量分摊到计算期内各年的等额年值,净年值可表示为

$$NAV = \sum_{i=0}^{N_p}(I_i - O_i)(1+r)^{-i}\left(\frac{A}{P},r,N_p\right) \tag{7.6}$$

其中,

$$\left(\frac{A}{P},r,N_p\right) = \frac{r(1+r)^{N_p}}{(1+r)^{N_p}-1} \tag{7.7}$$

净年值法即比较备选方案的净年值,以净年值最大的方案为最优。利用净年值法处理计算期不同的方案比较方便,无论各方案的计算期是否相同,只要将各方案现金流换算成净年值,就可以直接进行比较。

5)最小费用法

最小费用法是电力系统规划经济分析应用比较普遍的方法,适用于比较效益相同或者效益基本相同但难以具体估算的项目。最小费用法可通过费用现值(present value cost,PVC)和费用年值(annual value cost,AVC)两种方式表达。

(1)费用现值。

费用现值可表示为

$$PVC = \sum_{i=0}^{N_p}O_i(1+r)^{-i} \tag{7.8}$$

(2)费用年值。

费用年值可表示为

$$AVC = \sum_{i=0}^{N_p} O_i (1+r)^{-i} \left(\frac{A}{P}, r, N_p \right) \tag{7.9}$$

类似净年值法，利用费用年值法处理计算期不同的方案比较方便。

6) 效益成本比法

效益成本比法采用收益与成本两者的比值来确定项目的优劣，即当效益成本比大于 1 时，方案在经济上是可以接受的，并以效益成本比最大的项目为优。

3. 财务评价方法

财务评价应根据企业当前的经营状况以及折旧率、贷款利息等计算参数的合理假定，采用财务内部收益率法、财务净现值法、年费用法和投资回收期法等方法，分析配电网规划期内的经济效益，相应的现金流入、流出应按财务评价的规定进行核算。

4. 国民经济评价方法

国民经济评价方法以经济内部收益率为主要评价指标，根据项目特点和实际需要，也可计算经济净现值和经济净现值率等指标。国民经济评价应采用影子价格体系，在财务分析基础上，调整资源价格，剔除费用中转移支付部分，包括税金、利息、补贴等等。

5. 不确定性评价方法

不确定性的评价方法一般分为以下三种：

(1) 盈亏平衡分析。当对于某一参数或原始数据完全无法确定时，可以分析该参数的取值范围，以确定该参数在什么范围内时方案是经济可取的，在什么范围内时方案是不经济的。

(2) 灵敏度分析。当知道某参数的一些可能的取值，但不知道这些数值出现的概率时，可以分析参数不同取值对方案经济性的灵敏度。

(3) 概率分析。概率分析又称风险分析，是一种用统计原理研究不确定性的方法。它通过不确定因素的概率分布寻找经济评价值的概率分布。为此需要充足的资料和丰富的经验，并要做艰巨的数据处理工作。所以除非特殊需要，一般工程项目的经济评价都不做概率分析。

7.3　基于项目位置的电网分类

项目经济评价中的收益往往不能由项目本身独自实现，而是由相关电网(即项目关联电网)共同完成。文献[12]定义关联电网为：因某个(批)规划项目的建设，供电负荷、网损、供电可靠性和电能质量等指标受到显著影响的变电站和线路的集合。根据该定义,典型的关联电网可视为电气上联系紧密的局部配电网,如典型的高压接线模式(如辐射型接线、环网接线以及 T 和 π 接链式接线等)或中压接线模式(如"*n*-1"、*N* 供一备和多分段适度联络等),以及通过中压馈线相互联络的变电站馈线组合。本章关联电网除这些典型关联电网外,还包括典型关联电网的供电网和受电网。

　　若已知项目上游某环节(如电源或220kV 变110kV 侧)的购电价格和项目下游某环节(如用户或 10kV 配变低压侧)的售电价格,本章将介于这两环节之间的电网做如下的分类:与项目电网(即项目的本体及其附属设备)有直接(本电压等级)电气联络关系的电网称为联络电网(如联络线路);将项目电网及其联络电网合称为关联并行电网;将关联并行电网的供电电网称为关联上游电网;将由关联并行电网供电的电网称为关联下游电网;将与各类关联电网没有直接电气联系且在电压等级和设备上与关联上游电网、关联并行电网和关联下游电网相对应的电网分别称为非关联上游电网、非关联并行电网和非关联下游电网;将关联上游电网和非关联上游电网合称为上游电网;将关联并行电网和非关联并行电网合称为并行电网;将关联下游电网和非关联下游电网合称为下游电网。各分类电网间的相互关系如图 7.1 所示。

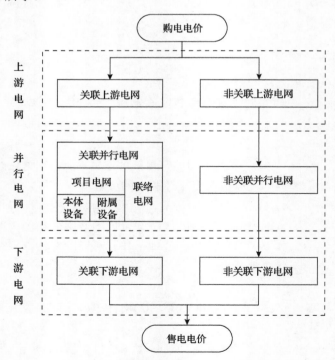

图 7.1　基于项目位置的电网分类示意图

7.4　项目收益计算的总体思路和方法

7.4.1　项目的总收益

项目经济评价的净年值法涉及项目在全寿命周期内的收益(即现金流入)与费用(即现金流出)。其中，项目收益 I_p 主要来自三个部分，即由电量增加产生的收益 I_{p1}、因线损降低产生的收益 I_{p2} 以及由可靠性提升停电损失减少的费用 I_{p3}。因此，项目的总收益可表示为

$$I_p = I_{p1} + I_{p2} + I_{p3} \tag{7.10}$$

7.4.2　增供电量的收益

因电量增加产生的收益 I_{p1} 可由项目自身贡献的电量及其电价计算得到。首先，为了合理计算项目自身贡献的电量，需要考虑新增供电能力和存量设备供电能力裕度的共同作用，即新增电量应基于项目投入前后关联电网供电能力进行分摊。

然后，考虑到基于项目上游购电价格和下游售电价格得到的收益是该项目三大串行关联电网共同作用的结果，同时考虑到较为合理的资产等收益率原则，基于购售电价格的项目收益与项目自身贡献收益的相对大小应与项目关联电网总资产价值和项目本体设备资产价值的相对大小一致，即为了合理计算对应项目自身贡献电量的电价，购售电价格应基于关联电网相关组成部分资产价值进行分摊。

基于上述思路，项目自身贡献增供电量的收益可表示为

$$I_{p1} = \left(k_w \Delta W_{p0} \right) p_p = \Delta W_p p_p \tag{7.11}$$

式中，ΔW_{p0} 为项目投入后关联电网的新增供电量；k_w 为关联电网新增供电能力与总供电能力裕度的比值(即项目增供电量分摊系数)；ΔW_p 为考虑了电量分摊后项目的新增供电量(即 $\Delta W_p = k_w \Delta W_{p0}$)；$p_p$ 为按关联电网相关组成部分资产价值进行收益分摊后的项目电价，考虑了仅由新增供电量产生的线损电量和停电损失的变化。其中，项目电量分摊系数 k_w (或项目新增供电量 ΔW_p) 和项目电价 p_p 的计算方法和公式见下文。

7.4.3　线损降低节省的收益

在计算因线损降低产生的收益时，除涉及仅由新增供电量 ΔW_p 所产生的线损

电量变化外(见下文),还要考虑原有线损电量的改变(如换导线和无功补偿的相关影响),由此带来的收益年值可基于项目关联并行电网的购电价计算,即

$$I_{p2} = (\delta_{p0} - \delta_p)(W_{p0} + \Delta W_{p0})\left[p_u + (p_d - p_u)k_u \right]$$

$$= (\delta_{p0} - \delta_p)(W_{p0} + \Delta W_{p0})\left[p_u + (p_d - p_u)\frac{A_u}{A_u + A_m + A_d} \right] \tag{7.12}$$

式中,k_u 为项目关联上游电网资产价值与三大串行关联电网资产价值之和的比值;W_{p0} 为项目实施前的总供电量;δ_{p0} 和 δ_p 分别为在项目实施前后对应总供电量($W_{p0} + \Delta W_{p0}$)的线损率;p_u 和 p_d 分别为项目关联上游电网的购电电价和关联下游电网的售电价格;A_m、A_u 和 A_d 分别为项目关联并行电网、关联上游电网和关联下游电网的资产价值(若难于评估可分别取值为如图 7.1 所示的并行电网、上游电网和下游电网的资产价值,用以获得近似值 k_u 以及下文的 k_m)。

7.4.4 停电损失减少的收益

在计算由于可靠性提升导致停电损失减少的收益时,除涉及仅由新增供电量 ΔW_p 所产生的停电损失变化量外(见下文),还要考虑原有停电损失改变(如增加线路分段的相关影响),由此带来的收益年值可表示为

$$I_{p3} = \frac{\xi_p}{T_{p\max}}(W_{p0} + \Delta W_{p0})\left(\Delta T_s C_s + \Delta T_f C_f \right) \tag{7.13}$$

式中,ξ_p 和 T_{pmax} 分别为项目相关负荷的负荷率和最大负荷利用小时数;ΔT_s 和 ΔT_f 分别为项目实施后计划停电和故障停电年平均停电时间减少值;C_s 和 C_f 分别为计划停电和故障停电的单位电量停电成本。

7.5 基于资产价值的电价分摊

7.5.1 已知购售电价

由于电量增加带来的收益 I_{p1} 可利用关联电网各组成部分资产价值的相对大小来确定项目电网本体设备对应的收益电价,即项目增供电量的电价;而且,考虑到项目增供电量通过关联电网会产生大小不一的线损和停电损失,在基于相关电网资产价值按资产等收益率原则进行增供电量收益分摊前,应从购售价格计算的收益(考虑了线损影响)中扣除相应的停电损失费用,因此项目自身贡献的增供电量净收益可表示为

$$I_{p1}=(B_{gs}-C_{ts})k_m k_{fss}=(B_{gs}-C_{ts})\frac{A_m}{A_u+A_m+A_d}\frac{A_{pfs}}{A_{pss}} \tag{7.14}$$

式中，B_{gs} 为按资产分摊前基于项目上下游电网购售电价格计算所得的收益；C_{ts} 为项目实施后仅由增供电量产生的停电损失费用变化量；k_m 为项目关联并行电网资产价值 A_m 与三大串行关联电网资产价值之和（即 $A_u+A_m+A_d$）的比值；k_{fss} 为项目本体设备资产价值 A_{pfs} 与项目电网所有设备（含附属设备）资产价值 A_{pss} 的比值。

若已知项目上下游电网的购售电价，按资产分摊前的收益 B_{gs} 可表示为

$$B_{gs}=\Delta W_d\, p_d-\Delta W_u\, p_u=\left(\Delta W_p-\Delta W_{\delta d}\right)p_d-\left(\Delta W_p+\Delta W_{\delta m}+\Delta W_{\delta u}\right)p_u \tag{7.15}$$

式中，ΔW_u 和 ΔW_d 分别为项目实施后关联上游电网的供电电量变化值和关联下游电网的供电电量变化值；$\Delta W_{\delta u}$、$\Delta W_{\delta m}$ 和 $\Delta W_{\delta d}$ 分别为项目实施后关联上游电网、项目电网和关联下游电网的线损电量变化值。需要注意的是，ΔW_u、ΔW_d、$\Delta W_{\delta u}$、$\Delta W_{\delta m}$ 和 $\Delta W_{\delta d}$ 是仅考虑新增供电量 ΔW_p 所产生的相应线损电量变化量。

若采用线损率表示，式（7.15）可改写为

$$B_{gs}=\Delta W_p\left\{(p_d-p_u)-\left[\delta_d p_d+\frac{\delta_m}{1-\delta_m}p_u+\frac{\delta_u}{(1-\delta_u)(1-\delta_m)}p_u\right]\right\} \tag{7.16}$$

式中，δ_u、δ_m 和 δ_d 分别为对应于 $\Delta W_{\delta u}$、$\Delta W_{\delta m}$ 和 $\Delta W_{\delta d}$ 的线损率，如难于评估可采用项目上游电网、并行电网和下游电网的线损率，若项目电网结构及其负荷的变化情况比较清楚，宜直接计算获得较为准确的 $\Delta W_{\delta m}$ 或 δ_m。

C_{ts} 是仅考虑新增供电量 ΔW_p 所产生的停电损失费用，可表示为

$$C_{ts}=\frac{\xi_p}{T_{pmax}}\Delta W_p\left(T_s C_s+T_f C_f\right) \tag{7.17}$$

式中，T_s 和 T_f 分别为由现状关联电网引起的项目增供负荷的计划停电和故障停电时间年平均值。

根据式（7.11）、式（7.14）、式（7.16）和式（7.17），基于购售电价效益分摊后的项目电价可表示为

$$p_p=\left\{(p_d-p_u)-\left[\delta_d p_d+\frac{\delta_m}{1-\delta_m}p_u+\frac{\delta_u}{(1-\delta_u)(1-\delta_m)}p_u\right]-\frac{\xi_p}{T_{pmax}}(T_s C_s+T_f C_f)\right\}k_m k_{fss} \tag{7.18}$$

7.5.2　已知输配电价

根据《省级电网输配电价定价办法(试行)》[13],输配电价一般按电压等级和用户类别给出,通常已考虑了线损和供电可靠性影响,即式(7.18)中的线损率和停电成本为 0。因此,若已知项目关联电网不同电压等级或环节的输配电价,式(7.18)可改写为

$$p_{\mathrm{p}} = k_{\mathrm{m}} k_{\mathrm{fss}} \left(p_{\mathrm{d,td}} - p_{\mathrm{u,td}} \right) \tag{7.19}$$

式中,$p_{\mathrm{u,td}}$ 和 $p_{\mathrm{d,td}}$ 分别为对应于 p_{u} 和 p_{d} 电压等级的输配电价。

7.6　基于供电能力的电量分摊和增供电量

7.6.1　配电网供电能力的计算

如图 7.1 所示,项目关联电网由关联并行电网、关联上游电网和关联下游电网三部分组成。其中,各分类关联电网都可能包含了高、中和低压配电网。由于项目关联电网与非关联电网在电气上相对独立,可仅针对关联电网进行供电能力的计算,具体计算模型和方法见第 6 章。

7.6.2　基于供电能力的电量分摊

电网增供电量是由项目实施后电网增加的供电能力和现有供电能力的裕度共同完成的,基于供电能力利用率相同的原则,项目电量分摊系数[9,12]可表示为

$$k_{\mathrm{w}} = \frac{C_{\mathrm{p}} - C_0}{C_{\mathrm{p}} - L_0} \tag{7.20}$$

式中,L_0 为项目投入前关联电网的供电负荷;C_0 和 C_{p} 分别为项目投入前后关联电网的供电能力。

7.6.3　基于电量分摊的增供电量

利用电量分摊系数计算项目增供电量时分为以下三种情况[9,12]。

1)项目实施前后供电能力均大于负荷值

此种情况下,项目投入前后的供电负荷均为实际负荷,项目增供电量可表示为

$$\Delta W_{\mathrm{p}} = k_{\mathrm{w}} \Delta W_{\mathrm{p0}} = k_{\mathrm{w}} \left(L_{\mathrm{yc}} - L_0 \right) T_{\mathrm{pmax}} \tag{7.21}$$

式中,L_{yc} 为项目实施后的预测负荷。

2)项目实施前供电能力小于负荷值和实施后供电能力大于负荷值

此种情况下,项目实施前的供电负荷即为供电能力(即 $L_0=C_0$);项目实施后的供电负荷为实际负荷,增供电量为新增供电能力贡献(即 $k_w=1$)。因此项目增供电量可表示为

$$\Delta W_p = \Delta W_{p0} = \left(L_{yc} - C_0\right) T_{pmax} \tag{7.22}$$

3)项目实施前后供电能力均小于负荷值

此种情况下,项目实施前的供电负荷即为供电能力(即 $L_0=C_0$),且 $k_w=1$;项目实施后供电能力仍然不能满足负荷需求,供电负荷为项目实施后的供电能力(即 $L_{yc}=C_p$)。因此项目增供电量可表示为

$$\Delta W_p = \Delta W_{p0} = \left(C_p - C_0\right) T_{pmax} \tag{7.23}$$

7.7　经济评价的简化方法

经济评价的简化方法用以减少所需的基础数据和计算工作量,特别适合规划初始阶段的预评估。在项目寿命周期内各年的收益相同和各年的费用相同的假设条件下,项目的净年值可表示为

$$NAV = I_p - \varepsilon O_t \tag{7.24}$$

式中,I_p 在此处(即简化计算中)为项目的收益年值,计算公式形式与式(7.10)～(7.13)相同;O_t 为项目的总投资(或投资现值);$\varepsilon = k_z + k_y + k_h$($k_z$、$k_y$ 和 k_h 分别为折旧系数、运行维护费用系数和投资回报系数)[14]。

7.8　应　用　算　例

7.8.1　算例 7.1:基于现金流的项目经济评价

1. 项目概况和基础数据

1)项目概况

项目工程为新敷设一条长度 3.4km 的 10kV 两分段电缆备用线路,线路总投资为 352 万元(含两断路器);项目电网的联络电网为两条手拉手线路(其中每条线路的主干线和支线长度分别为 1.7km 和 1.7km,型号分别为 YJV-300 和 YJV-185),新建线路投运后与这两条线路构成两供一备的接线模式,如图 7.2 所示。

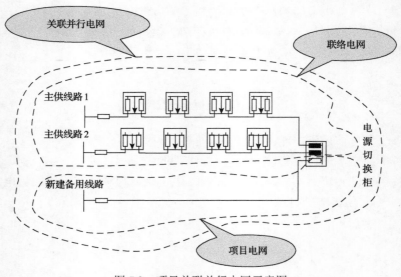

图 7.2　项目关联并行电网示意图

2) 基础数据

各条中压线路极限输送容量均为 10MV·A；新建线路投运前，关联电网总负荷为 8.31MV·A，安全供电能力为 10MV·A；新建线路投运后，安全供电能力为 20MV·A，负荷在第 10 年达到其饱和值 16.62MV·A；负荷率 ξ_p 为 0.6，T_{pmax} 为 3422.3h；停电成本 C_s 和 C_f 分别为 10 元/(kW·h) 和 20 元/(kW·h)；利率 r 为 0.08，运行维护费用系数和投资回报系数分别为 0.025 和 0.045(仅部分投资贷款)；售电价格 p_d 和购电电价 p_u 分别为 0.8 元/(kW·h) 和 0.3 元/(kW·h)；线损率 δ_d 和 δ_u 分别为 0.05 和 0.029。

2. 项目关联电网及其参数计算

1) 项目关联电网

参考图 7.1 所示的电网分类图示，项目关联上游电网为输电网和高压配电网(含高压变电站)；项目关联并行电网为两供一备中压线路组，其中的两供线路(即新建线路前的手拉手两线路)为联络电网，备用线路(即新建线路)为项目电网(本项目投资已包含了开关设备，故项目电网只有本体设备，无附属设备)；项目关联下游电网为关联并行电网的 10kV 配变及其低压配电网。

2) 资产占比

假设输电网和配电网的资产价值在总的电网资产价值中的占比均为 1/2；配电网内高、中、低压配电网资产价值在总配电网资产价值中的占比均为 1/3；中压线路与配变的资产价值在中压配电网资产价值中的占比均为 1/2。基于这些基础数据，可得项目关联上游电网的 A_u、关联下游电网的 A_d 和关联并行电网的 A_m 在全网资产价值中的占比分别为 2/3、1/4 和 1/12；根据式(7.14)，k_m 为 1/12。

3) 其他参数

采用文献[15]的方法估算，T_s 和 T_f 分别为 2.16h 和 0.34h，ΔT_s 和 ΔT_f 近似为 0；根据式(7.20)可得基于供电能力的电量分摊系数 k_w 为 0.855；由于本项目无附属设备，k_{fss} 为 1；采用文献[16]的方法估算，项目电网线损电量增加值对应的线损率 δ_m 的平均值为 0.0432；根据式(7.18)可得项目电价 p_p 的平均值为 0.036 元/(kW·h)，其中线损和停电损失对项目电价的贡献在项目电价中的(绝对值)最大占比分别为 −12.57%和−0.96%。

3. 基于现金流量表的计算结果

由于项目实施前后原有线损电量和停电损失没有变化，因此 I_{p2} 和 I_{p3} 的值都为 0，因此收益的计算只涉及由于电量增加产生的 I_{p1}。根据电量逐年增长情况制作工程项目的现金流量表，如表 7.1 所示，其中的增供电量为基于供电能力进行了电量分摊后的值。采用净现值法，计算得到项目净现值 NPV 为 360.66 万元，由于 NPV 大于零项目可行。基于式(7.18)，由于供电电量增加带来的线损和停电损失费用的增加对净现值 NPV 的贡献在总净现值中的(绝对值)最大占比分别为−27.13%和−2.17%。

表 7.1　新建工程项目增供电量及现金流量

生命期/年	增供电量/(MW·h)	现金流入/万元	现金流出/万元
基期	—	0	352
1	12201.7	45.39	24.64
2	13664.7	50.83	24.64
3	15303.3	56.93	24.64
4	17059	63.46	24.64
5	18931.7	70.43	24.64
6	19926.5	74.13	24.64
7	20979.9	78.05	24.64
8	22033.3	81.96	24.64
9	23174.4	86.21	24.64
10	24315.6	90.45	24.64
11	24315.6	90.45	24.64
12	24315.6	90.45	24.64
13	24315.6	90.45	24.64
14	24315.6	90.45	24.64
15	24315.6	90.45	24.64
16	24315.6	90.45	24.64
17	24315.6	90.45	24.64
18	24315.6	90.45	24.64
19	24315.6	90.45	24.64
20	24315.6	90.45	24.64

4. 不同方法计算结果的对比

（1）若不采用基于供电能力的电量分摊系数 k_w，则净现值为 480.16 万元，误差达到 33.13%。

（2）若采用文献[5]~[8]中的方法，仅考虑各电压等级资产分摊而不考虑同一电压等级串行设备与附属设备的分摊，则 k_m 为 1/6。此时 p_p 为 0.0728 元/$(kW·h)$，净现值为 1065.25 万元，误差达到 195.36%，可以看出不同的资产分摊方式对计算结果的影响很大，适当的资产分摊方式十分重要。

（3）若已知输配电价 $p_{u,td}$ 和 $p_{d,td}$ 分别为 0.0447 元/$(kW·h)$ 和 0.4468 元/$(kW·h)$，根据式(7.19)可得基于输配电价的项目电价 p_p 为 0.034 元/$(kW·h)$，此时净现值为 321.52 万元，与采用购售电价方法计算结果 360.66 万元比较相近（相对误差为-10.8%）。因此，在输配电价已知的情况下，建议采用输配电价进行计算，以减少计算量。

5. 敏感性分析

基于项目投资现金流模型，选取净现值 NPV 作为敏感性分析指标，将项目关联上游电网的购电电价 p_u 和关联下游电网的售电价格 p_d 分别变动±10%和±20%，测算出 NPV 相对于 p_u 和 p_d 的变化情况如图 7.3 所示。可以看出，NPV 与购电价格呈负相关，与售电价格成正相关，且 NPV 对售电价格更为敏感。值得注意的是，在各变量变化±20%时最小净现值均大于 0，表明该项目抗风险能力较强。

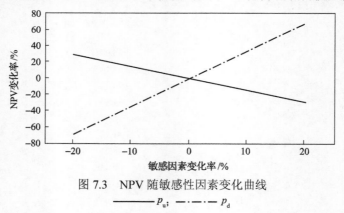

图 7.3　NPV 随敏感性因素变化曲线
———— p_u；— · — p_d

7.8.2　算例 7.2：简化方法的项目经济评价

1. 线路分段联络算例

1）项目概况和基础数据
（1）项目概况。

对于一条两分段单联络的架空线路（长度为 3km、型号为 LGJ-240），现增设 3

个开关将该线路改造为三分段三联络线路，总投资为 15 万元。

（2）基础数据。

项目实施前，安全供电能力为 5MV·A，供电负荷为 6.6MV·A；项目实施后安全供电能力为 7.5MV·A，供电负荷为 6.6MV·A；原架空线路的资产价值为 90 万元；含折旧系数、运行维护费用系数和投资回报系数的 $\varepsilon=0.172$；停电成本 C_s 和 C_f 分别为 10 元/(kW·h) 和 20 元/(kW·h)；其他数据同 7.8.1 节。

2）项目关联电网及其参数计算。

（1）项目关联电网。

参考图 7.1 所示的电网分类图示，项目关联上游电网为输电网和高压配电网（含高压变电站）；项目的关联并行电网为涉及三分段三联络线路的中压线路组（含联络线路），其中改造线路即为项目电网，包含新增的三个开关（即本体设备）和改造前的两分段单联络架空线路（即附属设备）；项目的关联下游电网为关联并行电网的 10kV 配变及其低压配电网。

（2）参数计算。

采用文献[15]的方法估算，项目实施前 T_s 和 T_f 分别为 0.370h 和 0.118h，项目实施后 T_s 和 T_f 分别为 0.165h 和 0.053h，因此 ΔT_s 和 ΔT_f 近似为 0.205h 和 0.065h；采用文献[16]的方法估算，项目实施前后项目电网的线损率无变化，线损率 δ_m、δ_d 和 δ_u 分别为 0.0151、0.0214 和 0.0134；根据式 (7.14) 得到涉及附属设备的系数 k_{fss} 为 0.143；根据式 (7.18) 可得项目电价 p_p 的平均值为 0.056 元/(kW·h)；由于项目实施前负荷大于供电能力，因此电量分摊系数 k_w 为 1；其他资产占比数据和参数同 7.8.1 节。

3）简化公式的计算结果。

由式 (7.22) 计算可得到项目投入后关联电网的新增供电量为 5475.68MW·h（$\Delta W_p = \Delta W_{p0}$），尽管项目实施前后供电负荷均为 6.6MV·A，但由于安全供电能力的提升也会产生新增的安全供电量（即安全增供电量）。根据式 (7.11) 计算可得由安全增供电量带来的收益年值 I_{p1} 为 3.09 万元。

由于项目实施前后项目电网的线损率不变，则 I_{p2} 为 0 元。

由式 (7.13) 计算可得到 I_{p3} 为 1.33 万元。

由式 (7.10) 得到收益年值 I_p 为 4.42 万元。

由式 (7.24) 可得净年值为 1.84 万元，由于净年值大于零，项目可行。

4）不同方法计算结果的对比

（1）若不考虑涉及附属设备资产的系数 k_{fss}，收益年值 I_p 增大为 21.61 万元，净年值增大为 19.03 万元，误差达到 9.3 倍。因此，若不考虑附属设备资产占比，对于一些规划项目中尤其是小型改造项目，计算误差会非常大，很可能造成投资失败。

(2)考虑到不同电压等级配电网间供电能力的相互约束(见第 6 章),若由于高压线路供电能力约束使得关联并行电网的供电能力不能提高到 7.5MV·A,只能提高到 6MV·A,此时净年值为 0.56 万元,误差为−69.56%。因此,供电能力的计算不应仅限于考虑项目电网所在的关联并行电网。

2. 线路无功配置算例

1)项目概况和基础数据

(1)项目概况

对于一条三分段三联络的架空线路(长度为 3km、型号为 LGJ-240),现在线路末端增设一个 500kvar 的电容器,总投资为 3.5 万元。

(2)基础数据

项目电网安全供电能力为 7.5MV·A,供电负荷为 6.6MV·A;项目实施前线损率为 1.51%,项目实施后线损率降为 1.39%;由式(7.12)得 k_u 为 2/3;其他数据同上文"1.线路分段联络算例"节的相关数据。

2)基于简化公式的计算结果

由于项目实施前后无增供电量且可靠性参数无变化,因此 I_{p1} 和 I_{p3} 的值为 0;按照式(7.10)和式(7.12)可得收益年值 $I_p=I_{p2}=1.71$ 万元。

由式(7.24)可得净年值为 1.51 万元,项目有一定的经济价值方案可行。

7.9　本 章 小 结

本章阐述了一套基于增供电量及其电价分摊的配电网工程项目经济评价思路、模型和方法。

(1)明确了项目收益主要来自三个部分。其中,源于线损改善的收益采用项目并行电网的购电价(如 0.3 元/(kW·h));源于供电可靠性提升的收益取决于停电损失费用;源于增供电量的收益则采用了基于供电能力分摊后的电量和基于资产价值分摊后的项目电价(如相应于 10kV 新建线路为 0.03 元/(kW·h))。前两部分不存在电量与电价的分摊问题。

(2)作为电价分摊的基础,基于项目位置的电网分类图示比较直观地反映了不同分类电网的相互关系;本章电价分摊遵循不同关联电网资产价值的等收益率原则,而且考虑了由增供电量产生的线损和停电损失的影响,推导了用于计算项目增供电量收益的电价分摊公式,涉及已知购售电价和输配电价两种情况。

(3)基于项目投入前后电网的供电能力进行项目增供电量的分摊和项目收益的计算,其中供电能力可基于第 6 章不同类别供电能力的定义进行计算,区别在于计算结果是安全还是准安全的增供电量及其收益。

（4）基于净年值的项目经济评价简化方法减少了评价所需要的基础数据和计算工作量，特别适合规划初始阶段的预评估。

（5）算例计算分析表明，本章方法对于正确计算项目的收益、成本和其他经济指标具有较大的实用价值。

参 考 文 献

[1] 薛阳, 马路林, 郑蓉, 等. 智能配电网经济性评估方法研究[J]. 河北电力技术, 2018, 37(2): 18-21.

[2] 程浩忠. 电力系统规划[M]. 2 版. 北京: 中国电力出版社, 2014.

[3] 刘开俊. 电网规划设计手册[M]. 北京: 中国电力出版社, 2015.

[4] 谭永才. 电力系统规划设计技术[M]. 北京: 中国电力出版社, 2012.

[5] 王成山, 罗凤章. 配电系统综合评价理论与方法[M]. 北京: 科学出版社, 2012.

[6] 国网河南省电力公司经济技术研究院. 配电网规划[M]. 北京: 中国电力出版社, 2016.

[7] 朱鑫鑫, 朱金龙. 电网技术改造项目经济效益后评价研究[J]. 电力学报, 2017, (2): 159-167.

[8] 黄伟, 陈雪, 林怀德. 基于全寿命周期的含源配电网运营经济性评估方法[J]. 机电工程技术, 2017, (12): 107-111.

[9] 闫敏, 李红霞, 张媛, 等. 基于全寿命周期的投资效益评估方法[J]. 电网技术, 2014, 38(s1): 48-52.

[10] 范黎, 隗震, 娄素华, 等. 配电项目最大供电能力及增供电量效益的评估[J]. 电工技术学报, 2017, 32(s1): 84-91.

[11] 国家电网公司企业标准. 配电网规划项目技术经济比选导则(Q/GDW 11617—2017)[S]. 北京: 国家电网公司, 2018.

[12] 孙东雪, 王主丁, 商佳宜, 等. 计及电价和电量分摊的配电网项目经济评价. 电网技术, 2019, 43(10): 3632-3640.

[13] 国家发改委. 省级电网输配电价定价办法(试行)[2016]2711 号[S]. 北京: 国家发改委, 2016.

[14] 陈珩. 电力系统稳态分析[M]. 3 版. 北京: 中国电力出版社, 2007.

[15] 王主丁. 高中压配电网可靠性评估——实用模型、方法、软件和应用[M]. 北京: 科学出版社, 2018.

[16] 向婷婷, 王主丁, 刘雪莲, 等. 中低压馈线电气计算方法的误差分析和估算公式改进[J]. 电力系统自动化, 2012, 36(19): 105-109.

第8章 配电网项目混合排序方法

基于项目优化排序结果和给定的项目投资额可确定各电力公司的项目优选结果。本章基于实际规划中能够获得的数据和参数，介绍了直观、简单和实用的中压项目混合优化排序方法和高压项目基于净现值率的排序方法。

8.1 引　　言

配电网规划项目的优选排序可以解决配电网项目建设无序等问题，为合理确定投资方向提供重要依据，从而提升配电网项目决策水平和管理水平。基于配电网规划项目优选排序研究成果[1-6]，本章介绍了一套直观、简单和实用的高中压配电网项目排序混合方法，包括中压项目三次优化排序和高压项目基于净现值率排序及其应用算例。其中，中压项目三次优化排序涉及项目属性优先级、项目综合效果指标得分和各分项指标效果得分均衡程度，以及项目时间和空间约束等。

8.2 中压项目三次优化排序方法

本节中压项目排序包含了三次优化排序。

8.2.1 三次优化排序思路

考虑到实际配电网中压项目体量庞大，数据搜集困难，对项目进行逐一的详细技术经济分析操作性不强。基于实际规划中可获得的数据和参数，本章采用以下三次优化排序的思路。

（1）首先，充分考虑解决设备重过载、满足新增负荷需求和消除设备安全隐患等各类项目属性优先级，遵循项目属性优先级第一的原则对项目进行一次排序；相应的排序分值计算方法必须保证具有较高优先级属性项目的排序分值大于较低优先级属性项目的排序分值。

（2）然后，分别针对项目优先级排序分值相同的各项目分组，基于系统综合指标评估体系，综合考虑项目对系统综合效果指标得分值和分项效果指标得分值的改进，对各项目进行基于评估体系的排序分值计算并据此进行二次排序，并对由此获得的多个排序相同的项目基于其投资差异进行项目排序的调整。

（3）最后，基于项目时间先后顺序和项目实施资源限制进行三次排序，得到最终排序方案。项目时间先后顺序涉及网架结构依赖关系、前期准备工作时间顺序、市政规划影响和人为或自然因素影响。

8.2.2　基于属性优先级的项目排序得分值

一次排序遵循项目属性优先级第一原则，可通过对项目属性赋一个优先级分值来实现，相应属性分值的设置需要确保具有明显重要属性或优先考虑属性的项目始终排在属性相对次要项目的前面。对于表 8.1 所示的中压配电网项目属性优先级分类，若选择前 5 类项目属性为明显重要属性，为遵循项目属性优先级第一原则，前 5 类项目属性的优先级分值可分别赋值为 500 分、100 分、20 分、10 分和 5 分，而对其他重要性不明显的属性可赋值为 0 分。

由于一个项目可以对应一个及以上的项目属性，第 i 个项目基于属性优先级的排序得分值可表示为

$$B_{\mathrm{sy},i} = \sum_{j \in \Omega_{\mathrm{xs},i}} b_{\mathrm{sy},j} \tag{8.1}$$

式中，$B_{\mathrm{sy},i}$ 为第 i 个项目基于属性优先级的项目排序得分值；$b_{\mathrm{sy},j}$ 为项目属性 j 的优先级分值（见表 8.1）；$\Omega_{\mathrm{xs},i}$ 为第 i 个项目具有的属性的序号集合。

表 8.1　项目属性优先级分类及其分值

编号(优先级)	项目属性	优先级分值	编号(优先级)	项目属性	优先级分值
1	解决设备重载、过载	500	6	解决低电压台区	0
2	满足新增负荷供电要求	100	7	加强网架结构	0
3	消除设备安全隐患	20	8	分布式电源接入	0
4	变电站配套送出工程	10	9	改造高损配变	0
5	解决卡脖子	5	10	其他	0

8.2.3　基于评估体系的项目排序得分值

1. 系统综合指标评估体系

本章采用文献[7]推荐的中压配电网综合指标评估体系，它是在对比分析《城市配电网运行水平和供电能力评估导则》（Q/GDW 565—2010）[8]和南方电网配电网评价指标体系两大评估指标体系基础上，从网络结构水平、负荷供应能力和装备技术水平三个方面建立的综合指标评估体系，涉及指标得分标准和权重设置，如图 8.1 所示（图中数字为其相邻下方指标的权重）。

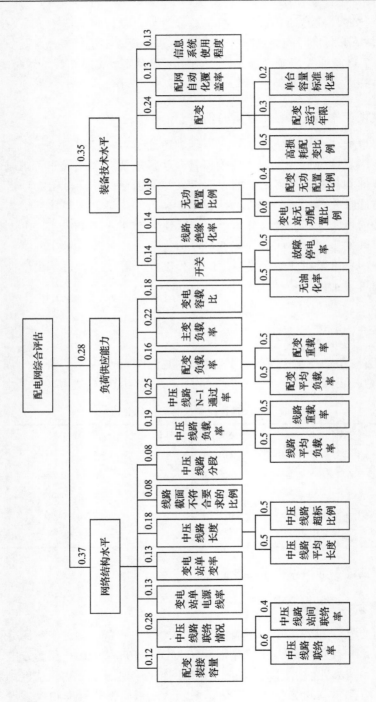

图8.1 本章综合指标评估体系

2. 项目综合效果指标得分值变化量

本节内容主要计算因实施某一项目而引起系统综合效果指标得分值变化量，涉及各相关指标效果得分值变化量的计算。

1) 指标效果得分值计算

根据不同的指标特征 (如效益型、成本型和适中型) 采用不同的曲线和公式计算单个指标效果得分值。

(1) 效益型指标效果得分值。

对于效益型指标 (如中压线路联络率)，可基于图 8.2 所示的曲线类型计算单个指标效果得分值。

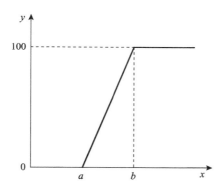

图 8.2　效益型指标效果得分值计算曲线

效益型指标效果得分值可用公式表示为

$$y = \begin{cases} 0, & x \leqslant a \\ 100\dfrac{x-a}{b-a}, & a < x < b \\ 100, & x \geqslant b \end{cases} \qquad (8.2)$$

式中，y 为某效益型指标效果得分值；x 为某效益型指标；a 和 b 为指标边界。

(2) 成本型指标效果得分值。

对于成本型指标 (如设备重过载率)，可基于图 8.3 的曲线类型计算单个指标效果得分值。

成本型指标效果得分值可用公式表示为

$$y = \begin{cases} 100, & x \leqslant a \\ 100\dfrac{x-a}{b-a}+100, & a < x < b \\ 0, & x \geqslant b \end{cases} \qquad (8.3)$$

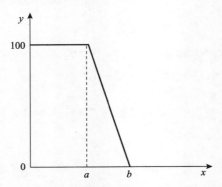

图 8.3　成本型指标效果得分值计算曲线

（3）适中型指标效果得分值。

对于适中型指标（如中压线路负载率），可基于图 8.4 所示的曲线类型计算单个指标效果得分值。

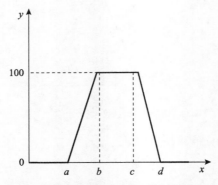

图 8.4　适中型指标效果得分值计算曲线

适中型指标效果分值可用公式表示为

$$y = \begin{cases} 0, & x \leqslant a, d \leqslant x \\ 100\dfrac{x-a}{b-a}, & a < x < b \\ 100, & b \leqslant x \leqslant c \\ 100\dfrac{x-c}{c-d}+100, & c < x < d \end{cases} \tag{8.4}$$

式中，c 和 d 为指标边界。

2）项目综合指标效果得分值变化量计算

根据系统综合指标评估体系[7]，第 i 个项目引起的综合指标效果得分值变化量

可表示为

$$\Delta Y_{i,1} = \sum_{k \in \Omega_{xz,i}} \left(w_{z1,k} w_{z2,k} w_{z3,k} \right) \Delta y_{i,k} = \sum_{k \in \Omega_{xz,i}} w_{z,k} \Delta y_{i,k} \tag{8.5}$$

式中，$\Omega_{xz,i}$ 为第 i 个项目关联的指标序号集合；$\Delta y_{i,k}$ 为第 i 个项目实施后指标 k 的变化量；$w_{z1,k}$、$w_{z2,k}$ 和 $w_{z3,k}$ 分别是指标 k 对应图 8.1 中第一、二和三层权重系数；$w_{z,k}$ 为指标 k 的综合权重系数（$w_{z,k} = w_{z1,k} w_{z2,k} w_{z3,k}$，对于没有第三层的情况 $w_{z3,k} = 1$）。

基于图 8.1，各类指标的综合权重系数计算结果如表 8.2 所示。

表 8.2　综合指标评估体系中各类指标综合权重系数

序号	指标	指标类型	权重系数
1	配变装接容量	适中型	0.0444
2	中压线路联络率	效益型	0.06216
3	中压线路站间联络率	效益型	0.04144
4	变电站单线率	成本型	0.0481
5	变电站单变率	成本型	0.0481
6	中压线路平均长度	成本型	0.0333
7	中压线路长度越限率	成本型	0.0333
8	线路截面不合格率	成本型	0.0296
9	中压线路平均分段	适中型	0.0296
10	中压线路负载率	适中型	0.0266
11	中压线路重载率	成本型	0.0266
12	中压线路"$N-1$"安全校验通过率	效益型	0.07
13	配变平均负载率	成本型	0.0224
14	配电变压器重载率	成本型	0.0224
15	主变压器重载率	成本型	0.0616
16	变电容载比	适中型	0.0504
17	无油化率	效益型	0.0245
18	故障停运率	成本型	0.0245
19	线路绝缘化率	效益型	0.0595
20	变电站无功配置比例	效益型	0.0399
21	配变无功配置比例	效益型	0.0266
22	高损耗配变比例	成本型	0.042
23	运行年限	成本型	0.0252
24	单台容量标准化	效益型	0.0168
25	配电网自动化覆盖率	效益型	0.0455
26	信息系统使用程序	效益型	0.0455

3. 项目综合指标效果改进空间得分值

项目综合指标效果改进空间得分值涉及单个指标和单个项目属性综合指标效果改进空间得分值的计算,从各分项指标效果得分均衡程度来说,改进空间得分值越大说明相应项目紧迫性程度越高。

1) 单个指标改进空间得分值计算

某指标改进空间得分值为该指标对于综合指标效果得分值可以改进的最大程度,与该指标目标值与现状值的差距以及该指标综合权重系数成正比,即

$$\Delta y_k = w_{z,k}\left(100 - y_k\right) \tag{8.6}$$

式中, y_k 和 Δy_k 分别为指标 k 的现状效果得分值(即各项目实施前的指标效果得分值)和改进空间得分值。

2) 单个项目属性改进空间得分值计算

某项目属性改进空间得分值为该项目属性涉及的指标对于综合指标效果得分值可以改进的最大程度。首先分析某项目属性与各指标的关联性,然后计算相关指标改进空间得分值,最后通过直接累加计算得到该项目属性改进空间得分值。

(1) 项目属性与指标关联性分析。

首先分析实现某一类项目属性会对哪些具体指标影响较大,进而确定它们之间的关联性(主要为强关联)。单个项目属性与具体指标可为一对一或一对多的对应关系,如对于项目属性"解决设备重过载",可较大程度地影响"配变装接容量"、"中压线路平均长度"、"线路截面不符合要求比例"、"中压线路平均负载率"、"中压线路重载率"、"中压线路'N–1'安全校验通过率"、"配变平均负载率"、"配变重载率"、"运行年限"、"故障停电率"和"单台容量标准化"。项目属性与具体指标间的关联性示例如表 8.3 所示。

(2) 项目属性改进空间得分值。

基于项目属性与各指标的关联性,项目属性 j 的改进空间得分值可表示为

$$\Delta S_j = \sum_{k \in \Omega_{sz,j}} \Delta y_k \tag{8.7}$$

式中, $\Omega_{sz,j}$ 为项目属性 j 关联的指标序号集合。

3) 项目综合指标效果改进空间得分值计算

基于项目具有的属性,第 i 个项目的综合指标效果改进空间得分值可表示为

$$\Delta Y_{i,2} = \sum_{j \in \Omega_{xs,i}} \Delta S_j \tag{8.8}$$

表 8.3　项目属性与各指标间的关联性示例

指标名称	解决设备重载过载	满足新增负荷供电	消除设备安全隐患	变电站配套送出工程	解决卡脖子	解决低电压台区	加强网架结构	分布式电源接入	改造高损配变	其他
配变装接容量	√	√		√						
中压线路联络率		√		√			√			
中压线路站间联络率		√		√			√			
中压线路平均长度	√			√			√			
中压线路长度越限率				√			√			
线路截面不合格率	√		√		√	√				
中压线路平均分段		√		√				√		
中压线路负载率	√	√		√						
中压线路重载率	√	√		√						
中压线路 "N–1" 安全校验通过率	√			√	√		√			
配变平均负载率		√							√	
配电变压器重载率	√	√		√		√			√	
无油化率										√
故障停运率	√		√	√		√	√	√		
线路绝缘化率		√		√						
配变无功配置比例						√				
高损耗配变比例									√	
运行年限	√		√		√				√	
单台容量标准化	√	√							√	

注：表中 "√" 表示相应行的指标与相应列的属性相关联。

4. 项目排序得分值

对于项目决策者来说，不仅希望系统总的综合指标效果得分得到改进，而且希望各分项指标效果同时得到改进，以避免出现某个或某些指标过差的情况[9]。因此，同时考虑到项目综合指标效果变化量和项目综合指标效果改进空间的影响，第 i 个项目的优先级排序得分值可表示为

$$Y_i = w_{y1} \frac{\Delta Y_{i,1} - \Delta Y_{\min,1}}{\Delta Y_{\max,1} - \Delta Y_{\min,1}} + w_{y2} \frac{\Delta Y_{i,2} - \Delta Y_{\min,2}}{\Delta Y_{\max,2} - \Delta Y_{\min,2}} \tag{8.9}$$

式中，$\Delta Y_{\min,1} = \min_i \{\Delta Y_{i,1}\}$；$\Delta Y_{\max,1} = \max_i \{\Delta Y_{i,1}\}$；$\Delta Y_{\min,2} = \min_i \{\Delta Y_{i,2}\}$；$\Delta Y_{\max,2} = \max_i \{\Delta Y_{i,2}\}$；$w_{y1}$ 和 w_{y2} 为权重系数（$w_{y1} + w_{y2} = 1$）。

8.2.4　项目时间顺序和资源限制约束

项目时间顺序和资源限制约束涉及网架结构、前期准备工作时间、市政规划时间、时间调整和资源限制[10]。

1. 网架结构约束

网架结构约束涉及从网架结构上项目间的依存关系,如新建变电站运行必须依赖其上级供电网的投运,因此相应的网架结构约束可表示为

$$t_{xk} \geqslant t_{up} \tag{8.10}$$

式中,t_{xk} 为项目建设开始施工的计划时间;t_{up} 为施工时间是 t_{xk} 的项目从网架结构上依赖项目的投运时间(即投运时间为 t_{xk} 的项目从网架结构上依赖于投运时间为 t_{up} 的项目)。

2. 前期准备工作时间约束

前期准备工作包括施工图设计及概算、施工图技术方案及概算审查、批复、施工招标、监理招标、合同签和、供材全部到货等,建设施工需满足在前期工作准备就绪的情况下进行,相应的前期准备工作时间约束可表示为

$$t_{xk} \geqslant t_{qq} \tag{8.11}$$

式中,t_{qq} 为建设项目前期工作完成的时间。

3. 市政规划时间约束

若市政规划中需新修道路或道路改造,其施工时间必须与涉及的线路和配变等设备及电缆沟的建设改造时间一致,相应的约束可表示为

$$t_{xk} \geqslant t_{sz} \tag{8.12}$$

式中,t_{sz} 为涉及的市政建设完成的时间。

4. 时间调整约束

由于受到人为或自然因素的影响,可能导致项目不能按照用户要求的时间投运,此时应调整时间限制,尽量将时间控制在合理范围内,相应的时间调整约束可表示为

$$\left| t_{xk} - t_{sj} \right| \leqslant \Delta t_{max} \tag{8.13}$$

式中，t_{sj} 为项目实际投运时间；Δt_{max} 为项目调整时间限值。

5. 资源限制约束

由于规划部门人力、物力资源以及管理方面的限制，众多建设项目不可能在同一时段进行，相应的资源限制约束可表示为

$$N_{xm} \leqslant N_{max} \tag{8.14}$$

式中，N_{xm} 为同一时段建设项目的个数；N_{max} 为同一时段建设项目个数限值，其取值与项目类型和实际工程要求等有关。

8.3　高压项目基于净现值率的排序方法

由于规划报告中高压项目相对较少且经过严格审查，计算净现值率所需数据和参数比较准确，而且容易获得。因此，对于高压项目可在满足技术约束条件下基于净现值率进行排序，其中净现值率的计算见第 7 章。然后，依据总投资、项目净现值率及其时间顺序以及资源限制约束，对项目排序和投资方案进行调整。

高压项目优化排序的步骤为：①设置净收益计算参数(如停电费用、购售电价差、可靠性参数和线损参数等)；②计算各项目的净现值率；③按照项目净现值率对项目进行排序；④根据项目时间顺序以及资源限制调整项目排序(见8.2.4 节)。

8.4　应　用　算　例

本章应用算例包括中压项目和高压项目排序。

8.4.1　算例 8.1：中压项目排序

本节以某地区 2019 年中压规划项目为例进行项目排序和优选。

1. 中压规划项目概述

根据该地区 2019 规划成果，共计中压项目 434 个，共投资 1.96 亿元，其中满足新增负荷供电要求的项目有 304 个，投资 171307.6 万元；解决设备重载和过载的项目有 120 个，投资 20389.12 万元；消除设备安全隐患的项目有 6 个，投资302.8 万元；解决低电压台区的项目有 2 个，投资 1393 万元；加强网架结构的项目有 3 个，投资 2215 万元。

2. 中压项目三次排序

1)基于属性优先级的项目一次排序

鉴于现有项目库已给出每个项目所对应的若干项目属性(如解决重过载、满足新增负荷需求等),可基于式(8.1)和表 8.1 计算各项目基于属性优先级的排序得分值,并据此得到各项目一次排序结果。

2)基于评估体系的项目二次排序

鉴于现有项目库已给出每个项目所对应的若干项目属性、投资额和配电网现状指标和规划目标指标,且存在单个项目关联多个项目属性和一个项目属性关联多个系统指标的特点,故本节在一次排序结果的基础上,采用基于项目综合指标效果改进空间得分值计算方法(即权重系数 $w_{y2} =1$),并结合各项目投资,得到项目二次排序结果。

(1)单个系统指标与项目属性关联性。

该地区中压配电网单个指标与项目属性关联性如表 8.4 所示,包括基于式(8.6)计算所得的各指标效果改进空间得分值。

表 8.4　某地区中压配电网系统指标与项目属性关联性及其综合效果改进空间得分值

指标名称	现状指标	目标指标	效果改进空间分值	解决设备过载	满足新增负荷供电	消除设备安全隐患	电站配套送出工程	解决卡脖子	解决低压台区	加强网架结构	分布式电源接入	改造高损配变	其他
配变装接容量/(kV·A)	11842	8000	4.44	√	√		√						
中压线路联络率/%	59.4	100	6.216		√		√			√			
中压线路站间联络率/%	46	70	4.144		√		√			√			
变电站单线率/%	0	0	4.81										
变电站单变率/%	0	0	4.81										
中压线路平均长度/km	6.44	4.51	3.33	√			√			√			
中压线路长度越限率/%	50	30	3.33				√						
线路截面不合格率/%	0		2.96	√		√		√	√				
中压线路平均分段/段/回	4.9	4	2.96				√						
中压线路负载率/%	56.31	45	2.66				√	√					
中压线路重载率/%	11.9	0	2.66				√	√					
中压线路"N–1"通过率/%	20.8	100	7									√	
配变平均负载率/%	37	42	2.24	√								√	
配电变压器重载率/%	15	0	2.24				√		√				
主变压器重载率/%	11.8	0	6.16										

续表

指标名称	现状指标	目标指标	效果改进空间分值	解决设备重载过载	满足新增负荷供电	消除设备安全隐患	电站配套送出工程	解决卡脖子	解决低压台区	加强网架结构	分布式电源接入	改造高损配变	其他
变电容载比	2.12	2.54	5.04										
无油化率/%	95	100	2.45										√
故障停运率/%	0.09	0.03	2.45	√		√	√		√	√	√		
线路绝缘化率/%	75.37	100	5.95		√		√						
变电站无功配置比例/%	25	25	0										
配变无功配置比例/%	25	25	0						√				
高损耗配变比例/%	10	0	4.2									√	
运行年限/年	10	10	0	√		√		√				√	
单台容量标准化/%	100	100	0	√	√							√	
配电网自动化覆盖率/%	7.43	93.02	4.55										
信息系统使用程序/个	4	4	0										

注：表中"√"表示相应行的指标与相应列的属性相关联。

(2) 单个项目属性改进空间分值。

采用式(8.7)，该地区中压项目属性改进空间分值计算结果如表 8.5 所示。

表 8.5　某地区中压项目属性改进空间得分值

序号	项目属性	改进空间得分值
1	解决设备重载、过载	29.28
2	满足新增负荷供电要求	33.51
3	消除设备安全隐患	5.41
4	变电站配套送出工程	47.38
5	解决卡脖子	15.28
6	解决低电压台区	7.65
7	加强网架结构	28.43
8	分布式电源接入	2.45
9	改造高损配变	8.68
10	其他	2.45

(3) 单个项目改进空间得分值及其排序。

采用式(8.8)，计算各项目改进空间得分值，并结合各项目投资差异，得到项目二次排序结果。

3)基于时间顺序和资源限制的项目三次排序

考虑到项目时间和空间先后顺序约束对项目二次排序结果进行调整,得到该地区最终的项目排序结果,如表 8.6 所示。

表 8.6 某地区中压项目三次排序结果

序号	项目名称	项目属性	属性优先级分	项目改进空间分值	投资/万元	时间/年
1	10kV 项目 1	解决设备重载、过载	500	29.98	5	2019
2	10kV 项目 2	解决设备重载、过载	500	29.98	5	2019
3	10kV 项目 3	解决设备重载、过载	500	29.98	8	2019
4	10kV 项目 4	解决设备重载、过载	500	29.98	8	2019
5	10kV 项目 5	解决设备重载、过载	500	29.98	345	2019
6	10kV 项目 6	满足新增负荷供电要求	100	33.51	14	2019
7	10kV 项目 7	满足新增负荷供电要求	100	33.51	14.1	2019
8	10kV 项目 8	消除设备安全隐患	20	5.41	29.55	2020
9	10kV 项目 9	消除设备安全隐患	20	5.41	34.2	2020
10	10kV 项目 10	加强网架结构	0	29.43	590	2020
11	10kV 项目 11	加强网架结构	0	29.43	795	2020
12	10kV 项目 12	加强网架结构	0	29.43	830	2020
13	10kV 项目 13	解决低电压台区	0	7.65	667	2020
14	10kV 项目 14	解决低电压台区	0	7.65	726	2020

8.4.2 算例 8.2:高压项目排序

以某地区 2019~2022 年高压项目为例,进行项目评估与排序。

1. 高压项目概述

该地区 2019~2022 年高压项目 19 项,其中新建及扩建 18 项,改造项目一项,项目概况如表 8.7 所示(含规划投产年份或项目排序)。

该地区 2019~2022 年高压项目共投资 135377 万元,逐年投资如表 8.8 所示(高压项目逐年排序将依据该逐年投资额设定相应的建设年份)。

2. 项目净现值计算

2019~2022 年各 110kV 项目净现值计算相关结果如表 8.9 所示,其中项目收益主要为新增电量收益。

表 8.7　某地区 2019～2022 年高压项目概况

序号	项目名称	建设类型	容量/(MV·A)	线路总长度/km	规划投产年份	投资/万元
1	输变电 1	新建	2×50	19.26+2.64	2019	10065
2	输变电 2	新建	2×50	2×3.6	2019	7128
3	输变电 3	新建	2×50	2×4.5	2019	6996
4	输变电 4	新建	2×50	4×4.65	2019	6198
5	输变电 5	新建	2×50	4×1.45	2019	6055
6	输变电 6	新建	2×50	2×10	2019	12024
7	送出 1	新建	—	6×2.42	2019	3453
8	输变电 7	新建	2×50	4×0.1	2020	5485
9	输变电 8	新建	2×50	2×7.3	2020	8412
10	输变电 9	新建	2×50	2×6.8	2020	8113
11	送出 2	新建	—	4×5.15	2020	8652
12	输变电 10	新建	2×50	2×1	2021	4660
13	送出 3	新建	—	2×10.4	2021	8736
14	输变电 11	新建	2×50	4×4.2	2021	10876
15	输变电 12	新建	2×50	4×1.15	2021	5752
16	输变电 13	新建	2×50	6.8	2022	6676
17	输变电 14	新建	2×50	2×4.2	2022	7348
18	输变电 15	新建	2×50	4×2.1	2022	7348
19	增容改造	改造	2×50→3×63	—	2019	1400

表 8.8　某地区 2019～2022 年高压项目逐年投资汇总

时间	投资/万元
2019 年	53319
2020 年	30662
2021 年	30024
2022 年	21372
合计	135377

表 8.9　某地区 2019～2022 年 110kV 项目净收益相关计算结果

序号	项目名称	建设类型	新增电量/(亿 kW·h)	电量损失增加/(万 kW·h)			电量损失减少/(万 kW·h)		项目投资/万元	项目产出/万元	项目净收益/万元
				变电站	线路	停电	线损减少	可靠性提升			
1	输变电 1	新建	2.5	113	38	0	0	0	10065	2487.4	974.8
2	输变电 2	新建	2.5	113	13	5	0	0	7128	2463.3	1393
3	输变电 3	新建	2.5	113	16	6	0	0	6996	2458.2	1407.4
4	输变电 4	新建	2.5	113	32	0	0	0	6198	2487.6	1555.5
5	输变电 5	新建	2.5	113	10	0	0	0	6055	2488.4	1579.1
6	输变电 6	新建	2.5	113	35	11	0	0	12024	2432.5	626.3
7	送出 1	新建	0	0	0	0	47	16.22	3453	85.8	−431.9
8	输变电 7	新建	2.5	113	1	3	0	0	5485	2473.7	1650.6
9	输变电 8	新建	2.5	113	9	0	8	8.11	8412	2529.75	1267.1
10	输变电 9	新建	2.5	113	24	8	0	0	8113	2447.9	1229.1
11	送出 2	新建	0	0	0	0	4	0	8652	0.4	−1297.3
12	输变电 10	新建	2.5	113	0	0	0	0	4660	2488.7	1789.4
13	送出 3	新建	0	0	0	0	19	9.73	8736	50.55	−1259.8
14	输变电 11	新建	1.75	96	29	0	0	0	10876	1739.4	106
15	输变电 12	新建	2.5	113	6	0	0	6.97	5752	2523.35	1659.8
16	输变电 13	新建	2.5	113	0	0	0	0	6676	2488.7	1487
17	输变电 14	新建	2.5	113	15	6	0	0	7348	2458.2	1354.7
18	输变电 15	新建	2.5	113	15	0	0	0	7348	2488.2	1384.7
19	增容改造	改造	1	96	0	0	0	0	1400	990.4	780.4

3. 网架结构约束

该地区网架结构约束为新建变电站与新建新路投运时间约束,包括:

(1) 110kV 输变电工程 3 需在送出 1 后投运。

(2) 110kV 输变电工程 8 需在送出 3 后投运。

(3) 110kV 输变电工程 9 需在送出 1 后投运。

4. 基于净现值率的项目优化排序

首先依据项目净现值率对项目进行排序,并结合网架结构约束和项目评估(涉及其他技术约束)对排序进行调整,结果如表 8.10 所示。

表 8.10　某地区 2019～2022 年 110kV 项目基于净现值率的排序结果

序号	项目名称	建设类型	项目投资/万元	项目净收益/万元	项目净现值率/p.u.	年份	备注
1	增容改造	改造	1400	780.4	0.56	2019	
2	输变电 10	新建	4660	1789.4	0.38	2019	
3	输变电 7	新建	5485	1650.6	0.3	2019	
4	输变电 5	新建	6055	1579.1	0.26	2019	
5	输变电 4	新建	6198	1555.5	0.25	2019	
6	输变电 13	新建	6676	1487	0.22	2019	
7	送出 1	新建	3453	−431.9	−0.13	2019	
8	输变电 3	新建	6996	1407.4	0.2	2019	送出 1 后投运
9	输变电 2	新建	7128	1393	0.2	2019	
10	输变电 15	新建	7348	1384.7	0.19	2020	
11	送出 2	新建	8652	−1297.3	−0.15	2020	
12	输变电 14	新建	7348	1354.7	0.18	2020	
13	输变电 9	新建	8113	1229.1	0.15	2020	送出 1 后投运
14	输变电 12	新建	5752	1659.8	0.29	2021	
15	输变电 1	新建	10065	974.8	0.1	2021	
16	输变电 6	新建	12024	626.3	0.05	2021	
17	送出 3	新建	8736	−1259.8	-0.14	2022	
18	输变电 8	新建	8412	1267.1	0.15	2022	送出 3 后投运
19	输变电 11	新建	10876	106	0.01	2022	

　　作为方案对比，基于项目净现值率优化排序前后逐年净收益情况如表 8.11 所示。可以看出，基于净现值率的项目排序所得的净收益合计为 49982 万元，高于原有规划排序(即表 8.7)的净收益 41518 万元，净收益提高了 20%。

表 8.11　基于项目净现值率优化前后逐年净收益对比

| 序号 | 项目名称 | 投产年份 | | 净收益/万元 | | | | | | | | | |
| | | | | 2019 年 | | 2020 年 | | 2021 年 | | 2022 年 | | 合计 | |
		规划	优化后	规划	优化后	规划	优化后	规划	优化后	规划	优化后	规划	优化后
1	输变电 1	2019	2021	905	—	838	—	776	905	719	838	3238	1743
2	输变电 2	2019	2019	1291	1291	1195	1195	1107	1107	1025	1025	4617	4617
3	输变电 3	2019	2019	1304	1304	1208	1208	1118	1118	1036	1036	4666	4666
4	输变电 4	2019	2019	1443	1443	1336	1336	1237	1237	1145	1145	5160	5160
5	输变电 5	2019	2019	1463	1463	1355	1355	1254	1254	1161	1161	5234	5234

续表

序号	项目名称	投产年份		净收益/万元										
				2019 年		2020 年		2021 年		2022 年		合计	
		规划	优化后	规划	优化后	规划	优化后	规划	优化后	规划	优化后	规划	优化后
6	输变电 6	2019	2021	582	—	539	—	499	582	462	539	2083	1121
7	送出 1	2019	2019	−400	−400	−371	−371	−343	−343	−318	−318	−1432	−1432
8	输变电 7	2020	2019	—	1529	1529	1415	1415	1311	1311	1214	4255	5468
9	输变电 8	2020	2022	—	—	1174	—	1087	—	1007	1174	3268	1174
10	输变电 9	2020	2020	—	—	1140	1140	1055	1055	977	977	3172	3172
11	送出 2	2020	2020	—	—	−1201	−1201	−1112	−1112	−1030	−1030	−3344	−3344
12	输变电 10	2021	2019	—	1657	—	1534	1657	1421	1534	1315	3192	5928
13	送出 3	2021	2022	—	—	—	—	−1167	—	−1080	−1167	−2247	−1167
14	输变电 11	2021	2022	—	—	—	—	100	—	93	100	193	100
15	输变电 12	2021	2021	—	—	—	—	1538	1538	1424	1424	2961	2961
16	输变电 13	2022	2019	—	1377	—	1275	—	1181	1377	1093	1377	4926
17	输变电 14	2022	2020	—	—	—	1256	—	1163	1256	1076	1256	3495
18	输变电 15	2022	2020	—	—	—	1283	—	1188	1283	1100	1283	3572
19	增容改造	2019	2019	723	723	669	669	620	620	574	574	2585	2585
合计				**7311**	**10386**	**9411**	**12094**	**10842**	**14224**	**13955**	**13278**	**41518**	**49982**

8.5 本 章 小 结

基于实际规划中可获得的数据和参数,介绍了直观、简单和实用的中压项目三次优化排序方法和高压项目基于净现值率的排序方法。其中,针对中压项目采用三次优化排序,首先遵循项目属性优先级第一的原则对项目进行一次排序;然后,基于系统综合指标评估体系,综合考虑项目综合指标效果和各综合指标效果改进空间(或各指标效果均衡程度),对各项目进行二次排序,并结合其投资额进行排序调整;最后,基于项目时间和空间约束对项目进行三次排序。

需要指出的是,项目综合指标效果的计算需要获取与该项目实施后相关指标的变化量,这在实际工作中存在一定困难;而各综合指标效果改进空间的计算主要是基于配电网现状指标和规划目标指标,比较适用于难于计算指标变化量的项目排序。

参 考 文 献

[1] 黎灿兵, 傅美平, 梁锦照, 等. 基于网络协调程度评估的电网建设项目优化排序方法[J]. 电力系统保护与控制, 2010, 38(17): 112-115.

[2] 葛少云, 徐东星, 刘洪, 等. 基于项目库的两阶段项目综合决策优化[J]. 电力系统保护与控制, 2012, (22): 118-123.

[3] 崔文婷, 刘洪, 杨卫红, 等. 配电网投资分配及项目优选研究[J]. 中国电力, 2015, 48(11): 149-15.

[4] 张华一, 文福拴, 张璨, 等. 基于前景理论的电网建设项目组合多属性决策方法[J]. 电力系统自动化, 2016, 40(14): 8-14.

[5] 周晓敏, 张全, 杨卫红, 等. 基于可靠性边际效益的中压配电网项目优选[J]. 电网与清洁能源, 2017, 33(5): 24-30.

[6] 余松, 吴延琳, 王主丁, 等. 中压配电网规划项目优化排序混合方法[J]. 智慧电力, 2018, 46(1): 93-98.

[7] 张超, 王主丁, 王骏海, 等. 配电网评估指标体系分析研究及评估软件开发[J]. 供用电, 2012, 29(6): 1-7.

[8] 国家电网公司企业标准. 城市配电网运行水平和供电能力评估导则(Q/GDW 565—2010)[S]. 北京: 国家电网公司, 2010.

[9] 索玮岚, 樊治平. 混合型多属性决策的 E-VIKOR 方法[J]. 系统工程, 2010, 28(4): 79-83.

[10] 刘文霞, 刘春雨, 高丹丹. 配电网建设项目优化模型及求解[J]. 电网技术, 2011, 35(5): 115-120.

第9章 配电网投资估算模型和分配方法

为满足社会对电力的需求，供电企业每年都会投入大量的资金用于配电网的建设，而各地区配电网和社会经济的差异性和发展的不平衡给配电网总投资在各地区间的合理分配带来了一定的困难。本章介绍了一种综合考虑各地区配电网基本发展需要、投资的经济效益和社会效益的投资估算模型和分配方法，为省市电力公司决策者针对下级地区的常态投资分配提供较为客观独立的决策信息。

9.1 引　　言

在目前的体制下，各个地区供电公司为了追求自身效益最大化，上报项目可能多于实际需求，这就要求对配电网建设投资的分配进行科学和独立的评估。在总投资额给定的情况下，建立合理的投资分配模型有利于各地区投资的科学决策，规范相关部门的决策及管理行为，提高资源的利用率。因此，如何将整个规划区域的配电网建设资金(总投资)合理分配到各地区已成为各省、市供电企业需要解决的一个常态问题。

目前，针对配电网资金在不同地区之间的合理分配问题，较为直观的方法是借助配电网规划成果对相应投资规模进行估算[1~5]，但由于工作量大不适用于项目众多且情况较为复杂的中低压配电网投资决策。文献[6]～[10]基于评估体系进行配电网投资分配决策，文献[11]通过典型供电模式配电网规模的估算来进行投资分配决策，文献[12]基于现状电网和负荷增长对各地区配电网规模进行估算，并结合配电网基本发展需要、投资的经济效益和社会效益对配电网投资进行分配。

本章介绍了基于分类投资估算的配电网投资分配模型和方法[12]，包括投资的分类、基本投资估算模型、经济投资估算模型、投资分配方法(涉及按基本投资占比分配、按等收益率分配、按电量需求占比分配和基于加权的综合分配)和应用案例。

9.2　投　资　分　类

首先对涉及配电网投资分配决策的相关分类投资定义如下。

(1) 配电网总投资 I_z：可用于分配的配电网总投资。

(2) 规划投资 $I_{p,i}$：地区 i 基于配电网规划的投资。

(3) 经济投资 $I_{jj,i}$：在售电量、电价及目标收益率一定的条件下，基于内部收益率法反算的地区 i 的配电网投资(用以评估投资的经济可行性)。

(4) 基本投资 $I_{jb,i}$：为满足现有负荷和新增负荷地区 i 用于新建和改造电网的基本或最小投资。

(5) 特殊刚性投资 $I_{tg,i}$：为满足配电网某些硬性指标或者建设要求地区 i 所需的投资(如涉及已纳入上级电力公司规划的项目和满足无电地区用电需求)，该投资可根据地区发展需求由相关规划人员或专家给定。

(6) 应急投资 $I_{yj,i}$：上级电力公司为应急需求给地区 i 预留的电网建设费用。

(7) 刚性投资 $I_{g,i}$：地区 i 的刚性投资为该地区特殊刚性投资和应急投资之和 ($I_{g,i} = I_{tg,i}+I_{yj,i}$)。

(8) 投资下限 $I_{min,i}$：首先获得地区 i 的规划投资和基本投资中的较小值，并将该较小值和地区 i 刚性投资中的较大值定义为投资下限，即

$$I_{min,i}=\max\left\{I_{g,i},\min\left\{I_{p,i},I_{jb,i}\right\}\right\} \tag{9.1}$$

(9) 投资上限 $I_{max,i}$：首先获得地区 i 的规划投资和经济投资中的较小值，并该较小值和地区 i 投资下限中的较大值定义为投资上限，即

$$I_{max,i}=\max\left\{I_{min,i},\min\left\{I_{p,i},I_{jj,i}\right\}\right\} \tag{9.2}$$

(10) 最大总需求 I_{max}：最大总需求为各地区投资上限之和，即

$$I_{max}=\sum_{i=1}^{N_{za}}I_{max,i} \tag{9.3}$$

式中，N_{za} 为规划区域的总地区数。

(11) 最小总需求 I_{min}：最小总需求为各地区投资下限之和，即

$$I_{min}=\sum_{i=1}^{N_{za}}I_{min,i} \tag{9.4}$$

9.3　基本投资估算模型

　　配电网的基本投资是为了满足现有负荷和新增负荷需求用于新建和改造电网所需要的基本或最小投资。

9.3.1　基本投资分类

　　配电网基本投资可分为新建投资和改造老旧设备投资，其中新建投资又分为高压配电网投资及中低压配电网投资，如图 9.1 所示。配电网基本投资可基于现有配电网规模和规划年的预测负荷进行估算。

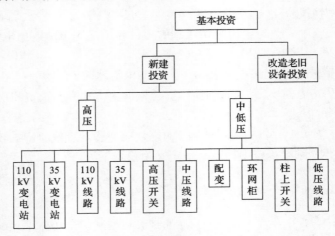

图 9.1　基本投资分类示意图

9.3.2　新建投资估算

　　1. 高压配电网

　　由于每年的规划报告中高压项目相对较少且经过严格审查，其规划投资可信度较高。因此，地区 i 高压配电网新建投资 $I_{\text{hvxj},i}$ 可直接从该地区的规划报告获得。

　　2. 中压配电网

　　1) 中压线路

　　考虑到由于新增站点中压线路供电半径的变化，地区 i 中压线路新建投资 $I_{\text{mvl},i}$ 可表示为

$$I_{\text{mvl},i} = \left[\left(N_{\text{mvl},i} + \Delta N_{\text{mvl},i}\right) K_{\text{mvlr},i} - N_{\text{mvl},i}\right] C_{\text{mvdl},i} \tag{9.5}$$

式中，$N_{\mathrm{mvl},i}$ 和 $\Delta N_{\mathrm{mvl},i}$ 分别为地区 i 现有中压线路条数及其规划年新增条数；$C_{\mathrm{mvdl},i}$ 为地区 i 现状年单条中压出线的平均价格；$K_{\mathrm{mvlr},i}$ 为地区 i 规划年和现状年中压线路供电半径的比值。

若以中压线路目标负载率(一般为经济负载率，也可根据供区负荷密度或接线方式调整，如三供一备可取 0.75，负荷密度低的农村地区可以轻载，如取 0.2)为基准，超过该基准的负荷可转移到其他线路，低于该基准的线路容量裕度可带新增负荷或其他线路转移的负荷。因此，地区 i 新增中压线路条数可表示为

$$\Delta N_{\mathrm{mvl},i} = \frac{\Delta P_{\mathrm{mvl},i} - P_{\mathrm{mvl},i}\left(\alpha_{\mathrm{emvl},i}/\alpha_{\mathrm{mvl},i} - 1\right)}{S_{\mathrm{mvdl},i}\,\alpha_{\mathrm{emvl},i}\cos\theta} \tag{9.6}$$

式中，$P_{\mathrm{mvl},i}$ 和 $\Delta P_{\mathrm{mvl},i}$ 分别为地区 i 现状年中压负荷和规划年新增中压负荷；$S_{\mathrm{mvdl},i}$ 为地区 i 单条中压线路的平均容量；$\alpha_{\mathrm{mvl},i}$ 和 $\alpha_{\mathrm{emvl},i}$ 分别为地区 i 现状年中压线路平均负载率和线路目标负载率；$\cos\theta$ 为功率因数。注意，若根据式(9.6)算出的新增中压线路条数为负，令 $\Delta N_{\mathrm{mvl},i}=0$。

地区 i 现状年单条中压出线的平均价格可表示为

$$C_{\mathrm{mvdl},i} = \frac{L_{\mathrm{mvdl},i}C_{\mathrm{mvdl}} + L_{\mathrm{mvjl},i}C_{\mathrm{mvjl}}}{N_{\mathrm{mvl},i}} \tag{9.7}$$

式中，$L_{\mathrm{mvdl},i}$ 和 $L_{\mathrm{mvjl},i}$ 分别为地区 i 现状年电缆线路和架空线路的总长度；C_{mvdl} 和 C_{mvjl} 分别为地区 i 现状年中压电缆线路和架空线路的平均长度单价。

假设变电站的供电范围为一个圆，变电站处于圆心位置，规划年和现状年的中压出线供电半径的比值 $K_{\mathrm{mvlr},i}$ 可表示为

$$K_{\mathrm{mvlr},i} = \sqrt{\frac{\left(A_{\mathrm{mv},i} + \Delta A_{\mathrm{mv},i}\right)N_{\mathrm{b},i}}{A_{\mathrm{mv},i}\left(N_{\mathrm{b},i} + \Delta N_{\mathrm{b},i}\right)}} \tag{9.8}$$

式中，$A_{\mathrm{mv},i}$ 和 $\Delta A_{\mathrm{mv},i}$ 分别为地区 i 现状年中压线路供电范围面积及其规划年新增面积；$N_{\mathrm{b},i}$ 和 $\Delta N_{\mathrm{b},i}$ 分别为地区 i 现状年有中压出线的高压变电站个数及其规划年新增个数。

2)配变

地区 i 配变新建投资 $I_{\mathrm{dt},i}$ 可表示为

$$I_{\mathrm{dt},i} = K_{\mathrm{gy},i}\Delta N_{\mathrm{dt},i}C_{\mathrm{dt}} \tag{9.9}$$

式中，$K_{\mathrm{gy},i}$ 为地区 i 公用中压线路上公变占配变总量的比例；$\Delta N_{\mathrm{dt},i}$ 为地区 i 规划年新增配变台数；C_{dt} 为配变的平均单价。

若以配变目标负载率(一般为经济负载率，也可根据供区负荷密度调整)为基

准，超过该基准的负荷可转移到其他配变，低于该基准的配变容量裕度可带新增负荷或其他配变转移的负荷。因此，地区 i 规划年新增配变台数可表示为

$$\Delta N_{\mathrm{dt},i} = \frac{\Delta P_{\mathrm{mvl},i} - P_{\mathrm{mvl},i}\left(\alpha_{\mathrm{edt},i}/\alpha_{\mathrm{dt},i} - 1\right)}{k_{\mathrm{t},i} S_{\mathrm{dt},i}\alpha_{\mathrm{edt},i}\cos\theta} N_{\mathrm{dt},i} \tag{9.10}$$

式中，$\alpha_{\mathrm{dt},i}$ 和 $\alpha_{\mathrm{edt},i}$ 分别为地区 i 现状年配变平均负载率和配变目标负载率；$S_{\mathrm{dt},i}$ 和 $N_{\mathrm{dt},i}$ 分别为地区 i 现状年配变总容量和配变总台数；$k_{\mathrm{t},i}$ 为地区 i 中压负荷相对于配变负荷的用电同时率。注意，若根据式(9.10)算出的新增配变台数为负，则令 $\Delta N_{\mathrm{dt},i}=0$。

3) 环网箱

地区 i 环网箱新建投资 $I_{\mathrm{hw},i}$ 可表示为

$$I_{\mathrm{hw},i} = \Delta N_{\mathrm{mvdl},i} N_{\mathrm{dlfd},i} C_{\mathrm{hw}} \tag{9.11}$$

其中，

$$\Delta N_{\mathrm{mvdl},i} = \Delta N_{\mathrm{mvl},i}\frac{L_{\mathrm{mvdl},i}}{L_{\mathrm{mvdl},i}+L_{\mathrm{mvjl},i}} \tag{9.12}$$

式中，$\Delta N_{\mathrm{mvdl},i}$ 为地区 i 规划年新增电缆条数；C_{hw} 为环网柜的平均单价；$N_{\mathrm{dlfd},i}$ 为地区 i 每条中压电缆线平均分段数。

4) 柱上开关

地区 i 柱上开关新建投资 $I_{\mathrm{zk},i}$ 可表示为

$$I_{\mathrm{zk},i} = \Delta N_{\mathrm{mvjl},i} N_{\mathrm{jlfd},i} C_{\mathrm{zk}} \tag{9.13}$$

其中，

$$\Delta N_{\mathrm{mvjl},i} = \Delta N_{\mathrm{mvl},i} - \Delta N_{\mathrm{mvdl},i} \tag{9.14}$$

式中，$\Delta N_{\mathrm{mvjl},i}$ 为地区 i 新增架空线条数；C_{zk} 为柱上开关的平均单价；$N_{\mathrm{jlfd},i}$ 为地区 i 每条中压架空线平均分段数。

3. 低压线路

第 i 地区低压线路新建投资 $I_{\mathrm{lvl},i}$ 可表示为

$$I_{\mathrm{lvl},i} = \left[\left(N_{\mathrm{lvl},i}+\Delta N_{\mathrm{lvl},i}\right) K_{\mathrm{lvlr},i} - N_{\mathrm{lvl},i}\right] C_{\mathrm{lvdl},i} \tag{9.15}$$

式中，$N_{\mathrm{lvl},i}$ 和 $\Delta N_{\mathrm{lvl},i}$ 分别为地区 i 现有和新增低压出线条数；$C_{\mathrm{lvdl},i}$ 为地区 i 现状年单条低压线路的平均价格；$K_{\mathrm{lvlr},i}$ 为地区 i 规划年和现状年低压线路供电半径

的比值。

类似新增中压线路条数计算公式，地区 i 新增低压线路条数可表示为

$$\Delta N_{\text{lvl},i} = \frac{\Delta P_{\text{lvl},i} - P_{\text{lvl},i}\left(\alpha_{\text{elvl},i}/\alpha_{\text{lvl},i} - 1\right)}{S_{\text{lvdl},i}\alpha_{\text{elvl},i}\cos\theta} \tag{9.16}$$

式中，$\Delta P_{\text{lvl},i}$ 和 $P_{\text{lvl},i}$ 分别为地区 i 新增低压负荷和现状年低压负荷；$\alpha_{\text{lvl},i}$ 和 $\alpha_{\text{elvl},i}$ 分别为地区 i 现状年低压线路平均负载率和线路目标负载率（一般为经济负载率）；$S_{\text{lvdl},i}$ 为地区 i 单条低压线路平均容量。

注意：若根据式(9.16)算出的新增低压线路条数为负，令 $\Delta N_{\text{lvl},i}=0$。

单条低压出线平均价格 $C_{\text{lvdl},i}$ 可表示为

$$C_{\text{lvdl},i} = \frac{L_{\text{lvl},i}}{N_{\text{lvl},i}} C_{\text{lvl}} \tag{9.17}$$

式中，$L_{\text{lvl},i}$ 为地区 i 现有低压线路长度；C_{lvl} 为现状年低压线路的平均长度单价。

类似中压出线供电半径比值的计算公式，$K_{\text{lvlr},i}$ 可表示为

$$K_{\text{lvlr},i} = \sqrt{\frac{\left(A_{\text{lv},i} + \Delta A_{\text{lv},i}\right) N_{\text{dt},i}}{A_{\text{lv},i}(N_{\text{dt},i} + \Delta N_{\text{dt},i})}} \tag{9.18}$$

式中，$A_{\text{lv},i}$ 和 $\Delta A_{\text{lv},i}$ 分别为地区 i 现状年低压线路供电范围面积及其规划年新增面积（可认为分别与 $A_{\text{mv},i}$ 和 $\Delta A_{\text{mv},i}$ 相同）。

9.3.3　改造投资估算

1. 高压配电网

类似高压配电网新建投资，地区 i 高压配电网老旧设备改造投资 $I_{\text{hvgz},i}$ 可直接从该地区的规划报告获得。

2. 中低压配电网

若在每年的规划报告中，中低压项目基础数据(如使用年限、运行状况等)比较齐全，地区 i 中低压配电网旧设备改造投资 $I_{\text{mlgz},i}$ 可直接从该第地区的规划报告获得。否则，可采用以下的模型进行改造投资估算。

若地区 i 现状年电网规模采用最新设备单价计算的价值为 $I_{0,i}$，负荷平均增长率为 $\beta_{\text{p},i}$，中低压新建项目投资 $I_{\text{mlxj},i}$ 可表示为现状规模价值乘上负荷增长率，即

$$I_{\text{mlxj},i} = I_{0,i}\beta_{\text{p},i} \tag{9.19}$$

假定地区 i 改造比例 $k_{gb,i}$ 为改造投资与新建投资的比值，改造老旧设备投资可表示为

$$I_{mlgz,i} = I_{mlxj,i} k_{gb,i} \tag{9.20}$$

若设备的平均使用年限为 N_p，$I_{mlxj,i}$ 包含了地区 i 之前第 N_p 年的新建投资 $I_{mlxj,i}^{(N_p)}$ 与改造投资 $I_{mlgz,i}^{(N_p)}$，可表示为

$$I_{mlgz,i} = I_{mlxj,i}^{(N_p)} + I_{mlgz,i}^{(N_p)} = I_{mlxj,i}^{(N_p)} + (I_{mlxj,i}^{(2N_p)} + I_{mlgz,i}^{(2N_p)})$$

$$= I_{mlxj,i} \left[\frac{1}{(1+\beta_{p,i})^{N_p}} + \frac{1}{(1+\beta_{p,i})^{2N_p}} + \frac{1}{(1+\beta_{p,i})^{3N_p}} + \cdots \right] = I_{mlxj,i} \frac{1}{(1+\beta_{p,i})^{N_p} - 1}$$

$$\tag{9.21}$$

则改造比例可表示为

$$k_{gb,i} = \frac{1}{(1+\beta_{p,i})^{N_p} - 1} \tag{9.22}$$

改造比例 $k_{gb,i}$ 与设备使用年限 N_p 及负荷增长率 $\beta_{p,i}$ 的关系如表 9.1 所示。

表 9.1　改造比例与设备使用年限及负荷增长率的关系

设备使用年限 N_p	不同负荷增长率下的改造比例			
	$\beta_{p,i}=0.03$	$\beta_{p,i}=0.05$	$\beta_{p,i}=0.08$	$\beta_{p,i}=0.1$
15	1.79	0.93	0.46	0.31
18	1.42	0.7	0.33	0.22
20	1.24	0.60	0.27	0.17
25	0.91	0.42	0.17	0.10
30	0.70	0.30	0.11	0.06

由表 9.1 可以看出，当配电网设备使用年限变化范围为 15~30 年和负荷增长率变化范围为 3%~12%时，老旧设备改造比例变化范围为 0.06~1.79；在负荷增长率一定的情况下，设备使用年限越长，老旧设备改造比例越低；在设备使用年限一定的情况下，增长率越高，老旧设备改造比例越低；由于中低压设备使用年限较短，负荷增长率较小，中低压老旧设备改造比例相对较高；高压设备使用年限较长，负荷增长率较快，因此老旧设备改造比例相对较低。

因此，通过负荷增长率及设备使用年限可大致估算出各地区的设备改造比例，再根据式(9.20)由新建投资及改造比例即可求得各地区老旧设备改造投资。

9.3.4 基本投资汇总

综上所述，地区 i 由新建投资与老旧设备改造投资构成的基本投资可表示为

$$I_{jb,i}=\left(I_{hvxj,i}+I_{mvl,i}+I_{dt,i}+I_{hw,i}+I_{zk,i}+I_{lvl,i}\right)+\left(I_{hvgz,i}+I_{mlgz,i}\right) \tag{9.23}$$

9.4 经济投资估算模型

本章经济投资计算方法是在售电量、电价及目标收益率一定的条件下，采用内部收益率法反算投资；而且一年投资（流出）只对应相应年份（一年）的增供电量（流入），但需考虑当年供电能力裕度对增供电量的分摊作用，以及投资使用年限内经分摊后的增供电量总收入、投资运行维护费用和投资回报费用。

9.4.1 经济流量模型

针对地区 i 将来某年的配电网经济投资计算，相关经济流量模型可图 9.2 直观表示。图中，$I_{qz,i}$ 为地区 i 将来某年投资，$I_{y,i}$ 和 $B_{y,i}$ 分别为对应投资 $I_{qz,i}$ 使用年限内各年的等额现金流出和现金流入。

图 9.2 经济流量模型示意图

9.4.2 计算步骤和公式

地区 i 将来某年的配电网经济投资计算步骤如下：

1）计算各地区配电网售电平均净收益电价

地区 i 配电网售电平均净收益电价 $C_{a,i}$ 可表示为

$$C_i = \frac{C_{1,i}E_{1,i}+C_{2,i}E_{2,i}+C_{3,i}E_{3,i}-C_{4,i}E_{4,i}-C_{5,i}E_{5,i}}{E_i} \tag{9.24}$$

式中，E_i 为地区 i 配电网的总售电量；$E_{1,i}$、$E_{2,i}$、$E_{3,i}$、$E_{4,i}$ 和 $E_{5,i}$ 分别代表地区 i 配电网的工业售电量、商业售电量、居民售电量、水电购电量和火电购电量；$C_{1,i}$、

$C_{2,i}$、$C_{3,i}$、$C_{4,i}$ 和 $C_{5,i}$ 分别代表地区 i 配电网工业售电单价、商业售电单价、居民售电单价、水电购电单价和火电购电单价。

2)计算各地区售电年收入

地区 i 现有售电年收入 $B_{xy,i}$ 可表示为

$$B_{xy,i} = C_i E_i \qquad (9.25)$$

若以中压线路目标负载率为基准估算供电能力裕度,通过基于该供电能力裕度的电量分摊后规划年地区 i 新增售电年收入 $B_{xz,i}$ 可表示为

$$B_{xz,i} = B_{xy,i} \max \left\{ \beta_{p,i} - \left(\frac{\alpha_{emvl,i}}{\alpha_{mvl,i}} - 1 \right), 0 \right\} \qquad (9.26)$$

3)现金流出现值公式

现金流出考虑了当年投资及其使用年限内逐年运行维护费用和投资回报费用,则地区 i 的相应现金流出现值 PC_i 可表达为

$$PC_i = I_{qz,i} + \sum_{t=1}^{N_p} \left[I_{y,i} (1+IRR_0)^{-(t-1)} \right] = I_{qz,i} \left[1 + (k_y + k_h) \sum_{t=1}^{N_p} (1+IRR_0)^{-(t-1)} \right] \qquad (9.27)$$

式中,$I_{qz,i}$ 为地区 i 当年电力企业总投资(含基建、技改和小基建等);k_y 和 k_h 分别为运行维护费用系数和投资回报系数;年现金流出 $I_{y,i} = I_{qz,i}(k_y + k_h)$;$IRR_0$ 为给定的基准内部收益率(按照现有的规定,电力工业的财务基准收益率在独资情况下和有贷款情况下分别取值为 0.08 和 0.085)。

4)现金流入现值公式

年现金流入包括分别对应初始年投资和改造投资使用年限内新增售电年收入和部分现有售电年收入,则地区 i 的相应的现金流入现值 PB_i 可表达为

$$PB_i = \sum_{t=1}^{N_p} B_{y,i} (1+IRR_0)^{-(t-1)} = B_{xz,i}(1+k_{gb,i}) \sum_{t=1}^{N_p} (1+IRR_0)^{-(t-1)} \qquad (9.28)$$

式中,年现金流入 $B_{y,i} = B_{xz,i} + B_{xz,i} k_{gb,i}$。

5)计算电力企业总投资

令 $PB_i = PC_i$ 可获得地区 i 的电力企业总投资,即

$$I_{qz,i} = \frac{B_{xz,i} \left(1 + k_{gb,i}\right) \sum\limits_{t=1}^{N_p} (1+IRR_0)^{-(t-1)}}{1 + (k_y + k_h) \sum\limits_{t=1}^{N_p} (1+IRR_0)^{-(t-1)}} \qquad (9.29)$$

6)计算配电网经济投资

地区 i 配电网经济投资 $I_{jj,i}$ 可表示为

$$I_{jj,i} = I_{qz,i} k_{dw,i} k_{pw,i} \tag{9.30}$$

式中，$k_{dw,i}$ 为地区 i 电网建设投资占企业总投资比例；$k_{pw,i}$ 为地区 i 配电网投资占全网投资比例。

9.5　投资分配模型策略

考虑到配电网基本发展需要、投资的经济效益及社会效益等基本原则，本节给出了几种投资分配的模型和策略。其中，若配电网总投资 I_z 小于最小总需求 I_{min}（或大于最大总需求 I_{max}），各地区分配投资额可按其投资上限（或下限）在各地区投资上限（或下限）之和中的占比进行分配；否则，在满足各地区投资上下限条件下，各地区分配投资额需要考虑到配电网基本发展需要、投资的经济效益和/或社会效益。

9.5.1　按投资上下限占比分配

若 $I_z > I_{max}$（或 $I_z < I_{min}$），按各地区投资上限（或下限）在各地区投资上限（或下限）之和中的占比分配，此时地区 i 投资分配额 $I_{0,i}$ 可分别表示为

$$I_{0,i} = \begin{cases} I_z \dfrac{I_{max,i}}{I_{max}}, & I_z > I_{max} \\[3mm] I_z \dfrac{I_{min,i}}{I_{min}}, & I_z < I_{min} \end{cases} \tag{9.31}$$

9.5.2　按基本投资占比分配

基本投资反映各地区配电网基本建设需求，按各地区基本投资在各地区基本投资总和中的占比分配总投资有助于配电网的协调发展。若 $I_{min} < I_z < I_{max}$，在满足相关投资上下限条件下，按基本投资占比分配的地区 i 投资 $I_{1,i}$ 可由式(9.32)求解获得。

$$\begin{cases} I_{1,i} = \left(I_z - \displaystyle\sum_{p \in \Omega_{1,min}} I_{min,p} - \sum_{q \in \Omega_{1,max}} I_{max,q} \right) \dfrac{I_{jb,i}}{\displaystyle\sum_{j \in \Omega_{1,med}} I_{jb,j}} \\[3mm] I_{1,p} = I_{min,p} \\ I_{1,q} = I_{max,q} \\ i \in \Omega_{1,med}, \quad p \in \Omega_{1,min}, \quad q \in \Omega_{1,max} \end{cases} \tag{9.32}$$

式中，$\Omega_{1,\min}$、$\Omega_{1,\max}$ 和 $\Omega_{1,\mathrm{med}}$ 分别为按基本投资占比分配投资取下限、上限和上下限之间值的地区编号集合。

9.5.3 按等收益率分配

经济投资反映各地区配电网投资的经济合理性，按相同经济收益率在各地区间分配总投资有助于平衡各地区配电网的经济收益。若 $I_{\min} < I_z < I_{\max}$，在满足相应投资上下限条件下，按等收益率分配的地区 i 投资 $I_{2,i}$ 可由式 (9.33) 联立求解获得。

$$\begin{cases} \dfrac{I_{2,i}}{I_{\mathrm{jj},i}} = \dfrac{I_{2,j}}{I_{\mathrm{jj},j}}, \quad i \neq j \\ \displaystyle\sum_{i \in \Omega_{2,\mathrm{med}}} I_{2,i} = I_z - \sum_{p \in \Omega_{2,\min}} I_{\min,p} - \sum_{q \in \Omega_{2,\max}} I_{\max,q} \\ I_{2,p} = I_{\min,p} \\ I_{2,q} = I_{\max,q} \\ i \in \Omega_{2,\mathrm{med}}, \quad j \in \Omega_{2,\mathrm{med}}, \quad p \in \Omega_{2,\min}, \quad q \in \Omega_{2,\max} \end{cases} \tag{9.33}$$

式中，$\Omega_{2,\min}$、$\Omega_{2,\max}$ 和 $\Omega_{2,\mathrm{med}}$ 分别为按等收益率分配投资取下限、上限和上下限之间值的地区编号集合。

9.5.4 按电量需求占比分配

电量反映各地区的社会需求，按各地区新增电量需求在各地区总新增电量需求中的占比分配总投资有助于平衡各地区电量需求。若 $I_{\min} < I_z < I_{\max}$，在满足相应投资上下限条件下，按电量需求占比分配的地区 i 投资 $I_{3,i}$ 可由式 (9.34) 求解获得。

$$\begin{cases} I_{3,i} = \left(I_z - \displaystyle\sum_{p \in \Omega_{3,\min}} I_{\min,p} - \sum_{q \in \Omega_{3,\max}} I_{\max,q} \right) \dfrac{\beta_{\mathrm{p},i} E_i}{\displaystyle\sum_{j \in \Omega_{3,\mathrm{med}}} \beta_{\mathrm{p},j} E_j} \\ I_{3,p} = I_{\min,p} \\ I_{3,q} = I_{\max,q} \\ i \in \Omega_{3,\mathrm{med}}, \quad p \in \Omega_{3,\min}, \quad q \in \Omega_{3,\max} \end{cases} \tag{9.34}$$

式中，$\Omega_{3,\min}$、$\Omega_{3,\max}$ 和 $\Omega_{3,\mathrm{med}}$ 分别为按电量需求占比分配投资取下限、上限和上下限之间值的地区编号集合。

9.5.5　基于加权的综合分配

若 $I_{min} < I_z < I_{max}$，为综合考虑电网建设的基本需求、投资的经济效益和社会效益，可采用专家意见法相关投资分配结果进行加权求和。此时，在满足相应投资上下限条件下，地区 i 基于加权的分配投资 $I_{w,i}$ 可简化表示为

$$I_{w,i} = w_1 I_{1,i} + w_2 I_{2,i} + w_3 I_{3,i} \tag{9.35}$$

式中，w_1、w_2 和 w_3 分别为相关投资分配结果的权重（$w_1 + w_2 + w_3 = 1$），可根据决策者经验引入人工干预。

9.6　模型算法流程

在给定整个规划区域总投资的情况下，各地区投资分配模型的算法流程为：

(1)统计个地区的刚性投资和规划投资，并按配电网现有规模和预测负荷估算各地区基本投资。

(2)基于式(9.24)～式(9.30)估算各地区配电网经济投资。

(3)根据各地区刚性投资、规划投资、基本投资和经济投资，采用式(9.1)和式(9.2)确定各地区分配投资的下限和上限。

(4)基于本章投资分配模型策略，采用启发式迭代方法制定各地区投资分配方案(见图9.3)，其中主要步骤为：

①若配电网总投资 I_z 小于最小总需求 I_{min}(或大于最大总需求 I_{max})，基于式(9.31)各地区分配投资额可按其投资下限(或上限)在 I_{min}(或 I_{max})中的占比进行分配，跳转步骤⑤。

②将投资取下限和上限的地区编号集合初始化为空集，将投资取上下限之间值的地区编号集合初始化为含所有地区编号。

③采用 9.5.2 节～9.5.5 节方法计算各地区投资分配，若计算结果没有发生某地区投资越限的情况，跳转到步骤⑤；否则，继续到下一步骤。

④为了保证满足各地区投资上下限约束，本章方法不是将所有越限投资简单设置为相应的上下限，而是每次仅针对越限量最大(不分上下限)的地区投资逐一消除越限，即"最大越限逐一消除法"，即在满足各地区投资上下限约束条件下尽量调整最大越限投资使其接近相应的限值，具体越限调整步骤为：

(a)针对某一种投资分配方式 n(可取值为 1、2 或 3，分别代表"按基本投资占比分配"、"按等收益率分配"或"按电量需求占比分配")，找出越限量最大的值(不分上下限)并将相应的地区编号记为 k，相应的最大越限量 $\Delta I_{n,k}$ 可表示为

$$\Delta I_{n,k}=\max\left\{\max_{p\in\Omega'_{n,\min}}\left\{I_{\min,p}-I_{n,p}\right\},\max_{q\in\Omega'_{n,\max}}\left\{I_{n,q}-I_{\max,q}\right\}\right\} \tag{9.36}$$

式中，$\Omega'_{n,\min}$ 和 $\Omega'_{n,\max}$ 分别为按分配方式 n 投资越下限和上限的地区编号集合。

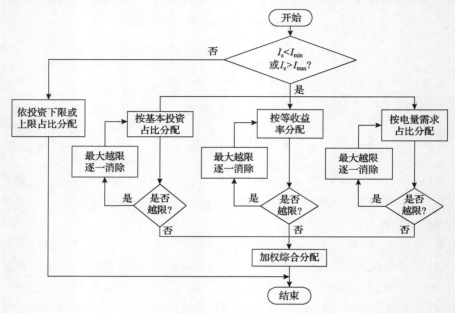

图 9.3　配电网投资分配的总体流程图

(b)若对应越限量最大的值 $\Delta I_{n,k}$ 属于越上限，则采用投资分配方式 n 时地区 k 的投资可表示为

$$I_{n,k}=I_{\max,k}+\min\left\{\left(I_z-\sum_{p\in\Omega'_{n,\min}}I_{\min,p}-\sum_{q\in\Omega'_{n,\max}}I_{\max,q}\right)-I_{\max,k}-\sum_{j\in\Omega'_{n,\mathrm{med}},j\neq k}I_{\min,j},0\right\} \tag{9.37}$$

式中，$\Omega'_{n,\mathrm{med}}$ 为按分配方式 n 投资在上下限之间的地区编号集合。如果 $I_{n,k}<I_{\max,k}$，将 $\Omega'_{n,\mathrm{med}}$ 中除 k 外其他地区编号移出至 $\Omega'_{n,\min}$ 中。

(c)若对应越限量最大的值 $\Delta I_{n,k}$ 属于越下限，则采用投资分配方式 n 时地区 k 投资可表示为

$$I_{n,k}=I_{\min,k}+\max\left\{\left(I_z-\sum_{p\in\Omega_{n,\min}}I_{\min,p}-\sum_{q\in\Omega_{n,\max}}I_{\max,q}\right)-I_{\min,k}-\sum_{j\in\Omega_{n,\mathrm{med}},j\neq k}I_{\max,j},0\right\} \tag{9.38}$$

如果 $I_{n,k} > I_{\min,k}$，将 $\Omega'_{n,\mathrm{med}}$ 中除 k 外其他地区编号移出至 $\Omega'_{n,\max}$ 中。

(d) 返回步骤③。

⑤获得了满足投资上下限约束的各地区投资分配方案。

9.7　应用算例

本算例以隶属于某省的 15 个市为研究对象，采用提出的模型及方法，分别对各市历史年及规划年配电网投资分配情况进行计算分析，通过对历史年 (2019) 投资分配情况校验和对规划年 (2021 年) 的投资分配决策测试本章方法在实际配电网投资分配决策中的效果。

1. 参数设置

本算例部分技术参数为：中压线路经济负载率 0.45；配变经济负载率为 0.6；中压负荷相对于配变负荷的同时率为 0.7；电网平均净收益电价为 0.165 元/(kW·h)；设备使用年限为 20 年；运行维护费用系数为 0.035，投资回报系数为 0(无贷款)；基准内部收益率为 0.08；电网建设投资占企业总投资比例；电网建设投资占企业总投资比例为 0.8；配电网投资占全网投资比例为 0.55。

2. 历史年 (2019 年) 投资分配计算分析

已知 2019 年全省规划投资合计 96.40 亿元；实际投资合计 56.87 亿元。采用本章模型和方法，计算得到全省配电网总基本投资为 55.30 亿元，总经济投资为 109.10 亿元，各市分类投资情况如表 9.2 所示。

采用本章基于加权的综合分配策略，对各市配网投资进行计算，结果如图 9.4 所示。

由图 9.4 可以看出，2019 年大部分地区实际分配投资与本章理论计算投资趋势一致；其中 B 市、C 市、G 市、L 市投资不足，A 市、E 市、F 市、I 市、K 市、O 市投资过胜；L 市投资规划偏于保守，而省公司分配过程中未能得到有效倾斜，造成分配投资偏少；B 市、C 市、G 市发展较快，配电网建设需求大，但实际分配投资比模型分配投资要少，这可能是造成这几个地方变电站重过载等指标较差的原因；A 市新增和新增电量小，在实际投资中应酌情减少投资。E 市、F 市、I 市、K 市新增负荷较少，配电网建设需求不大，但其规划投资较大，造成这些地方投资过胜；虽然 O 市新增电量多，但 O 市现状电网带负载能力强，实际投资分配决策时应相对减少投资。

表 9.2　2019 年各地区各类型投资情况

市名	基本投资/亿元	经济投资/亿元	实际投资/亿元	规划投资/亿元
A 市	1.68	1.28	1.7	1.27
B 市	3.54	4.65	3.29	5.65
C 市	4.99	5	3.65	5.28
D 市	1.36	4.69	1.7	4.65
E 市	4.45	2.02	3.4	3.55
F 市	5.21	13.21	7.37	14.18
G 市	7.77	24.52	8.45	15.08
H 市	2.3	2.07	2.6	2.77
I 市	2.23	3.98	3.24	6.18
J 市	0.67	1.73	0.78	1.41
K 市	3.65	1.87	3.38	4.71
L 市	5.47	20.44	4.48	10.15
M 市	2.83	8.17	2.62	5.35
N 市	4.08	9.38	3.54	8.2
O 市	5.07	6.09	6.67	7.98
合计	55.3	109.1	56.87	96.4

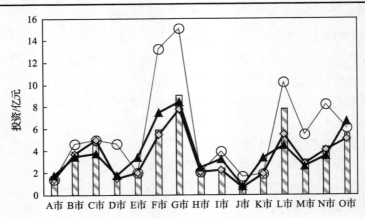

图 9.4　2019 年各地区投资分配结果
综合分配；　上限；　下限；　实际投资

3. 规划年(2021 年)投资分配计算分析

已知 2021 年全省规划总投资为 83.85 亿元。采用本章模型和方法,计算得到全省配电网总基本投资为 56.75 亿元,总经济投资为 120.09 亿元,各市分类投资结果如表 9.3 所示。

表 9.3 2021 年各地区分类投资情况

市名	基本投资/亿元	经济投资/亿元	规划投资/亿元
A 市	1.46	1.4	3.21
B 市	3.48	5.2	4.39
C 市	3.38	5.6	3.21
D 市	1.37	5.41	4.21
E 市	1.38	2.35	3.48
F 市	6.1	14.14	10.71
G 市	8.25	26.35	11.75
H 市	1.97	2.27	3.07
I 市	5.05	4.9	5.5
J 市	2.25	1.89	1.78
K 市	3.69	1.98	6.27
L 市	4.05	22.23	7.48
M 市	4.96	9.54	7.03
N 市	5.52	10.07	7.34
O 市	3.82	6.75	4.42
合计	**56.75**	**120.09**	**83.85**

已知 2021 年全省 110kV 及以下配电网可分配总投资为 62 亿元,采用本章基于加权的综合分配策略,对各市配网投资进行计算,结果如图 9.5 所示。

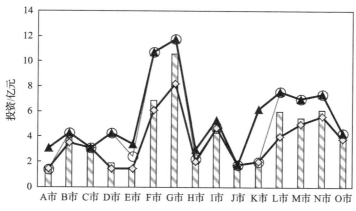

图 9.5 2021 年各地区投资分配结果

综合分配; —○— 上限; —◇— 下限; —▲— 实际投资

由图 9.5 可以看出，2021 年规划投资普遍高于本章理论计算的分配投资；通过本章模型方法计算后，部分经济及负荷发展较快的地区投资占比有所提高，如 B 市、C 市和 G 市；部分前期投资过大或负荷发展较缓慢的地区投资占比有所下降，如 F 市和 K 市。

9.8　本 章 小 结

本章介绍了基于分类投资估算的配电网投资分配模型和方法，涉及规划投资、基本投资、刚性投资、经济投资和投资上限及下限的概念，为省市电力公司决策者对下级地区的投资分配提供更全面的决策信息。

(1)给出了简洁实用的配电网基本投资和经济投资估算模型。其中，推导了改造比例与设备使用年限和负荷增长率的关系表达式，为改造比例定量分析提供了参考依据。

(2)在配电网总投资大于最小总需求并小于最大总需求的情况下，考虑到配电网基本发展需要、投资的经济效益及社会效益等基本原则，介绍了四种实用分配模型和方法，分别为按基本投资占比分配、按等收益率分配、按电量需求占比分配和基于加权的综合分配。

(3)在中低压配电网新建投资估算中采用了目标负载率来衡量设备供电能力。目标负载率取值越大投资分配会越小；目标负载率一般采用经济负载率，也可为提高供电能力基于不同接线模式采用供电安全负载率。

(4)供电可靠率、电压合格率和线损率等指标与设备负载率和线路供电半径关联性较强。通常，在配电网规划中已经对设备负载率和供电半径进行了合理取值，但具体设备的负载率和线路的供电半径还与项目实施情况有关。因此，如存在某重要指标偏低的情况，可根据具体情况考虑相应的特殊刚性投资。

(5)算例计算分析表明本章模型策略不但可以给出较为合理的近期规划投资分配方案，而且可以发现部分地区现有规模偏高或偏低的问题，在一定程度上起到校验前期规划成果的作用。

参 考 文 献

[1] 霍凯龙, 王主丁, 畅刚. 目标年中压配电网规划实用方法[J]. 电网技术, 2013, (6): 1769-1774.

[2] 朱文华, 周星星. CEES 电气计算软件在县级电网规划中的应用[J]. 电气技术, 2014, 15(11): 73-76.

[3] 孙可, 那星, 李欣, 等. 基于大数据的配电网规划智能辅助决策平台研究与应用[J]. 供用电, 2016, 33(11): 31-35.

[4] 陈雪, 黄伟, 叶琳浩, 等. 基于多源数据的配电网规划辅助决策系统研究[J]. 广东电力, 2017, 30(1): 53-58.

[5] 王昌照. 基于大数据的"三统一"配电网规划辅助决策系统[J]. 供用电, 2017, 34(1): 32-37.

[6] 方略, 程浩忠, 柳璐, 等. 基于多指标体系的10kV配电网投资分配评价[J]. 华东电力, 2014, 42(6): 1092-1097.

[7] 崔文婷, 刘洪, 杨卫红, 等. 配电网投资分配及项目优选研究[J]. 中国电力, 2015, 48(11): 149-154.

[8] 张富强, 罗慧, 刘梅招, 等. 基于基尼系数的电力网络投资分配模型及应用[J]. 电力建设, 2016, 37(1): 9-14.

[9] 崔巍, 都秀文, 杨海峰. 供电公司投资规模模型研究[J]. 电力建设, 2013, 34(8): 27-33.

[10] 朱永娟. 基于地区发展的电网投资分配优化方法研究[J]. 电力与能源, 2016(6): 704-708.

[11] 杨卫红, 王云飞, 刘速飞, 等. 基于典型供电模式的配电网投资分配模型研究[J]. 电力设备, 2016(14): 109-114.

[12] 余松, 吴延琳, 王主丁, 等. 配电网投资分配的模型策略[J]. 电网与清洁能源, 2017, 33(12): 28-36.

第 10 章　配电网规划辅助决策系统

配电网规划工作包括收资、方案制定、投资估算和效果评估等工作，是一项复杂的系统工程，存在"决策难、评审难、编制难"三大难点。本章介绍的基于"三统一"（即统一技术原则、统一项目库和统一规划平台）的配电网规划辅助决策系统，可用以辅助解决传统规划存在的"三难"等实际问题，提升配电网规划的整体水平，为投资决策提供有效支撑。

10.1　引　　言

配电网规划具有涉及专业领域广、数据信息量大、不确定因素多和更新变化快等特点。目前，传统规划工作多以手工为主，由于规划所需的设备主要参数和系统运行数据尚未实现实用的信息化集成和专业规划管理，数据整合工作仍需耗费大量人力、物力，导致存在数据质量不高、问题分析不到位和方案更新不及时等问题，从而造成规划工作面临"决策难、评审难、编制难"三大难点。

通过科学、合理和有序的配电网规划工作，可以更好地指导配电网建设，为此已开发出一些配电网规划辅助决策软件[1,2]，用以提升规划方案的编制品质，改善评审效果和提升投资决策水平，同时提高规划的信息化、日常化和精细化水平。近年来，信息系统的建设和发展为解决配电网规划信息化支撑问题提供了有利条件，同时将大数据概念引入电力行业，站在电力大数据的角度对电网系统进行分析已成为研究热点[2~4]。其中，文献[2]基于统一规划技术原则、统一编制项目库和统一规划技术平台的"三统一"规划思路，从基础数据获取和模型算法整合入手，研发 e-Planning(exact/easy/electric planning)配电网规划实用软件，很大程度上解决了传统规划存在的"三难"等实际问题，为提高规划的信息化、日常化和精细化水平创造了条件。

本章将 e-Planning 配电网规划实用软件作为示例，对配电网规划辅助决策系统进行了介绍，包括基于大数据和"三统一"的系统构架和规划功能设计(涉及规划原则、供电分区、现状电网分析、电力需求预测、变电站规划、网架规划、项目库编制、成效评估、投资决策和成果评审)。

10.2　配电网规划大数据

电网大数据以业务趋势预测和数据价值挖掘为目标，利用了数据集成管理、数据存储、数据计算和分析挖掘等方面关键技术，具有数据量大、种类繁多、数据处理迅速、价值密度低 4 个特点。其中，与配电网规划相关的数据有：一体化 GIS（geographic information system）平台中的设备台账、网络拓扑结构、相关图纸和地理信息等数据；生产管理系统中的设备技术参数、停电信息和设备缺陷信息等数据；营销系统中的用户信息、用电信息和综合线损等数据；计量系统中的配变年、月、日负荷数据；调度系统中的变电站、电厂、高中压线路等设备负荷数据；可来源于其他系统中的市政规划、经济发展和区域人口等数据。

10.3　"三统一"设计思路

"三统一"是指以统一规划技术原则为约束，以统一编制项目库为目的和以统一规划技术平台为工具。

1. 统一技术原则

统一技术原则是指通过统筹建设和改造的技术要求，制定标准化、差异化和属地化的规划技术原则，包括以下内容：

（1）在上级各项规划技术原则的基础上，充分考虑本地区规划定位、电网现状和负荷发展等情况，有针对性地提出不同区域不同电压层级的规划原则，使得制定的属地化技术原则具备"同一片区标准化、不同片区差异化"的特点。

（2）统一基建、技改和用户接入三方面的电网建设改造思路和技术路线，促进电网的协调发展。

（3）统一的技术原则内嵌入规划平台，作为配电网现状问题严重性与规划方案合理性的评判标准。

2. 统一项目库

统一项目建库是指由计划部牵头，通过与营销、设备和调度等部门就负荷增长需求、业扩受限、解决网架安全薄弱问题、降损等项目编制建立传递机制，遵循统一的技术标准，统一确认问题，共同制定解决举措和方案，统一编制包含基建、技改和营销三类项目的规划方案，做到不疏漏、不冗余和不反复。

3. 统一规划平台

统一规划平台是指整合数据、模型和算法的软件应用平台，它借助配电网

GIS、调度自动化系统、生产管理系统、营销系统和计量系统等信息化成果，通过"数据总线"与其他系统进行数据交互自动获取规划所需数据，以"插件"方式引入现有成熟软件(如附录介绍的 CEES 软件)，实现电网诊断、负荷预测、项目编制、项目评估和投资决策等功能，为投资决策提供有效工具支撑。统一规划平台的五大功能优势为：

(1)数据采集常态。通过数据总线采集数据，实现快速和实时获取数据，为电网全息分析打下基础，提升收资效率。

(2)电网诊断严谨。基于统一计算策略的电网诊断、表格计算、问题追踪和分区指标计算，提升分析结果严谨性。

(3)优选项目实用。基于问题建立项目，并对每个项目进行评估；通过投资策略优选项目，自动汇总工程投资及规划指标，提升规划项目的实用性。

(4)项目管理可视。基于 GIS 系统为背景的分区划分、设备渲染、项目绘制、可靠性及负荷预测计算结果展示，结果展示直观和精细。

(5)软件计算精细。引入现有技术成熟的电网辅助决策软件，如变电站定址定容、空间负荷预测、电网潮流和可靠性计算等软件。

10.4　基于大数据和"三统一"的系统架构

基于大数据和"三统一"的 e-Planning 软件系统构架如图 10.1 所示，它是信息化技术在配电网规划上的应用，它借助一体化 GIS、生产管理系统、营销系统、计量系统、调度自动化系统等信息化成果，通过"数据总线"与其他系统进行数据交互，自动获取规划所需数据，有效实现了配电网规划相关业务。

10.5　规划相关功能

本章规划功能涉及规划原则、供电分区、现状电网分析、电力需求预测、变电站规划、网架规划、项目库编制、成效评估、投资决策和成果评审。

1. 规划原则实施

为了自动实现电网诊断和方案编制按照统一的标准执行，将制定的标准化、差异化和属地化的规划技术原则固化于规划平台。

2. 供电分区划分

直接在 GIS 图中绘制分区，并赋予供电分区类型属性，便于直接统计分区设备台账与指标，并与固化于规划平台的规划原则结合，不同分区直接应用对应供电分区的技术标准；增加了网格单元优化划分功能（见图 10.2），为配电网网格化规划打下了基础[5]。

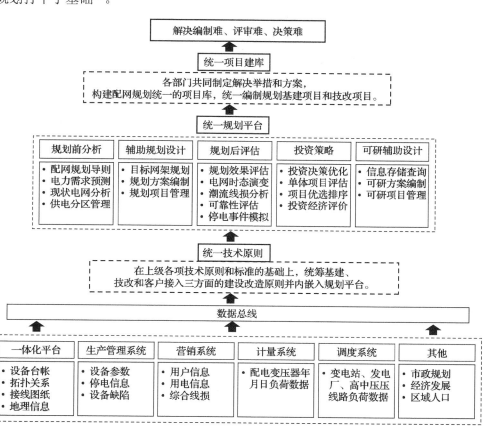

图 10.1　基于大数据和"三统一"的软件系统架构

图 10.2　供电网格单元优化划分功能示意图

3. 现状电网分析

本章现状电网分析包括数据收资、合理性校核和电网诊断分析等，具有简化收资工作、常态化电网诊断分析、可视化的问题设备定位和全息化的电网分析等模块功能亮点。

(1) 借助现有信息化系统(如一体化 GIS 系统、生产管理系统、营销系统、调度自动化系统和计量系统)的配电网基础数据，根据规划需求通过服务总线获取配电网现状集成数据并生成收资表。

(2) 对收资表进行数据合理性校验，结果反馈至数据源系统，以便用户对各系统缺失和不合理数据进行有效维护；整合合理数据，分别生成按电压等级和设备类型汇总的台账总表。

(3) 基于相关技术导则和标准以及大数据分析法，对现状配电网的网架结构、运行水平和设备水平等各项指标进行诊断分析，挖掘配电网薄弱环节，并以报表形式提供电网问题清单，如图 10.3 所示。

图 10.3 现状电网分析模块示意图

4. 电力需求预测[5]

电力需求预测模块包括国民经济历史及预测指标管理、总量负荷预测和空间负荷预测三部分。

1) 总量负荷预测

基于国民经济发展指标，通过曲线拟合、"自然增长+大用户"和弹性系数等方法进行总量预测，推荐合理方案。

2) 空间负荷预测

采用考虑小区发展不平衡的空间负荷预测分类分区法进行预测，逐年负荷预测结果直接在控规地块上显示,以及通过电网演变功能在 GIS 上显示逐年负荷(见图 10.4)。

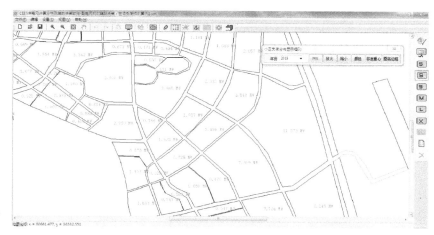

图 10.4　地块逐年负荷显示示意图

5. 变电站优化规划

变电站优化规划涉及单阶段和多阶段规划优化[5]。

1)单阶段规划

在负荷大小及分布已知的情况下, 以年总费用最小为目标, 可得到变电站的优化数量、位置、容量和供电范围。

2)多阶段规划

多阶段规划优算法化将空间负荷预测结果相对可靠的远景年或近期某年作为目标年, 以目标年变电站站址站容作为规划期各阶段变电站待选站址站容, 采用多阶段准动态规划法求解负荷预测结果相对可靠的近期逐年变电站规划方案。

6. 网架规划

1)目标网架规划

目标网架包括网格优化划分、网格出线规模分析和网格网架布线。网格基于远景变电站布点和政府规划道路优化划分, 网格出线规模基于远景负荷预测结果计算, 网格网架布线明确网格内目标网架接线模式和构建方案。

2)规划方案绘制

可直接在 GIS 图中进行规划方案绘制, 由于有较为精准的坐标, 工程量相对精准, 为后续可靠性和理论线损计算提供拓扑关系支撑。

7. 项目库编制

1)精细编制

以统一的涉网资产现状问题清单为依据,以网格为单位,通过人工创建、自动推荐和外部导入三种方式,创建囊括基建、生产技改和营销技改的统一项目库。

(1)基于现状问题清单创建项目,突出编制项目与现状问题的对应,确保项目建设必要性。

(2)基于 GIS 界面绘制规划项目方案图(见图 10.5),提升规划线路路径和设备落点的准确性,确保项目方案的合理性。

(3)规划项目达到可研深度,便于开展项目前期工作。

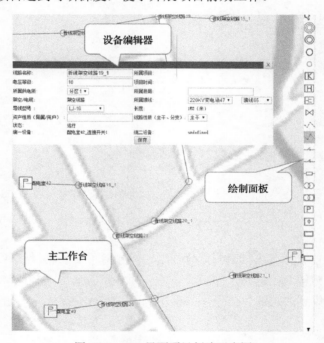

图 10.5　GIS 界面项目创建示意图

2)统一项目库

由计划部牵头,各部门共同制定解决问题的举措和方案,统一编制规划基建项目、技改项目和营销项目,形成完备的配电网规划项目库。其中,规划基建项目是由远及近,着力解决配电网发展问题;生产技改项目则是由近及远,注重解决配电网现状的问题。

统一项目建库的优点有:

(1)统筹平衡生产运行和电网发展的需求,合理安排项目建设的时序。

(2)树立"大电网"理念,解决垂直管理造成的项目重报、漏报、建完就改、重复建设等问题。

(3)有效减少投资浪费和电网作业对用户供电的影响程度。

(4)形成电网规划的基础数据和项目管理台账。

8. 成效评估

1)项目评估

可从单体项目、问题解决成效和网格改造效果多方面开展项目评估。

(1)单体项目评分。

通过分析单个项目解决的问题类型和项目执行效果,计算得出对配电网供电能力和供电指标(如线路联络率、"N–1"安全校验通过率和重过载率等)的提升情况,依据具体的打分原则对每个规划项目自动打分,项目打分结果作为项目优选的依据(见第 8 章)。

(2)问题解决成效。

基于对规划态电网拓扑关系的梳理,评估现状问题在各规划年份的解决情况以及规划期末的剩余情况(见图 10.6),并评估规划期内配电网主要指标(主要涉及运行指标、设备水平、网架结构三个方面)的变化情况,以可视化和表单化手段反映配电网投资和项目安排的合理性,投资变化时可及时自动更新配电网主要指标,减少了繁琐的重复工作。

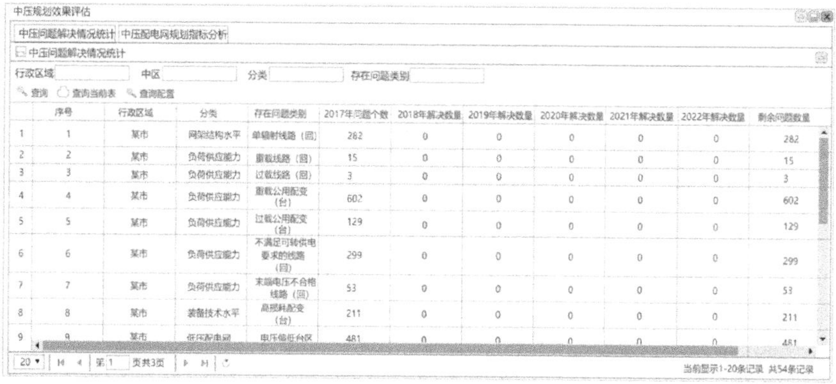

序号	行政区域	分类	存在问题类别	2017年问题个数	2018年解决数量	2019年解决数量	2020年解决数量	2021年解决数量	2022年解决数量	剩余问题数量
1	某市	网架结构水平	单辐射线路(回)	262	0	0	0	0	0	262
2	某市	负荷供应能力	重载线路(回)	15	0	0	0	0	0	15
3	某市	负荷供应能力	过载线路(回)	3	0	0	0	0	0	3
4	某市	负荷供应能力	重载公用配变(台)	602	0	0	0	0	0	602
5	某市	负荷供应能力	过载公用配变(台)	129	0	0	0	0	0	129
6	某市	负荷供应能力	不满足可转供电要求的线路(回)	299	0	0	0	0	0	299
7	某市	负荷供应能力	末端电压不合格线路(回)	53	0	0	0	0	0	53
8	某市	装置技术水平	易烧坏配变(台)	211	0	0	0	0	0	211
9	某市	低压问题重载	串压偏低台区	481	0	0	0	0	0	481

图 10.6　问题解决列表示意图

(3)网格改造效果。

基于现状电网问题总表和负荷预测值,结合规划年电网拓扑结构,针对每个网格规划项目实施前后进行指标对比分析,并自动计算生成可分行政区和供电分区类型查询并展示的报表。

2)可靠性分析

(1)可靠性指标计算。

通过对可靠性管理系统调研获取配电网统计可靠性指标，并通过多年数据积累与分析，细化具体设备的故障率和计划停电率及其地域分布，据此自动设置可靠性参数。

根据现状和规划线路拓扑关系、设备技术参数和设备故障率等信息，计算全局、变电站和线路的供电可靠性指标，评估规划后供电可靠性指标的变化情况[6]。

(2)停电事件模拟。

依据项目编制后的规划方案所形成的拓扑关系，模拟项目实施后的停电影响范围，对影响的网架进行渲染，自动计算其造成的停电时户数，通过统计报表方便规划人员对电网项目建设时序做出合理调整，优化停电计划，充分减少计划停电对可靠性的影响。

3)潮流线损计算

根据现状和规划线路拓扑关系、负荷水平和设备参数等信息，计算出现状和规划态配电网的潮流和理论线损。

4)电网时态演变

电网时态演变是以时间为主线，动态展示规划期配电网逐年的网架结构、网格负荷、主要指标和问题解决情况，清晰反映配电网从现状年到目标年的演变过程，该模块的功能亮点有：

(1)实现规划电网运行水平、网络结构、设备水平、台区位置、供电半径、供电用户、国民经济等信息的关联分析。

(2)全景可视化推演，便于重建电网历史状态、跟踪变化、预测未来。

9. 投资决策

投资决策是基于现状电网问题、负荷预测结果和目标年电网指标要求，依据投资策略自动生成投资方案和优选项目，可实现投资决策精准。投资决策模块包括投资策略、项目优选和财务评价三个子功能。

1)投资策略

分析电网近期建设投资合理需求，为规划人员对项目建设时序有效调整和电网建设投资分配提供合理的依据(见第9章)。

2)项目优选

如图10.7所示，基于投资策略和项目排序可实现项目的自动优选，快速自动响应投资力度变化后的电网指标变化，减少了繁琐的重复工作。其中，单击"实施项目"按钮可展示项目库中类别为"1"和"2"的项目)；单击"优先项目"按

钮可展示项目库中类别为"1"的项目）；单击"合理项目"按钮可展示项目库中
类别为"2"的项目；单击"储备项目"按钮可展示项目库中类别为"3"和"4"
的项目）；单击"近期项目"按钮可展示项目库中类别为"3"的项目；单击"远
期项目"按钮可展示项目库中对应类别为"4"的项目。

图 10.7　项目优选功能模块示意图

项目优选功能亮点有：

（1）单一项目指标提升：可实现单一项目对指标提升的评估，当项目调整后能
快速计算调整后指标。

（2）项目排序：项目进行优先级排序（见第 8 章），并对项目进行分逐年分类投
资汇总。

（3）项目自动优选：基于给定的投资和项目优先排序，对项目进行优选，结合
专家干预得到实施项目库，并自动计算出对应的工程量和电网指标，使规划人员
专注于规划方案的优化，而且投资总量与电网指标对应关系明了，便于决策。

（4）投资对指标影响：可快速计算投资变动后的电网指标。

3）财务评价

财务评价用于考察规划项目总体投资的盈利能力、偿债能力和可持续能力等，
为项目投资决策和预算管理提供充分依据。

10. 成果评审

为提升规划成果评审效果和规划管理水平，上级电网公司可直接抓取到一体
化 GIS、生产管理系统、营销、计量系统、调度自动化系统的基础数据，掌握现
状一线指标；当调整项目时指标会进行相应的变化；当投资变动时可快速调整规
划项目。

10.6　本章小结

　　以统一规划技术原则为约束，以统一编制项目库为目的和以统一规划技术平台为工具，从基础数据获取和模型算法整合入手，本章规划辅助决策系统借助于现有信息化系统，从整体架构设计到规划模块功能设计充分考虑配电网规划业务特点，在各环节实现了计算精准和决策精准，较好解决了传统规划存在决策难、评审难和编制难的实际问题：

　　(1)解决"编制难"问题，实现了精细编制。从数据来源至项目规划，强化了数据的实时性、连通性和准确性，有效提升了规划的数据质量；现状问题、负荷需求和规划项目实现完全匹配，避免了项目的重报、漏报；基于问题清单创建或自动推荐项目，强化了现状问题的解决程度，提升了工作效率，保证了规划质量；模型算法解放规划人员的体力和脑力，使规划人员专注于规划方案的优化，提升了规划方案的品质。

　　(2)解决"评审难"问题，实现了精细评审。系统解决了将现场实际全息化、多视角展现给评审专家的技术难题；规划项目根据通道走向绘制于GIS系统中，便于评审专家评估规划通道的落地难度和评估工程量；问题清单、规划项目和问题解决程度连贯对应，项目对电网指标的改善效益得以充分展示，有效提升评审效率。

　　(3)解决"决策难"问题，实现了精细决策。通过基础数据与项目联动，可直接抓取到基础数据，掌握实时数据；通过投资与项目联动，投资变动时可依据投资策略快速优化项目库，并自动计算相应的工程量；通过项目与指标联动，投资及项目调整时可直观了解到指标的变化。

参 考 文 献

[1] 罗凤章, 王成山, 肖峻. 上海城市配电网规划辅助决策系统[J]. 电网技术, 2009, 33(3): 79-88.

[2] 王昌照. 基于大数据的"三统一"配电网规划辅助决策系统[J]. 供用电, 2017, 34(1): 32-37.

[3] 刘科研, 盛万兴, 张东霞. 智能配电网大数据应用需求和场景分析研究[J]. 中国电机工程学报, 2015, 35(2): 287-293.

[4] 张东霞, 苗新, 刘丽平. 智能电网大数据技术发展研究[J]. 中国电机工程学报, 2015, 35(1): 2-12.

[5] 王主丁. 高中压配电网规划——实用模型、方法、软件和应用(上册)[M]. 北京: 科学出版社, 2020.

[6] 王主丁. 高中压配电网可靠性评估——实用模型、方法、软件和应用[M]. 北京: 科学出版社, 2018.

第 11 章　一流配电网建设策略和展望

随着负荷快速发展以及分布式能源和新型柔性负荷接入的增加，一流配电网的建设任务越发紧迫，但在实践中存在不计代价盲目追求高技术指标的倾向。本章结合我国配电网现状和智能化的发展方向，阐述了一流配电网建设的总体思路，提出了实现一流配电网"安全可靠、优质高效"目标的"5 个协调"建设策略(含故障处理模式的选择策略)和"1 个核心"建设任务，介绍了基于物联网、高速通信和储能的主动配电网"绿色低碳、智能互动"应用前景，阐述了一流配电网应实现的可靠性目标。

11.1　引　　言

随着我国经济社会的不断发展，传统的配电网粗放式规划难于满足"效率效益"的建设目标，配电网精益化规划与管理任务显得越发紧迫。同时，随着高比例分布式可再生能源渗透率的提高、异质能源系统的融合和新型用电负荷电能需求的增长，要求配电网从传统单向电能提供商向双向能量流动与高级服务转变[1]。因此，安全可靠、优质高效、绿色低碳、智能互动的现代电网建设逐渐被提上日程。

为适应现代电网建设的要求，文献[2]对一流城市配电网的建设理念、指标体系、关键技术、实践路径和主要建设内容进行了阐述，指出一流城市配电网的核心内涵是"安全可靠、优质服务、经济高效、绿色低碳、智能互动"，但较为笼统且没有涉及农网等其他类型的配电网。对一流电网基本特征，国家电网公司使用了"安全可靠、优质高效、绿色低碳、智能互动"十六个字进行了概括，其中涉及的精益化规划建设对于提高供电安全性、社会生态可持续性和经济竞争力具有重要的战略意义。2017 年，国家电网公司就提出建设一流城市配电网的战略，并在北京、上海、天津等十个大型城市进行试点工作。2019 年，国家电网公司提出了"三型两网，世界一流"的战略方针，加快了一流电网的规划和建设。其中，"三型"是指"枢纽型、平台型、共享型"；"两网"是指打造"坚强智能电网"与"泛在电力物联网"。同年，南方电网公司提出了"三步走"的阶段性战略目标，到 2020 年基本建成"两精两优"具有全球竞争力的世界一流企业（其中，"两精两优"即"管理精益、服务精细、业绩优秀、品牌优异"）。目前，南方电网公司对广西、广东、粤港澳大湾区等地一流电网的建设进行了战略部署，并取得了阶段性的成果。因此，一流配电网的建设任务已越发紧迫，但在实践中存在有不顾经济性盲目追求高大上设计方案的倾向。

本章结合我国配电网现状、智能化的发展方向和本书上下两册网架规划的研究成果，提出了一流配电网建设的总体思路、"5 个协调"建设策略和"1 个核心"建设任务(包括故障处理模式的选择策略和"一环三分三自"馈线一二次协调策略)，介绍了基于物联网、高速通信和储能的主动配电网应用前景，阐述了一流配电网的可靠性优化目标。

11.2　总体思路

我国当前配电网存在自动化水平低、设备利用率低、调度方式落后和可再生能源消纳能力不足等问题，难以推动能源结构优化调整，因此一流配电网的建设任务越发紧迫。但长期以来配电网技术指标的提升往往以牺牲经济为代价，呈现出电网技术性与经济性的对立。因此一流配电网建设不应偏离"技术可行、经济最优"的基本理念，不应盲目追求技术指标的提升或高大上的设计，而应基于技术和经济的平衡找到适合当地实际的最佳电网，力求经济效益和社会效益的统一。

一流配电网的基本架构如图 11.1 所示，可分为一次系统、通信系统、操作系

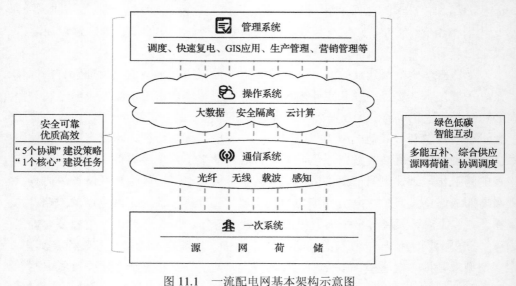

图 11.1　一流配电网基本架构示意图

统和管理系统，各系统之间和各系统内部都需要基于"技术可行、经济最优"的基本理念进行相互协调。其中，简洁、安全、可靠和灵活的网架结构是一流配电网极其重要的基础，目前国内大量辐射型专线影响了供电安全可靠性，多年的配电网自动化投入仍难以实现站间负荷快速转供(特别是大范围站间中压负荷快速转供)，上级电网得不到下级电网的有效支撑，投资和资源占用大，设备利用率低，因此即使"安全可靠、优质高效"的一流配电网目标都难以达到。

由图 11.1 可以看出，一流配电网内容涵盖面广，建设周期长，近期应争取从既基础又重要的领域(特别是柔性、灵活网架和快速复供电方面)取得突破，有效地提高配电网的效率效益，尽快实现一流配电网"安全可靠、优质高效"的目标，并据此测算一流配电网应实现的可靠性优化指标；同时利用可落地的物联网、高速通信和储能关键技术开展"绿色低碳、智能互动"示范先行，在取得经验以后按阶段实施，在中期建立一个较为智能和主动的配电网以创造较大的经济和社会价值，逐渐实现一流配电网"安全可靠、优质高效、绿色低碳、智能互动"的长期目标。

配电网网架主要涉及变电站和线路两部分，其结构优化涉及不同电压等级"纵向"和同一电压等级"横向"两个方面的"全局统筹"[3]。针对一流配电网"安全可靠、优质高效"的建设目标，本章提出了"5 个协调"建设策略和"1 个核心"建设任务。其中，"5 个协调"为变电站布点和中压线路长度的协调、不同电压等级网架结构协调、相同电压等级供电分区间的协调、主变间联络结构协调、中压一二次协调；"1 个核心"是指受影响中压负荷通过站间联络快速复供电(简称"快复电")的核心任务。基于"5 个协调"建设策略和"1 个核心"建设任务，明确一流配电网的理想可靠性目标应为一个优化值或范围，过高或低都不符合"技术可行、经济最优"的基本规划理念，并提出了可靠性优化目标的分解计算方法。

11.3　配电网智能化的发展历程

配电网智能化，即以智能代替人工来执行例如巡线、检修和优化调度等各种配电网工作，以实现用电设备停电后快速复电，提高供电安全可靠性、生态可持续性和经济竞争力。

1. 配电网智能化的效益

加强配电网智能化建设有以下具体效益：

(1)提升电力系统运行经济性。通过构筑电源、电网与用户之间的友好互动平台，提升电网对间歇性新能源与负荷(含新型负荷)的接纳能力，促进新能源大规模消纳，使用户想用电就用电、想卖电就卖电。

(2)提升电网输送效率，降低线损。智能调度系统和灵活配电技术对智能站点的控制以及与电力用户的实时双向交互，可以优化系统的潮流分布，提高配电网络的输送效率；同时，智能电网的建设将促进分布式能源的广泛应用，也可在一定程度上降低电力输送产生的网损。

(3)提高供电可靠性，减少停电损失。借助智能化设备和先进技术能够实现配电自动化，各种传感器将实时监测电压、电流等电气参数和重要部件的运行状况，提供更为准确的电网健康状况信息，使得系统抵御故障的能力极大的提高；当发生故障时，也可以将影响控制在最小范围，并使故障造成的损失最小化。

(4)改善电能质量。通过安装在全网的传感器组件反馈信息，能够迅速识别电能质量问题，并准确提出解决电能质量问题的方案。

2. 配电网智能化发展概述

配电网智能化研究可追溯到 20 世纪七八十年代，人们初步建成了馈线自动化系统，用于实现局部电网的快速复电，减少用户的停电时长。随着地理信息系统技术开始应用于配电网管理，离线信息与实时信息采集与监测系统的集成问题得到了解决，以馈线自动化和优化管理为核心的配电自动化系统在 20 世纪九十年代前后开始投入电网的实际工作当中。

美国的配电自动化发展大致经历了三个阶段：第一阶段实现故障自动隔离和自动抄表；第二阶段从 20 世纪 80 年代中期开始，进行了大量的配电自动化试点工作，但大部分为各自独立的自动控制系统；第三阶段从 20 世纪 90 年代中后期开始，将配电管理系统、配电自动化、用户自动化为主要内容的综合自动化作为配电网自动化的发展应用方向。

我国的配电自动化发展较晚，在 20 世纪末本世纪初才迎来了配电自动化设备的首次发展浪潮，经过十几年的探索与实践，目前相关技术已逐步趋向成熟。配电网自动化的建设模式经历了从简易型、实用型、标准型、集成型和智能型的变化，以满足不同规模和类型的配电网自动化建设的需求。首次完成了配电网智能化骨架建设，即将配电自动化系统分为应用层、平台层、通信层和感知层四部分，后续智能电网等智能化系统的发展可以看做是对这四部分的进一步完善和细化。

到 21 世纪初，分布式能源技术兴起，传统电网的优化运营管理受到严重挑战，世界各国掀起了智能电网建设潮流。智能电网以配电网自动化为基础，以大规模新型能源和负荷的消纳、供应为目的，拥有更强的自愈能力、更高的安全性以及更优的电能质量，并支持分布式能源的大量接入、支持与用户互动、配电网可视化管理、更高的资产利用率、配电管理与用电管理的信息化，进一步促进了电网的智能化发展。

随着全球能源枯竭以及环境污染问题的加剧，为提升能源效率和改善环境，将电力能源与石油、天然气等能源协调配合成为世界各国研究重点，2011 年综合能源系统应运而生。综合能源系统是基于新型电力网络、石油网络和天然气网络等能源的互联，提倡以智能电网为骨架实现能量双向流动的能量交换与共享网络。

到 2019 年，芯片技术、人工智能、大数据技术和网络通信技术获得了突破性进展，为了最大限度实现智能对人工的替代，国家电网公司明确提出打造泛在电力物联网的规划。泛在电力物联网将感知层扩展到与电相关的所有设备当中，为智能电网提供了大数据补充，是智能电网借助人工智能的进一步升华，是配电自动化的更高形态。

配电网智能化发展梗概归纳总结后如图 11.2 所示。

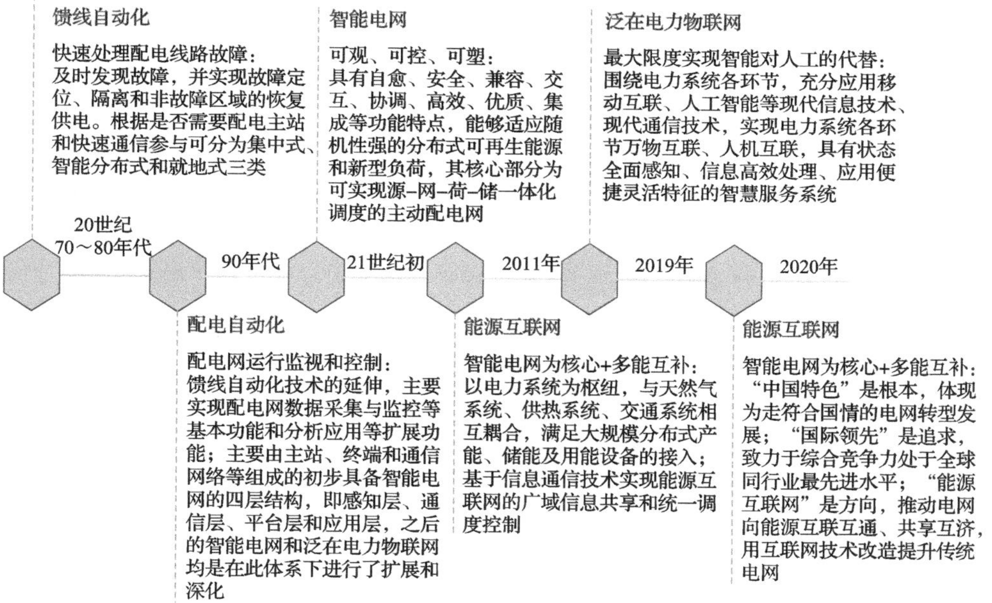

图 11.2　配电网智能化发展历程示意图

3. 馈线自动化

馈线自动化技术的主要目的在于快速处理配电线路出现的故障，它是利用自动装置或系统，监视配电网的运行状况，及时发现配电网故障，并实现故障的定位、隔离和非故障区域的恢复供电等相关过程。根据是否需要配电主站和快速通信参与可将馈线自动化可分为集中式、智能分布式和就地式三类方式。

1) 集中式

集中式利用通信网络,采用主站集中监控获取全面信息,确定最优故障隔离和恢复算法,是目前馈线自动化的主流方案,可分为全自动和半自动两种实现方式。

(1) 全自动方式。配电主站通过快速收集区域内配电终端的信息,判断配电网运行状态,集中进行故障识别、定位,通过遥控完成故障隔离和非故障区域恢复供电。

(2) 半自动方式。配电主站通过收集区域内配电终端的信息,判断配电网运行状态,集中进行故障识别、定位,通过现场人工完成故障隔离和非故障区域恢复供电。

集中式需要建设复杂的主站和故障处理策略以及完善的通信网络,投资和维护都较为昂贵;它只有在各个环节全部可靠工作的条件下才能完成故障处理过程,特别是终端与主站间数据传输量大,主站通信故障会导致整个系统瘫痪;它是在智能终端(包括继电保护装置)无选择性动作后的恢复供电,难于实现重要区域的高供电可靠性目标。

2) 就地式

就地式馈线自动化是指不依赖通信系统,仅靠邻近终端设备之间逻辑配合或时序配合,完成故障区域隔离及非故障区域恢复供电的馈线自动化处理模式,主要采用基于线路重合器与分段器的电压-时间型重合器方式。重合器方式简单经济,具有投资省见效快的特点,适合光纤难以覆盖的农村架空线路,但隔离故障需要多次重合,对设备冲击大,而且恢复供电时间长。

3) 智能分布式

智能分布式就是去中心化,无需主站干预,它通过配电终端之间相互通信与逻辑配合,实现故障定位、隔离和非故障区域恢复供电,并可根据需要将故障处理的结果上报给配电主站。智能分布式系统结构简单、动作速度快、灵活性好、运维简便,适用于对供电可靠性要求特别高的核心地区或者供电线路。智能分布式常常以线路上靠近变电站的第一个开关作为首开关,首开关及之后的其他开关构成一个可以相互通信和执行相同策略的域。智能分布式要求线路结构简单(如域内电气接线为单环网结构)、动作逻辑不易更改、终端设备集成度高并对安装环境的要求较为苛刻,不适合于负荷发展迅速和网架频繁变动的配电网络。

4. 配电自动化

随着用户对电能质量和供电可靠性的需求越来越高,在传统的馈线自动化系统的基础上加强配电网运行管理显得尤为重要。作为馈线自动化技术的延伸，配电自动化系统是实现配电网运行监视和控制的自动化系统，主要由配电自动化系统主站、配电自动化系统子站(可选)、配电自动化终端和通信网络等部分组成，主要实现配电网数据采集与监控等基本功能和分析应用等扩展功能，为配电网调度运行、生产运维及故障抢修指挥服务。

　　配电自动化系统体系架构已经初步具备智能电网的四层结构，即感知层、通信层、平台层和应用层(见图 11.3)，之后的智能电网以及泛在电力物联网均是在此体系下进行了扩展和深化。其中，感知层的主要作用是用户用电信息的采集，是配电自动化系统和整个配电网智能化系统的"神经末梢"，感知层设备包括电网一次系统的电压电流互感器和二次系统的电能表、集中器等各类终端；通信层是电力企业与用户之间信息枢纽，它负责传递由感知层获取的相关信息、各个平台之间业务的交换以及用户需求信息的传输；平台层对下完成通信层传输数据的实时收集与更新，对上则基于大数据存储与分析技术为各种特定的高级应用提供跨域共享数据资源；应用层基于大数据，针对电网运营业务、用户用能业务及综合能源系统运营业务等，搭建各类应用平台，实现电网与用户及其他能源系统的感知互动。

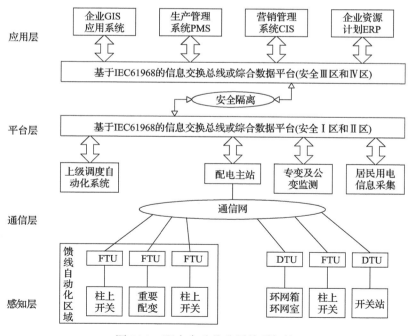

图 11.3　配电自动化分层体系架构

5. 智能电网

智能电网，顾名思义就是将电网智能化，它以高速双向的集成通信网络为基础，将先进的传感和测量技术、先进的设备技术、先进的控制方法以及先进的决策支持系统综合运用、集成到原有的发、输和配电网中，形成一种新型灵活可控的电网，从而保证包含大量随机性强分布式电源的新型电力系统能够安全、可靠、环保地供电。一般来说，智能电网拥有自愈、安全、兼容、交互、协调、高效、优质、集成等功能特点，如图 11.4 所示。

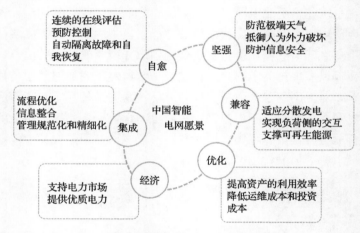

图 11.4　智能电网的主要特征

智能配电网与传统配电网的比较如表 11.1 所述。其中，传统的配电网其实就是被动的配电网，它是由大型发电厂生产的电力，流经输电网(高压)，通过配电网送到用户，因此中低压配电网即为电力系统的"被动"负荷，配电网可以称之为被动配电网。我国过去电网的发展是以安全供电为重心的，其运行、控制和管理模式都是被动的，即使采用配电自动化，其核心控制思路仍然是被动的，即在无故障的情况下，一般不会进行自动控制的操作。

表 11.1　传统配电网与智能配电网的比较

属性	传统配电网	智能配电网
通信	没有或单向	双向
与用户交互	很少	很多
仪表型式	机电型	数字型
运行与管理	人工设备校核	远方监控

续表

属性	传统配电网	智能配电网
功率的提供与支持	集中发电	集中和分布式发电并存
潮流控制	有限控制	普遍控制
可靠性	倾向于故障和电力中断	自适应保护和孤岛化
供电恢复	人工	自愈
网络拓扑	辐射状	网状

　　主动配电网是消纳分布式可再生能源发电的主要载体，也是智能电网的核心组成部分，其主要特征表现为两个方面：①通过灵活可变的网络拓扑管理配电网的潮流；②通过对分布式发电、储能和可控负荷等分布式资源自动调控，以保证配电网整体的安全高效运行。主动配电网实行源-网-荷-储一体化调度框架，以柔性供电的方式，消纳新兴的清洁能源，供应新型多元负荷。它首先利用传感器对发电、输电、配电、供电等关键设备的运行状况进行实时监控；然后把获得的数据通过网络系统进行收集、整合；最后通过对数据的分析、挖掘，实现对整个电力系统运行的优化管理的目的。主动配电网源-网-荷-储协调控制系统框架如图 11.5所示。

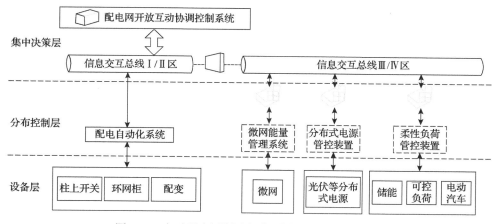

图 11.5　主动配电网源-网-荷-储协调控制系统框架

6. 能源互联网

　　目前，能源互联网受到了国内外学术界和产业界的广泛关注，成为了继智能电网后又一前沿发展方向。如图 11.6 所示，能源互联网基本特征为：①以电能为核心，融合包含可再生能源在内的多种形式能量的生产、传输、转换、存储及其相互作用，如化学能、热能、风能、太阳能等；②以电力系统为枢纽，与天然气系统、供热系统、交通系统相互耦合，满足大规模分布式产能、储能及用能设备的接入；③基于信息通信技术实现能源互联网的广域信息共享和统一调度控制。因此，可再生能源将逐渐替代化石能源成为主要的一次能源，大规模储能技术和以互联网为代表的信息通信技术将在能源互联网中扮演重要角色。

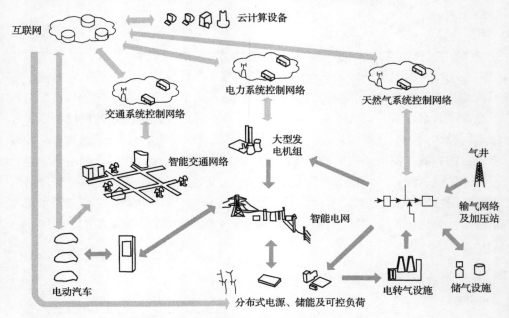

图 11.6　能源互联网的基本架构与组成元素

7. 泛在电力物联网

　　建设泛在电力物联网为电网运行更安全、管理更精益、投资更精准、服务更优质开辟了一条新路。其中，"泛在"从字面上看是广泛存在，无所不在的意思，泛在物联就是指任何时间、任何地点、任何人、任何物之间的信息连接和交互。泛在电力物联网是泛在物联网在电力行业的具体表现形式和应用落地，即围绕电力系统各环节，充分应用移动互联、人工智能等现代信息技术、先进通信技术，实现电力系统各环节万物互联、人机交互，具有状态全面感知、信息高效处理、应用便捷灵活特征的智慧服务系统。

　　泛在电力物联网将通过泛在感知、可靠通信和高性能信息处理与高级电力应用实现电网各环节、全电压等级的"能量流、信息流、业务流"一体化融合，提升系统安全性和运行效率，其总体体系架构分为感知层、通信层、平台层和应用层，如图 11.7 所示。

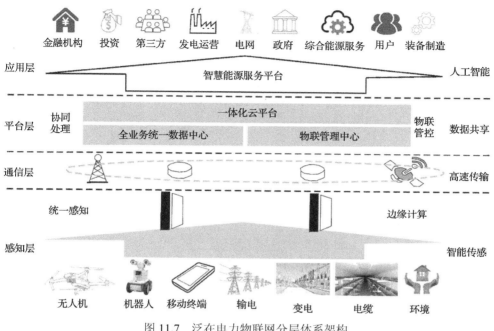

图 11.7 泛在电力物联网分层体系架构

11.4 "5 个协调"建设策略

"5 个协调"用以实现一流配电网"安全可靠、优质高效"的建设目标，包括变电站布点和中压线路长度协调、不同电压等级网架结构协调、相同电压等级供电分区协调、主变间联络结构协调、中压一二次协调。

11.4.1 变电站布点和中压线路长度协调

变电站布点和中压线路长度(或供电半径)的协调是指通过变电站个数和中压线路长度的协调优化后获得年总费用最小的变电站最优布点方案。随着变电站布点个数 N_b 增加，变电站投资年费用 C_b 增加，线路年费用 C_x 减少(这是由于在供电区域总面积不变的情况下，随着变电站数目增多，变电站站间平均距离将减少，中压主干线长度将减少)，通过变电站费用和中压线路费用协调优化或平衡后年总费用 f_c 将在某一规划方案(即图中对应于最优变电站个数 $N_{b,opt}$ 的方案)达到其最小值 $f_{c,min}$，如图 11.8 所示。

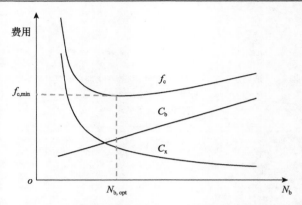

图 11.8　变电站布点和中压线路长度协调优化示意图

文献[3]介绍了变电站布点及其容量规划的实用模型和算法,涉及单阶段规划和多阶段规划、负荷均匀分布和不均匀分布情况下的规划,以及分布式电源对变电站个数、变电站容量和馈线条数的替代作用,其中算例表明不同的负荷密度对应不同的变电站个数和供电半径。

11.4.2　不同电压等级网架结构协调

不同电压等级网架结构应相互配合、"强""简""弱"有序、相互支援,以实现电网技术经济的整体最优。本书 2.2.1 节和文献[3]分别给出了不同电压等级电网"强""简""弱"较为明确的定义,其中文献[3]建立了一套基于安全性、可靠性和经济性评估的高中压典型协调方案优选模型,并通过典型方案的计算分析表明:对于高中压配电网网架协调来说,做强中压配电网是实现供电安全可靠的充分条件,也是实现安全可靠且经济高中压配电网的必要条件;对于中压难于做到"强"的情况,高压不应为"弱",推荐高中压采用"强/简-简/弱"的配合模式,待中压变"强"后再过渡到"简/弱-强"。

11.4.3　相同电压等级配电网供电分区协调

随着电网规模的不断扩大和快速发展,针对整个区域的配电网规划难度越来越大。在实际配电网规划工作中,因项目量巨大(特别是中压项目)往往仅落实了"问题导向",导致可"落地"方案的全局合理性和长效性不佳;而现有数学规划方法和智能启发式方法尽管较为系统,但由于建模复杂、算法不成熟以及难于人工干预等原因致使优化方案"落地难",少有实际应用。

为了有效解决相同电压等级网络规划方案"优化"和"落地"的问题,比较简捷有效的方法是将同一电压等级整个规划区域划分为地理和电气上相对独立的供电分区,再分别针对各小规模供电分区进行较为直观简单的布线规划。其中基于"就近备供"的供电分区协调划分是关键[3],可简单有效地满足各分区独自规划优化方案自动实现全局范围的"技术可行、经济最优"或"次优"，强化了规划的科学性和确定性，使得不同规划人员可以得到基本一致的网络优化规划方案。

本书第 2 章和文献[3]分别阐述了高压和中压配电网的供电分区的优化划分或协调方法。相关算例表明，基于供电分区协调的规划可以有效减少线路总长度，在明显节约投资的同时还能改善线损率、电压合格率和供电可靠率等三大指标。

11.4.4　主变间联络结构协调

目前国内配电网与先进国家相比最大的差距之一就是设备利用率偏低，从而影响了电网的投资效益。作为提升配电网供电能力的主要措施之一，各主变出线间联络结构的优化可显著提升主变的设备利用率。6.8.3 节对主变间负荷转供进行了详细分析，在兼顾接线简洁和设备利用率基础上，推荐了主变出线间成片组网的简单规则，即每台主变与周边主变分别采用 2 组联络线的方式组网，主变最大安全负载率为 85.7%～88.9%(提升了设备利用率和供电能力，降低了容载比)，既能兼容和完善现有导则，又能适应电网的发展。

11.4.5　馈线一二次协调

一次系统是指由发电、输电、变电、配电等设备组成的系统，它是用电负荷的载体和供电系统的主体；二次系统是由继电保护、安全自动控制、系统通信、调度自动化和配电自动化等组成的系统。配电网一、二次系统相互依赖和影响，本节将从中压线路故障处理的角度讨论馈线一、二次系统的协调规划。

1.　中压故障处理模式

本节内容涉及中压故障处理模式的分类、特点和选择策略。

1)中压配电网故障处理模式分类

如图 11.9 所示，中压配电网故障处理模式涉及配电自动化故障处理模式、继电保护、就地式备自投和其他模式，而配电自动化故障处理模式又分为故障监测方式和馈线自动化方式(含就地重合器式、智能分布式和集中式)。

(1)继电保护。

继电保护装置是装设在电气设备上，用来反应故障和不正常运行情况，从而动作于断路器跳闸或发出信号的反事故自动装置，主要分为应用广泛的级差保护和常用于环网运行方式的差动保护，其中级差保护应充分考虑各级保护的时间配合，保证电流保护的选择性(一般情况下每回 10kV 配电线路可配置含出线断路器的 2 级电流保护)。继电保护具有切除故障速度快和不会造成用户停电或减小健全区域停电范围的优点。

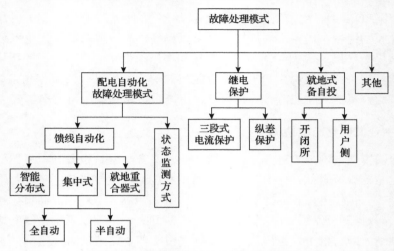

图 11.9　中压配电网故障处理模式分类

（2）就地式备自投。

备自投即备用电源自动投入使用装置，是电力系统中重要的就地式自动故障处理装置。备自投可以在负荷失去主供电源供电时迅速切换至备供电源，从而恢复用户供电，极大提高供电可靠性，但不具备故障定位、查找和传输信息的功能，独自无法恢复到配电网故障前的运行状态，而且在时间设定上需要考虑上下游备自投间的配合。基于备自投的负荷双接入结构清晰、运行可靠和复电快速，而且不受通信及主站建设制约，可经济高效地提升配电网供电可靠性，适用于大型开闭所、重要环网柜、重要用户和多路电源用户。

（3）故障监测。

故障监测是采用特定的技术手段对电网运行状态量进行实时监视，旨在判断电网是否发生故障，并定性或定量给出故障信息。根据是否具备通信功能故障指示器分为就地型故障指示器和远传型故障指示器。

（4）馈线自动化。

馈线自动化技术主要是为了解决因故障快速恢复相关馈线区段供电问题，它利用自动化终端装置与相应的二次系统对配电网的运行状况进行监测，能够及时对配电网故障进行定位、隔离和完成非故障馈线区段供电的恢复。依据配电主站和通信网络是否参与可将馈线自动化分为三类：集中式、智能分布式以及就地式。

（5）其他。

为了满足供电安全可靠性标准，可考虑采用基于各种综合措施的混合故障处理模式。比如，可通过客服热线和地理信息系统等方式，缩短故障定位时间；配电线路可采取合适的故障处理模式与一次线路结构、不间断电源、不停电作业等技术手段相配合；配电变压器可采用双配电变压器配置或移动式配电变压器。

另外，目前配电自动化系统的故障处理策略大都是针对单条馈线的快速复电，但是在一些情况下有时还会发生造成一条甚至多条 10kV 母线失压这类影响较大的故障，例如变电站或主变停电、自然灾害（如冰灾、雪灾、地震等）造成输电线路倒塔、外力破坏或输电线路故障和检修等。在这些情况下，由于高压侧短期内难以全部恢复供电，中压配电网容易感受到大范围长时间的停电，难以对上级配电网形成了强有力支撑，因此能够实现中压配电网大范围快速复电的故障处理模式是安全可靠且经济网架的关键。

2) 不同故障处理模式特点

根据相关研究[4~6]，不同中压故障处理模式的特点和供电可靠性高低情况分别如表 11.2 所示和图 11.10 所示。由表 11.2 可以看出，可将各故障处理模式分为简易式（如级差保护和故障指示器）、馈线自动化和高级式（如就地式备自投和闭环运行配置差动保护）。其中，就地式备自投适用于运行方式和负荷变动情况下供电可靠性要求高、具备双电源且开关设备具备电动操动机的开闭所和配电室；智能分布式适用于供电可靠性要求高且开关设备具备电动操动机构，配电终端之间具备相互通信条件的简单配电线路（最好为单环网）；闭环运行差动保护适用于供电可靠性要求高（无短时停电）的线路；全自动集中式适用于对供电可靠性要求高、通信通道满足遥控要求且开关设备具备电动操动机构的线路；半自动集中式适用于对供电可靠性要求高，但尚不具备通过配电主站全自动完成遥控操作的线路；就地重合器式适用于供电可靠性要求一般且开关设备具备电动操动机构，但配电主站与配电终端不具备通信通道或通信通道性能不满足遥控要求的架空线路，也适用于对供电可靠性要求不高且故障多发的架空线路；级差保护适用于配置断路器的用户馈出线及分支馈出线，以防止用户故障及分支故障影响主干线路供电可靠性；故障指示器则适用于对供电可靠性要求不高的线路。

3) 故障处理模式选择原则

配电网故障处理模式应根据"简单才可靠、可靠才实用"的思路，基于实施区域的供电可靠性需求、网架结构、一次设备现状及通信条件等情况合理选择，以获得"简洁、实用和经济"的故障处理模式。其中，简洁指系统构成简约，对外部依赖少，在现有条件下就能发挥作用；实用指适用于当地需求和网架结构，便于运维和使用，能切实减少用户的故障停电时间且效果明显；经济指全寿命周期综合投资效益最佳。

故障处理模式的一般选择原则有[7]：

(1) 应根据供电可靠性要求，合理选择故障处理模式，并合理配置主站和终端。

(2) A+、A 类供电区域宜在无需或仅需少量人为干预的情况下，实现对线路故障段的快速隔离和受影响非故障段的快速复供电。

(3) 能够对永久故障、瞬时故障等各种故障类型进行处理。

表 11.2 中压配电网不同故障处理模式的特点

特点	简易式	馈线自动化			高级式	
	如级差保护、故障指示器	就地重合器式 如电压时间型	集中式 全自动或半自动	智能分布式	就地式备自投 如开闭所或双接入	闭环运行 差动保护
网架结构要求	无	架空线	结构简单	结构简单	双接入	闭环运行
建设费用	低	低	高	较高	低	较高
建设周期受外部因素影响	小	较小	强	较强	较小	较小
电动操动机构	不要求	要求	全自动要求，半自动不要求	要求	要求	不要求
通信	不要求	不要求	高速高容量低延迟通信	高速低延迟通信	不要求	高速低延迟通信
主站	不依赖	不依赖	依赖	不依赖	不依赖	不依赖
运行方式变动	继电保护需要修改定值	需到现场修改定值	需要调整终端动作逻辑	需要调整终端动作逻辑	无影响	无影响
负荷变动	继电保护需要修改定值	需到现场修改定值	无影响	无影响	无影响	无影响
状态监测	有	无	有	有	有	有
适用范围	可靠性要求不高的地区	可靠性要求一般的架空线路	通信能够有效覆盖地区	可靠性要求高的地区	具备双电源的开闭所和配电室	要求无短时停电的地区

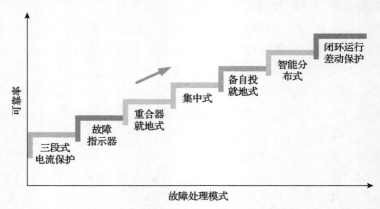

图 11.10 中压配电网不同故障处理模式供电可靠性高低示意图

(4) 能适应配电网运行方式和负荷的变化。

(5) 馈线自动化应与继电保护、备自投等协调配合。

(6) 当自动化设备异常或故障时，应尽量减少事故扩大的影响。

4) 故障处理模式选择策略

根据故障处理模式选择原则，考虑到不同故障处理模式的特点和适用范围，本章推荐采用如下的故障处理模式选择策略。

① 考虑到供电可靠性须要达到的指标应为一个优化值，过高或过低都不能满足技术可行经济最优的规划理念。因此，应首先根据优化的供电可靠性指标要求和不同故障处理模式可以实现的可靠性指标，从简易式、馈线自动化和高级式中选择一种可靠性指标相匹配的故障处理模式。其中供电可靠性指标可采用 4.6 节的模型方法计算得到。

② 对于可靠性优化指标相近的故障处理模式(如集中式、智能分布式和备自投就地式)，可基于故障处理模式的鲁棒性进行优选，以减少对主站和通信的依赖，并能适应网架和负荷的频繁变动。因此，应优先考虑采用不依赖通信网络的就地式备自投和重合器，在条件成熟时宜增加总揽全局的集中式以完善故障处理模式。例如，对于发展中的城区中压配电网，宜采用基于备自投的故障处理模式，通过户内开关(如变电站或开闭所母联开关)实现站内或站间负荷快速转供，这种故障的就地判断、迅速隔离、快速恢复(含故障段负荷)和事后处理方式不依赖通信和主站，能够在配电网频繁调整情况下简单高效地提升可靠性水平。

③ 作为馈线自动化的主流方案，集中式还可实现配电网数据采集与监控等基本功能和分析应用等扩展功能，为配电网调度运行、生产运维及故障抢修指挥服务，而且在具备条件时也可与其他故障处理模式相互配合完善故障处理功能。例如，备自投可用于主干线或支线的中低压双接入，在失去主供电源时，可以将用户负荷快速切换至备供电源，完成用户供电的恢复(故障停电时间仅为备自投动作的时间)，但单纯靠就地备自投难于基于全局信息进行故障恢复，不能对备自投动作后的故障恢复效果进行监视和修正控制[5]。因此，可将故障信息通过馈线自动化终端设备上报配电主站，由主站进行运行监视、修正和故障定位，再由工作人员进行现场检修，最后将用户供电方式切回正常状态。

④ 随着电网的新建与改造，配电网的电源点、电网结构及分段和联络趋于合理，使得通过中压配电网大规模地转移负荷成为可能，而配电智能化的实施可以大量节省开关操作时间，因此在失去上级电源后通过中压配电网大范围快速复电具有可行性。基于简洁可靠的网架结构，通过故障处理策略的应用，将能有效提高大范围中压配电网快速复电的能力[8]。

2. 一二次协调规划

在进行馈线一二次协调规划时，各供电分区应制定合理的目标网架和故障处理模式，投资建设分步实施，重要节点设备宜一次选定。

1)"一环三分三自"协调策略

基于"简单才可靠、可靠才实用"的思路，本章提出并推荐"一环三分三自"的一二次协调策略：其中，"一环"即为清晰的单环目标接线(难改造地区、供电能力不足的地区或过渡年可根据实际情况采用其他接线方式)，用以简化网架和故障处理逻辑，并对上级电网起到足够的支撑；"三分"为"三遥"(或断路器)主分段、"二遥/一遥"(或负荷开关)小分段以及大分支(如中压用户超过 10 户或低压用户超过 1000 户的分支)和用户界面的继电保护分段，分别用于简化快速复电的控制逻辑和减少停电范围，通常"三遥"主分段不宜过多(如 2 分段)，而含"二遥/一遥"的总分段较多(如 3~15 分段)，具体的分段情况可参考 4.6 节和文献[6]的模型方法计算分析后确定；"三自"是指三种负荷自动复供电模式，即就地式(如备自投和重合器)、分布式和集中式，应优先考虑其中较为鲁棒的就地式，条件成熟时宜增加总揽全局的集中式以完善故障处理模式，对于就地式/集中式不满足要求的情况可考虑采用分布式。

2)典型一二次协调方案

各供电区域应结合相关技术标准(如文献[7]和[9])和工程实践经验制定合理的一二次协调方案，涉及网架结构、故障处理模式和设备选择。本章针对不同供电区域推荐的典型一二次协调方案如表 11.3 所示。

表 11.3　不同供电区域推荐的典型一二次协调方案

供电区域	接线模式	故障处理模式	设备选型			备注
			主分段和重要分支开关	联络开关	通信方式	
中心城区(A+、A 和 B 类核心)	双环、单环、"n-1"、N 供一备、双回直供开闭所	集中控制型和(或)就地式备自投；配置断路器的线路可考虑采用级差保护式	一次设备采用断路器；二次设备采用三遥终端	一次设备采用断路器(可选配负荷开关功能)；二次设备采用三遥终端	光纤为主	对于重要城市符合典型接线的线路，在具备可靠、安全的通信条件时，可采用智能分布式或闭环运行差动保护
城镇地区(B 类非核心和 C)	多分段单(或适度)联络、"n-1"	优先采用就地重合式，可混合采用运行监测型和就地重合式；配置断路器的线路可考虑采用级差保护式			根据终端配置方式确定采用光纤、无线或载波	对于已经具备配电主站的地区，开关设备已经具备遥控功能，且通信通道满足遥控要求时，可采用集中控制型

续表

供电区域	接线模式	故障处理模式	设备选型			备注
			主分段和重要分支开关	联络开关	通信方式	
农村地区（D 和 E）	多分段单（或适度）联络、"n–1"、单辐射	采用就地重合式；在线路较长、故障易发、维护工作量大的部分架空线路可混合采用运行监测型和就地重合式；配置断路器的线路可考虑采用级差保护式	一、二次设备应预留足够的空间、接口，可在建设模式变化时实现三遥改造		无线为主	

注：①对于电缆架空混合的 10kV 公用线路，根据其主要构成部分按电缆线路或架空线路进行考虑；②每条线路的主分段数一般为 2；③新建馈线应按上述目标模式及设备选型进行建设，已有馈线综合考虑故障率、运维量等因素，区分轻重缓急，按照该目标模式及设备选型逐步开展一二次设备改造。

11.5　"1 个核心"建设任务

"1 个核心"是指受影响中压负荷通过站间联络快速复供电的核心任务，它是在"5 个协调"基础上解决配电网兼具安全、可靠和经济问题的关键。

高压配电网备用较多，通常能够满足"N–1"安全校验，而且一般采用速断保护、光纤差动保护、调度自动化和/或备自投等高可靠性故障处理模式，负荷转供时间短，因此在可以通过高压配电网转供的情况下基本不存在难以快速复供电的问题。

相比高压配电网，中压配电网造成了 90%左右的用户停电时间，且由于中压配电网规模大和结构复杂，负荷转供电难度相对较大，因此中压网络快速复电自然成为制约配电网安全可靠性提升的关键因素，主要涉及馈线断电快速复电和大范围中压网络快复电。其中，在上级电网停运情况下的大范围中压负荷通过站间联络快速复电(即 2.2.1 节中定义的中压"强")与"简/弱"的高压配电网架配合是实现安全、可靠且经济高中压整体网架的必要条件[3]，它可在保证供电安全可靠的同时提高设备的利用率(比如容载比总体可控制在 1.3～1.5)，减少不必要的高压配电网投资，而且也体现了配电自动化和自动装置的重要经济价值。

11.6　主动配电网应用展望

在智能电网与泛在电力物联网建设、可再生能源与新型负荷大规模并网等新形势下，智能互动将对未来安全可靠和绿色的能源系统建设产生积极影响。针对一流配电网"绿色低碳、智能互动"的建设目标，本节对相关的主动配电网优化调度及其物联网、高速通信和储能等关键技术进行了简介。

11.6.1　主动配电网优化调度

随着新型负荷类型和分布式发电技术的发展,传统的以发电跟踪负荷实现系统平衡、以发电控制调整系统运行状态的调度手段难以满足配电网安全经济运行的需求,基于信息交互技术与人工智能算法的主动优化技术可从电网实时计算、网架优化、需求侧响应以及电能替代与储存方面提升电网对间歇性新能源与新型负荷的接纳能力,实现主动配电网优化调度,主要朝着以下三个方面发展与演化[10]。

1. 横向多能互补综合供应

传统能源系统发展中,不同能源的管理各自为营,相对独立。在主动配电网中,配电运行人员能够对源侧风、光、水、火、储等多能互补系统和荷侧终端一体化供能系统进行控制,从而横向打破各类能源相对独立、各自为政的壁垒,实现多能互补,以提高能源利用率和能源系统的可持续发展。

2. 纵向"源-网-荷-储"协调调度[11]

在主动配电网中,配电运行人员能够对包括发电机、负载和储能装置在内的分布式资源以及网络拓扑进行控制,纵深层面进行"源-网-荷-储"多环节、多维度有功/无功联合调控,在保障配电网安全经济运行的前提下提高可再生能源消纳;以市场为导向,能源单向流动性消失,能源的生产与消费之间成为一种双向互动的关系,系统中不同功能角色之间可以相互转换。

3. 集中与分布式相协调

传统的能源系统采用自上而下的集中式资源配置模式,不适合未来能源和负荷分散化自我平衡的发展形式。多能"供-需-储"自平衡体首先使用分布式技术,通过局部自动设备之间的通信与控制实现能源的就地消纳(即"能源就近利用");然后通过传统的集中式方式实现"能源自远方来"的不平衡能量交换。集中与分布式相协调的方式将成为未来能源系统主要的配置模式[12]。

11.6.2　物联网、高速通信和储能

主动配电网是由柔性和灵活的配电系统、高可靠的自动化设备、精准的测量控制系统以及双向高速的通信系统组成。其中,物联网、高速通信和储能是主动配电网实现"绿色低碳、智能互动"目标的关键技术。

1. 物联网的应用

将物联网技术引入电网建成泛在电力物联网，使电网全面感知运行状态、精细化调控以及用户侧和其他能源系统参与配电网协调运行成为可能；实现电力建设与国家政策、系统管理、用户和企业内部的泛在连接，是一流电网实现"智能互动"功能的最根本技术[13,14]。

2. 储能技术的应用

储能技术已成为电力系统重要组成部分，在配电网中能够发挥着重要作用。配电网引入储能设备后可以有效促进需求侧管理的实施，减小日负荷曲线峰谷差，提高系统最大利用小时数，从而可以有效提高电力设备利用率，提高系统经济性；同时可以平滑系统波动，调节系统频率，提高系统安全性和可靠性，大幅提升可再生能源的接入水平[15]。

3. 高速通信技术的应用

电力系统通信方式主要有电力线载波通信、光纤通信、无线通信等。其中，电力线载波通信技术使用方便、成本低廉，但干扰严重；电力光纤专网性能优越，在通信带宽、可靠性以及时延等方面不弱于 5G 通信，但不适用于"量大面广"的应用场景；无线通信以 3G、4G 为主，是配电网通信的辅助手段，目前有以下两种主要应用场景：①因成本或其他因素等不适合接入电力光纤的终端设备；②位置较为分散的小型发电项目(主要为分布式电源)。

随着国家对分布式可再生能源的大力推动，智能量测终端设备的应用也日渐广泛，无线通信技术也将发挥越来越重要的作用，成为实现电网安全可靠、优质高效发展的重要手段[16]，其中 5G 通信特点与电力系统需求的对应关系如表 11.4 所示。即将到来的 5G 通信时代会大大提高一流电网不可缺少的物联网的振兴速度和发展规模，而物联网又是用以改变传统能源占主导局面的储能技术的信息化支撑。5G 通信技术与大数据、云计算与人工技术相结合，将在未来泛在电力物联网的建设中形成新的智能生态，为电力系统的控制与管理带来突破性的变革与提升[17]。

表 11.4　5G 通信特点与电力系统需求对应关系

5G 通信特点	高速率	高容量	高可靠性	低时延	低能耗
电力系统需求	海量数据传输	万物信息互联	电力系统可靠性	灵活响应与协同控制	电池寿命保障

11.7　一流配电网可靠性目标

可靠性指标是衡量电网水平的一个重要指标,也是指导供电公司进行规划建设的重要依据。因此,合理设置(一流配电网)可靠性目标具有重要的战略意义。

11.7.1　可靠性目标优化基础

本节涉及一流配电网可靠性目标的优化概念和研究背景。

1. 一流配电网可靠性目标

供电公司作为企业,既要保障用户用电安全可靠,也要综合考虑经济因素,提供用户合适的可靠性和电能质量水平。因此,一般情况下,一流配电网可靠性目标不是越高越好,而是存在一个理论上的最佳值,可靠性目标相对于该最佳值过低或过高都不合理。如图 11.11 所示,随着投资和运行费用增加,可靠性水平增加,停电损失费用减少,总费用在某点具有最小值 T_m,该点对应的可靠性水平 R_m 为最佳,即本章定义的一流配电网可靠性目标。

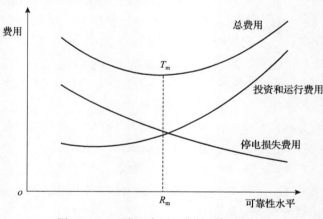

图 11.11　一流配电网可靠性目标示意图

2. 可靠性目标研究背景

目前少有对可靠性目标进行优化的研究,规划实际工作中对可靠性目标的要求均按相关技术导则为准,比如文献[18]针对不同类型地区的可靠性目标做出以下规定:A+、A、B、C 和 D 类地区的供电可靠率分别不低于99.999%、99.990%、99.965%、99.863%和99.726%;E 类地区的供电可靠率不低于向社会承诺的指标。随着一流电网精细化规划的提出,传统规划导则相关可靠性规定越来越显现出弊端，例如：①没有明确目标制订的方法和数据来源，供电公司只能被动接受，难以提出修订措施；②没有对网架过渡期的可靠性指标进行相应规定，难以自行设置；③只给出了供电可靠性目标的下限，但可靠性目标应是基于技术经济统筹后的一个优化值，通常情况下可靠性目标过高并不合理；④可靠性是受多种或相对独立或相互关联因素共同影响的结果，导则只给出了综合可靠性目标要求，没给出对应各影响因素的目标优化值或优化范围，难以得到合理的可靠性提升分项措施。另外，不同于导则简单的可靠性目标规定，文献[19]对影响可靠性成本/效益的各个因素进行了剖析，将传统的可靠性边际成本曲线按照不同优化措施进行分解，从而得到为实现某一给定的可靠率而采用的优化方案；但该文献没能综合考虑各可靠性提升措施的交叉影响，也没有涉及既基础又重要的网架独立优化的具体内容，而且众多措施的可靠性边际成本(连续)曲线难于获得，实际操作性不强。

11.7.2　目标分类及其优化方法

本节根据可靠性指标众多影响因素的不同特点进行可靠性目标分类，并提出相应的可靠性目标优化方法，可用于远景年和过渡期可靠性目标的设置。其中，过渡期可靠性目标主要针对难改造的地区(如部分老城区)和电网过渡期较长的供电区域。

1. 可靠性指标影响因素

由 4.6 节中的式(4.25)、式(4.30)和式(4.39)可知，影响可靠性的自变量主要有中压线路长度、分段联络方式、转供比例和时间、故障率、计划检修率、故障修复和计划检修停运时间以及高压配电网等值电源可靠性参数等。其中，中压线路长度、分段联络方式和转供比例涉及网架结构；线路故障率、计划检修率、故障修复时间、计划检修停运时间和转供时间主要属于设备、技术(如馈线自动化)和管理水平；高压配电网等值电源参数属于高压网架结构和调度(或配电)自动化。这些网架、设备、管理和技术影响因素可以再细分为几十种，而且不同影响因素之间可能存在独立(如馈线长度)、依赖(如优化分段联络和实施配网自动化)和互斥(如绝缘化改造和电缆化改造)关系。

2. 可靠性目标分类及其优化计算

1)基于影响因素的可靠性目标分类

考虑到众多因素对可靠性的不同影响方式，本章定义了可靠性的宏观优化目标和改进优化目标。其中，宏观优化目标主要是基于相对独立措施优化获得的可靠性目标，而改进优化目标为通过进一步实施相互依赖措施和互斥措施在宏观优化目标基础上对可靠性指标进一步提升后获得的可靠性优化目标。

2)可靠性分类目标优化计算

由 4.6 节中的 SAIDI 计算公式可知,若已知这些计算公式中的自变量,即可求出相应的可靠性指标。因此,如何优化这些自变量或优选相应的可靠性提升措施即为可靠性分类目标优化的关键。

(1)相对独立变量优化或措施优选。

相对独立变量或措施主要包括馈线长度、馈线分段联络方式和高压配电网的影响。

①馈线长度的确定。

通过变电站个数和馈线长度的协调优化后可获得年总费用最小的变电站最优布点方案(见 11.4.1 节),从而得到对应不同负荷密度不同发展阶段的架空和电缆馈线供电半径或线路长度,而且由于可靠性停电损失费用在总费用中的占比很小(如对于城市电缆线路和农村架空线路分别小于 3%和 5%)[6],馈线供电可靠性对馈线优化长度的影响很小(尽管馈线长度对供电可靠性影响大,因为用户停电时间几乎与线路长度成正比)。因此,优化的馈线长度主要由"5 个协调"策略中的"变电站布点和中压线路长度协调"决定,即可以相对独立地确定。

②馈线联络方式确定。

基于多电压等级网架结构技术经济整体最优的考虑,在条件具备的情况下(特别是站间距不能太长的城市配电网),做强中压配电网是实现安全可靠且经济高中压配电网的必要条件(见 11.4.2 节)。因此,中压配电网应首选对上级电网有强大支撑作用的中压站间联络接线并实现中压负荷快速转供电(见 2.2.1 节),即馈线站间联络接线方式主要由"5 个协调"策略中的"不同电压等级网架结构协调"相对独立地确定。于是,在走廊通道资源充足的前提下,宜尽量推广结构简单、运维便捷和改造便利的架空单联络、电缆单环网或双环网接线;对于通道资源紧张或电网改造较为困难的地区,可依据实际需要选择多分段多联络和主备馈线等结构较为复杂的接线模式,以提升线路的利用率,因此馈线多联络接线方式也是相对独立地确定的。

③馈线分段与馈线自动化配合。

作为提高配电网供电可靠性的有效措施之一,馈线分段联络和馈线自动化已得到广泛应用,具有较明显的投资效益[19]。其中,电缆馈线可视为主要是基于负荷密度大小和地块负荷分布情况设置不同个数的环网单元或开闭所进行分段(主干线的环网节点一般不宜超过 6 个),并配置馈线自动化提升其供电可靠性;架空馈线分段就是确定架空线分段开关的最佳位置、数量和类型,主要受相关投资大小、馈线自动化方式、设备水平和管理水平影响。在线路长度和联络方式已经确定的情况下,尽管受设备水平和管理水平的影响,架空馈线分段联络与馈线自动化作为一个整体的优化结果可作为可靠性进一步提升的初始值,或在设备水平和管理水平变化不明显的情况下可视为相对独立。因此,馈线分段与馈线自动化配合主要由"5 个协调"策略中的"馈线一二次协调"(特别是其中的"一环三分三自"）决定，即可以相对独立地确定。

④高压配电网对可靠性的影响。

目前用户 90%左右的停电时间源于中压配电网[20]。其中，城市电网通过实现一流配电网中压负荷站间快速复电的"1 个核心"任务(特别是上级电网停运时大范围中压负荷站间快速复电)之后，无论"强"或"弱"的高压配电网对供电可靠性的影响都很小，即由"1 个核心"的中压负荷快速复供电核心任务相对独立确定。对于以辐射型接线为主的农村电网，仅在高中压"弱-弱"配合模式下"弱"的高压配电网对供电可靠性的影响大，通过一流配电网高中压"简-弱"的协调配合后，农村高压配电网对供电可靠性的影响也很小[3]。

综上，考虑到馈线长度、馈线联络方式、高压配电网影响以及馈线分段联络与馈线自动化配合主要是由宏观的"变电站布点和中压线路长度协调"、"不同电压等级网架结构协调"和"馈线一、二次协调"相对独立决定的(即不受其他可靠性提升措施的影响或影响较小)，本章进一步较为具体地定义宏观优化目标为：在其他现状影响因素不变的情况下，基于优化的馈线长度和联络方式以及馈线分段联络与馈线自动化的协调获得的可靠性指标。

(2)相互影响措施优选。

相互影响措施主要涉及设备水平和管理水平以及其他措施(包括架空馈线分段联络方式)。

①动态优选方法。

由于不同的措施在提高单位可靠率方面的投资是不同的，而且相互影响措施的实施会引起其他相关措施的效益变化，本章提出如下的措施动态优选方法。

(a)以现有系统状态为初始条件，基于工程应用中有限的措施，将各种措施再分为不同的候选离散方案(如投资大、中、小三种方案)。

(b)针对各候选方案对可靠性的影响将其转化为对可靠性参数的改变(如故障率、故障修复时间、计划检修率和计划检修时间等)，并借助可靠性评估优化模型方法得到该候选方案基于初始条件单独实施后的改善效果(如净现值率，其值越高表明该候选方案实施效果越好)。

(c)从各候选方案中选择改善效果最好的方案，并据此更新或修改候选方案及其初始条件(或系统状态)。

(d)重复从(b)到(c)的过程，直到再无可靠性改善效果为止(如所有方案的净现值率小于 0)。

②静态优选方法。

通常可靠性宏观优化目标对应的停电时间已经很小，使得停电时间进一步减小的空间有限，且考虑到众多相互影响措施的投资建模以及对可靠性参数影响的建模量大而且复杂，可在一定程度上忽略各可靠性提升措施间的相互影响进行措施优选，即静态优选方法。比如，在可靠性宏观优化目标基础上，可事先基于中压线路某一参数(如线路故障率、预安排停电率以及平均修复和检修时间)变化的若干方案计算相应的收益,以期就模型较为完善的单项措施做出直观快速的近似优化决策。

11.8 算例:可靠性目标设置

本算例涉及部分可靠性分类目标优化方法的应用。

1. 算例基本情况

本算例的基础数据主要采用了文献[3]中算例 3.2 的相应数据(如单位故障停电费用为单位计划停电费用的 2 倍,考虑支线和弯曲影响的线路长度修正系数为 2),并根据本节内容进行了部分数据的修改(如开关故障率和修复时间分别为0.0037 次/(台·年)和 1.518h/次),其中调研获得的典型可靠性参数如表 11.5 所示(表中数据多来源于文献[20]),其他不同的计算条件和数据是:①农村(负荷密度为 0.1MW/km^2)辐射型架空裸导线基于断路器主分段和负荷开关小分段进行分段优化,断路器和负荷开关的单价分别为 2 万元和 1 万元;②城市有联络架空绝缘线基于"三遥"主分段和"二遥"/"一遥"小分段进行混合分段优化,每个"三遥"、"二遥"和"一遥"分段点的投资分别为 2.7 万元、2.4 万元和 1 万元;③城市有联络电缆线路分段基于"三遥"、"二遥"和"一遥"进行馈线自动化优选,每个"三遥"、"二遥"和"一遥"环网单元分段点的投资分别为 5.6 万元、5.3 万元和 2.9 万元;④在故障率不变的情况下,考虑了不同的预安排停电率占比(即预安排停电率在总停电率中的占比),分别为 20%、50%和 80%。

表 11.5 典型可靠性参数

线路类型	故障停电					计划停电				
	故障率/[次/(100km·年)]	负荷转供时间/(h/次)			修复时间/(h/次)	计划停电率/[次/(100km·年)]	负荷转供时间/(h/次)			检修时间/(h/次)
		"一遥"	"二遥"	"三遥"			"一遥"	"二遥"	"三遥"	
电缆	2.78	1.972	0.557	0.01	6.028	2.78	1.395	0.347	0.01	3.387
绝缘线	4.09	1.972	0.557	0.01	1.856	4.09	1.395	0.347	0.01	3.796
裸导线	12.96	2.826	—	—	1.611	12.96	2.298	—	—	3.858

2. 宏观优化指标计算分析

本算例将单位电量停电费用、负荷密度和计划停电率占比(故障率不变)作为地区配电网的三个主要特征,首先通过变电站个数和馈线长度的协调优化获得馈线供电半径的优化值[3],接着基于 4.6 节公式和文献[3]分别进行农村辐射架空馈线分段优化、城市站间联络架空线分段与馈线自动化的联合优化以及城市站间联络电缆线馈线自动化的优化，最终得到可靠性宏观优化目标、架空线的分段设置以及城市馈线自动化优选方式，结果如表 11.6 和表 11.7 所示(其中城市架空线为全三遥分段，电缆线路在负荷密度大于 15MW/km² 时为全三遥 2 分段、小于等于 15MW/km² 时为一三遥混合 4 分段)。目前，为简化控制逻辑，实际配电网馈线"三遥"主分段通常不多，并采用含"一遥/二遥"小分段的混合分段。因此，经对表 11.7 中总分段数大于 2 的全"三遥"架空线分段方案替换为混合分段的次优方案后，相应的可靠性宏观优化目标和分段设置情况如表 11.8 所示。

表 11.6 农村线路不同计划停电率占比下分段设置情况和相应的可靠性宏观优化目标

单位计划停电成本 /[元/(kW·h)]	负荷密度 /(MW/km²)	供电半径 /km	计划停电率占比 /%	宏观优化结果				
				架空线最优分段数		SAIDI /h	RS-1 /%	年净收益 /万元
				总分段数	主分段数			
5	0.1	9.83	20	6	3	9.540	**99.89110**	5.156
			50	6	3	16.402	**99.81276**	8.342
			80	12	3	41.105	99.53077	21.937

注：字体加粗表示高于现有相关导则规定的可靠性指标[18]。

表 11.7 城市线路不同情况下最优分段设置情况和相应的可靠性宏观优化目标

单位计划停电成本 /[元/(kW·h)]	负荷密度 /(MW/km²)	供电半径/km		计划停电率占比/%	架空线分段数	宏观优化结果					
		架空线	电缆线			SAIDI/h		RS-1/%		年净收益/万元	
						架空线	电缆线	架空线	电缆线	架空线	电缆线
10	1	4.72	3.06	20	3	0.376	0.129	**99.99570**	**99.99853**	6.032	0.897
				50	4	0.564	0.157	**99.99356**	**99.99821**	8.922	1.620
				80	6	1.121	0.268	**99.98720**	**99.99694**	21.446	4.510
	5	2.76	1.78	20	2	0.331	0.092	**99.99622**	**99.99895**	3.176	-0.516
				50	3	0.440	0.108	**99.99497**	**99.99877**	4.763	-0.095
				80	5	0.789	0.172	**99.99099**	**99.99803**	11.700	1.586
15	10	2.16	1.49	20	3	0.179	0.083	**99.99796**	**99.99905**	3.856	0.271
				50	3	0.347	0.097	**99.99603**	**99.99890**	5.756	0.798
				80	5	0.621	0.151	**99.99292**	**99.99828**	14.064	2.905
	15	1.89	1.30	20	2	0.230	0.078	**99.99737**	**99.99911**	3.277	-0.042
				50	3	0.306	0.089	**99.99651**	**99.99898**	4.921	0.418
				80	5	0.544	0.137	**99.99378**	**99.99844**	12.075	2.256
20	20	1.67	1.17	20	3	0.141	0.046	**99.99839**	**99.99947**	4.000	1.423
				50	3	0.271	0.057	**99.99690**	**99.99935**	5.957	2.011
				80	5	0.482	0.099	**99.99450**	**99.99887**	14.543	4.365

续表

单位计划停电成本 /[元/(kW·h)]	负荷密度 /(MW/km²)	供电半径/km 架空线	供电半径/km 电缆线	计划停电率占比/%	宏观优化结果 架空线分段数	SAIDI/h 架空线	SAIDI/h 电缆线	RS-1/% 架空线	RS-1/% 电缆线	年净收益/万元 架空线	年净收益/万元 电缆线
20	30	1.46	1.02	20	2	0.181	0.043	99.99794	**99.99951**	3.387	1.063
				50	3	0.239	0.052	99.99728	**99.99941**	5.093	1.576
				80	5	0.423	0.089	99.99517	99.99899	12.484	3.628
30	40	1.27	0.92	20	3	0.110	0.040	99.99874	**99.99954**	4.701	2.173
				50	4	0.161	0.049	99.99816	**99.99945**	6.949	2.865
				80	6	0.311	0.082	99.99645	**99.99907**	16.899	5.629
	50	1.18	0.85	20	3	0.103	0.039	99.99882	**99.99956**	4.294	1.938
				50	3	0.195	0.046	99.99777	**99.99947**	6.369	2.580
				80	5	0.344	0.077	99.99607	**99.99912**	15.525	5.148

注：字体加粗数据表示高于现有相关导则规定的可靠性指标[18]；负荷密度大于15MW/km²时，单条电缆线路总分段数为2(分段点全为"三遥")；负荷密度小于等于15MW/km²时，单条电缆线路总分段数为4，包含两个"三遥"主分段，再通过"一遥"开关将各主分段进一步分为2个小分段；联络开关均为"三遥"。

表 11.8　城市线路不同情况下混合分段设置情况和相应的可靠性宏观优化目标

单位计划停电成本 /[元/(kW·h)]	负荷密度 /(MW/km²)	供电半径/km 架空线	供电半径/km 电缆线	计划停电率占比/%	架空线分段数 总分段	架空线分段数 主分段	SAIDI/h 架空线	SAIDI/h 电缆线	RS-1/% 架空线	RS-1/% 电缆线	年净收益/万元 架空线	年净收益/万元 电缆线
10	1	4.72	3.06	20	2	2	0.557	0.129	**99.99364**	**99.99853**	5.758	0.897
				50	4	2	0.719	0.157	**99.99179**	**99.99821**	8.385	1.620
				80	6	2	1.404	0.268	**99.98398**	**99.99694**	20.697	4.510
	5	2.76	1.78	20	2	2	0.331	0.092	**99.99622**	**99.99895**	3.176	-0.516
				50	2	2	0.653	0.108	**99.99254**	**99.99877**	4.533	-0.095
				80	6	2	0.828	0.172	**99.99055**	**99.99803**	11.226	1.586
15	10	2.16	1.49	20	2	2	0.262	0.083	**99.99701**	**99.99905**	3.812	0.271
				50	2	2	0.514	0.097	**99.99413**	**99.99890**	5.405	0.798
				80	6	2	0.652	0.151	**99.99256**	**99.99828**	13.546	2.905
	15	1.89	1.30	20	2	2	0.230	0.078	**99.99737**	**99.99911**	3.277	-0.042
				50	2	2	0.451	0.089	**99.99485**	**99.99898**	4.671	0.418
				80	6	2	0.572	0.137	**99.99347**	**99.99844**	11.586	2.256
20	20	1.67	1.17	20	2	2	0.205	0.046	**99.99766**	**99.99947**	3.940	1.423
				50	2	2	0.400	0.057	**99.99543**	**99.99935**	5.582	2.011
				80	6	2	0.507	0.099	**99.99421**	**99.99887**	14.008	4.365
	30	1.46	1.02	20	2	2	0.181	0.043	99.99794	**99.99951**	3.387	1.063
				50	2	2	0.351	0.052	99.99599	**99.99941**	4.822	1.576
				80	6	2	0.445	0.089	99.99492	99.99899	11.979	3.628

续表

单位计划停电成本 /[元/(kW·h)]	负荷密度 /(MW/km²)	供电半径 /km		计划停电率占比/%	宏观优化结果							
		架空线	电缆线		架空线分段数		SAIDI/h		RS-1/%		年净收益/万元	
					总分段	主分段	架空线	电缆线	架空线	电缆线	架空线	电缆线
30	40	1.27	0.92	20	2	2	0.159	0.040	99.99819	**99.99954**	4.567	2.173
				50	4	2	0.204	0.049	99.99767	**99.99945**	6.513	2.865
				80	6	2	0.390	0.082	99.99555	**99.99907**	16.289	5.629
	50	1.18	0.85	20	2	2	0.148	0.039	99.99831	**99.99956**	4.204	1.938
				50	4	2	0.190	0.046	99.99783	**99.99947**	5.947	2.580
				80	6	2	0.363	0.077	99.99586	**99.99912**	14.955	5.148

注：字体加粗数据表示高于现有相关导则规定的可靠性指标[18]；架空线主分段为"三遥"小分段为"二遥"；负荷密度大于 15MW/km² 时，单条电缆线路总分段数为 2(分段点为"三遥")；负荷密度小于等于 15MW/km² 时，单条电缆线路总分段数为 4，包含两个"三遥"主分段，再通过"一遥"开关将各主分段进一步分为 2 个小分段；联络开关均为"三遥"。

由表 11.6～表 11.8 可以看出：

(1)农村辐射型架空线可靠性宏观优化指标在计划停电率占比不太高时高于现有相关导则要求[18]；城市有联络架空线可靠性宏观优化指标高于 99.99%但低于 99.999%，即对于除 A+外的供电区域外高于现有相关导则要求；城市电缆线路的可靠性宏观优化指标高于现有于相关导则要求。因此，大多数情况下，单纯通过网架结构与馈线自动化的联合优化即可高于现有相关导则要求。其中，架空线改用混合分段的次优方案与相应的"三遥"最优方案在可靠性指标上差别不大，且均能满足除 A+外的供电区域现有相关导则要求。

(2)在故障率不变的情况下，随着预安排停电率占比增加(该占比越大通常代表负荷发展越快)，架空线分段数增加，宏观优化目标减小，甚至可能低于现有相关导则要求。因此，需要结合地区实际情况(如是在过渡期还是饱和期)进行可靠性目标的设置，当网架改造和变动频繁时应适当增加线路分段和加强带电作业等技术和管理措施。

(3)城市和农村架空线的优化分段数一般为 2～6 和 6～12，相对于现有相关导则规定(一般不"宜"超过 5 段)较多，即现有导则在一定程度上限制了可靠性与经济性的提升，建议根据地区的实际适当放宽对分段数的限制。

3. 改进优化指标的可行性计算分析

本算例仅涉及 11.7.2 节中静态优选方法中的部分步骤，即在表 11.6～表 11.8 计算结果的基础上，仅针对计划停电率占比为 50%的情况，通过改变线路某一参数(即线路故障率、预安排停电率以及平均修复和检修时间)变化的若干方案计算单条线路的年收益，结果如表 11.9～表 11.11 所示。可以看出，大多数情况下通过可靠性提升措施改变线路某一参数带来的年收益有限，通常相对于相关措施的年投资不明显甚至更少,这是由于表 11.6~表 11.8 中可靠性宏观优化目标已经较高,停电时间进一步减小的空间有限。例如,在对应表 11.7 分段方案的基础上,若采用配变双接入以提升供电可靠性(其中电缆采用双环双射双接入模式),并假设单条架空线配变个数为 20,单个电缆环网单元涉及 2 套备自投设备,每套备自投设备投资为 3 万元,配变双接入采用的备自投切换时间为 0.01h,计算所得的架空线可靠率达到 5 个 9,但电缆线可靠性改进不明显,而且年净收益均为负值,如表 11.12 所示(若考虑到接入备用电源的成本收益会负得更多,特别是对于架空线)。因此,在宏观优化目标基础上进一步优化可靠性目标(即改进优化目标)通常仅适用于对可靠性要求极高的经济和政治核心区。

表 11.9　农村地区不同计划停电率占比下由于可靠性参数改变获得的单条线路年收益

单位计划停电成本/[元/(kW·h)]	负荷密度/(MW/km²)	供电半径/km	参数减小量/%	收益/(万元/年) 故障率	预安排停电率	平均修复和检修时间
5	0.1	9.83	10	0.935	0.595	0.840
			30	2.806	1.784	2.521
			50	4.677	2.974	4.202

注:"参数减小量"中的"参数"指的是对应架空线或电缆线"收益"的"故障率"、"预安排停电率"或"平均修复和检修时间"。

表 11.10　城市最优分段线路不同情况下由于可靠性参数改变获得的单条线路年收益

单位计划停电成本/[元/(kW·h)]	负荷密度/(MW/km²)	供电半径/km 架空线	电缆线	参数减小量/%	收益/(万元/年) 故障率 架空线	电缆线	预安排停电率 架空线	电缆线	平均修复和检修时间 架空线	电缆线
10	1	4.72	3.06	10	0.089	0.039	0.090	0.009	0.177	0.023
				30	0.268	0.117	0.270	0.027	0.530	0.068
				50	0.446	0.194	0.449	0.045	0.883	0.114
	5	2.76	1.78	10	0.069	0.023	0.070	0.005	0.138	0.014
				30	0.206	0.068	0.210	0.016	0.413	0.043
				50	0.344	0.113	0.350	0.026	0.689	0.072
15	10	2.22	1.49	10	0.081	0.028	0.082	0.007	0.162	0.019
				30	0.243	0.085	0.247	0.020	0.485	0.056
				50	0.404	0.142	0.411	0.033	0.809	0.093
	15	1.94	1.30	10	0.071	0.025	0.072	0.006	0.142	0.017
				30	0.212	0.074	0.216	0.017	0.425	0.051
				50	0.354	0.124	0.360	0.029	0.708	0.084
20	20	1.67	1.17	10	0.083	0.024	0.085	0.007	0.167	0.036
				30	0.250	0.073	0.254	0.021	0.500	0.108
				50	0.416	0.122	0.423	0.035	0.833	0.180

续表

单位计划停电成本/[元/(kW·h)]	负荷密度/(MW/km²)	供电半径/km 架空线	供电半径/km 电缆线	参数减小量/%	收益/(万元/年) 故障率 架空线	收益/(万元/年) 故障率 电缆线	预安排停电率 架空线	预安排停电率 电缆线	平均修复和检修时间 架空线	平均修复和检修时间 电缆线
20	30	1.46	1.02	10	0.073	0.021	0.074	0.006	0.146	0.032
				30	0.218	0.064	0.222	0.018	0.437	0.096
				50	0.364	0.106	0.370	0.030	0.728	0.161
30	40	1.27	0.92	10	0.072	0.029	0.073	0.008	0.143	0.044
				30	0.216	0.086	0.218	0.025	0.428	0.133
				50	0.361	0.143	0.363	0.041	0.714	0.221
	50	1.18	0.85	10	0.088	0.027	0.090	0.008	0.177	0.042
				30	0.265	0.080	0.269	0.023	0.530	0.125
				50	0.441	0.133	0.449	0.038	0.883	0.208

注："参数减小量"中的"参数"指的是对应架空线或电缆线"收益"的"故障率"、"预安排停电率"或"平均修复和检修时间"。

表 11.11　城市混合分段线路不同情况下由可靠性参数改变引起的单条线路年收益

单位计划停电成本/[元/(kW·h)]	负荷密度/(MW/km²)	供电半径/km 架空线	供电半径/km 电缆线	参数减小量/%	收益/(万元/年) 故障率 架空线	收益/(万元/年) 故障率 电缆线	预安排停电率 架空线	预安排停电率 电缆线	平均修复和检修时间 架空线	平均修复和检修时间 电缆线
10	1	4.72	3.06	10	0.140	0.039	0.123	0.009	0.243	0.023
				30	0.421	0.117	0.369	0.027	0.728	0.068
				50	0.701	0.194	0.616	0.045	1.213	0.114
	5	2.76	1.78	10	0.103	0.023	0.108	0.005	0.212	0.014
				30	0.309	0.068	0.323	0.016	0.637	0.043
				50	0.515	0.113	0.539	0.026	1.061	0.072
15	10	2.22	1.49	10	0.121	0.028	0.102	0.007	0.177	0.019
				30	0.363	0.085	0.305	0.020	0.530	0.056
				50	0.605	0.142	0.509	0.033	0.883	0.093
	15	1.94	1.30	10	0.106	0.025	0.105	0.006	0.207	0.017
				30	0.317	0.074	0.315	0.017	0.620	0.051
				50	0.529	0.124	0.524	0.029	1.033	0.084
20	20	1.67	1.17	10	0.125	0.034	0.127	0.009	0.250	0.036
				30	0.374	0.102	0.381	0.026	0.750	0.108
				50	0.623	0.170	0.634	0.043	1.250	0.180
	30	1.46	1.02	10	0.109	0.030	0.111	0.007	0.219	0.032
				30	0.327	0.089	0.333	0.022	0.656	0.096
				50	0.545	0.148	0.555	0.037	1.093	0.161

续表

单位计划停电成本/[元/(kW·h)]	负荷密度/(MW/km²)	供电半径/km		参数减小量/%	收益/(万元/年)					
		架空线	电缆线		故障率		预安排停电率		平均修复和检修时间	
					架空线	电缆线	架空线	电缆线	架空线	电缆线
30	40	1.27	0.92	10	0.113	0.040	0.082	0.010	0.143	0.044
				30	0.340	0.120	0.247	0.030	0.428	0.133
				50	0.567	0.200	0.412	0.050	0.714	0.221
	50	1.18	0.85	10	0.105	0.037	0.076	0.009	0.132	0.042
				30	0.316	0.111	0.229	0.028	0.397	0.125
				50	0.526	0.186	0.382	0.046	0.662	0.208

注: "参数减小量"中的"参数"指的是对应架空线或电缆线"收益"的"故障率"、"预安排停电率"或"平均修复和检修时间"。

表 11.12　不同情况下采用配变双接入后单条馈线年净收益与可靠性指标

单位计划停电成本/[元/(kW·h)]	负荷密度/(MW/km²)	供电半径/km		RS-1/%		年净收益/万元	
		架空线	电缆线	架空线	电缆线	架空线	电缆线
10	1	4.72	3.06	99.999726	99.998990	−8.308	−3.800
	5	2.76	1.78	99.999763	99.999266	−8.851	−3.898
15	10	2.22	1.49	99.999771	99.999329	−8.624	−3.841
	15	1.94	1.30	99.999774	99.999370	−8.826	−3.863
20	20	1.67	1.17	99.999777	99.999851	−8.589	−1.679
	30	1.46	1.02	99.999780	99.999851	−8.798	−1.718
30	40	1.27	0.92	99.999778	99.999852	−8.702	−1.598
	50	1.18	0.85	99.999783	99.999853	−8.516	−1.624

11.9　结论与展望

为实现配电网的供电安全可靠性、生态可持续性和经济竞争力,本章基于配电网智能化的发展方向和现有研究成果,阐述了一流配电网建设策略,介绍了主动配电网应用前景。

(1)基于本书上下两册网架规划的研究成果,指出网架结构的合理协调可以提高配电网的供电能力和设备利用率,是实现一流配电网整体安全、可靠、经济和灵活极其重要的基础。

(2)针对一流配电网"安全可靠、优质高效"的目标,阐述了"5个协调"建设策略和"1个核心"建设任务,分别涉及变电站布点和中压线路长度协调、不同电压等级网架结构协调、相同电压等级配电网供电分区协调、主变间联络结构协调和中压一二次协调的"5个协调",以及中压负荷通过站间联络快复电的"1

个核心"任务。其中,"1 个核心"任务是在"5 个协调"基础上解决配电网诸多问题的关键;基于简单才可靠、可靠才实用的思路,提出了故障处理模式的分类和选择策略,以及"一环三分三自"的馈线一、二次协调策略。

(3)针对一流配电网"绿色低碳、智能互动"的目标,介绍了基于物联网、高速通信和储能等关键技术的主动配电网应用前景,用以实现横向多能互补和纵向源网荷储协调调度,提升电网对间歇性新能源与负荷(含新型负荷)的接纳能力,最终改变传统能源占主导的局面,使用户想用电就用电、想卖电就卖电。

(4)明确指出一流配电网的可靠性目标不是越高越好,推荐可靠性目标应是一个优化值或范围(不宜低于下限或高于上限);根据可靠性众多影响因素的不同特点进行可靠性目标分类,并提出相应的目标优化方法。算例表明,单纯通过高中压网架结构与配电自动化协调优化后的宏观优化目标通常高于现有相关导则要求。

参 考 文 献

[1] 肖振锋, 辛培哲, 刘志刚, 等. 泛在电力物联网形势下的主动配电网规划技术综述[J]. 电力系统保护与控制, 2020, 48(3): 43-48.

[2] 赵亮. 世界一流城市电网建设[M]. 中国电力出版社, 2018.

[3] 王主丁. 高中压配电网规划——实用模型、方法、软件和应用(上册)[M]. 北京: 科学出版社, 2020.

[4] 刘健. 发挥本地控制作用改善配电网的性能[J]. 供用电, 2016, 33(3): 29-33.

[5] 于金镒, 刘健, 徐立, 等. 大型城市核心区配电网高可靠性接线模式及故障处理策略[J]. 电力系统自动化, 2014, 38(20): 74-80, 114.

[6] 张波, 吕军, 宁昕, 等. 就地型馈线自动化差异化应用模式[J]. 供用电, 2017, 34(10): 13, 48-53.

[7] 国家电网公司企业标准. 配电自动化规划设计技术导则(Q/GDW 11184—2014)[S]. 北京: 国家电网公司, 2014.

[8] 康小平, 王溢熹, 陈德炜, 等. 配电网大面积停电时快速恢复路径选择算法研究[J]. 电力信息与通信技术, 2018, 16(4): 64-69.

[9] 中国南方电网公司企业标准. 配电自动化规划设计技术导则(Q/CSG 1201024—2019)[S]. 广州:中国南方电网公司, 2019.

[10] 艾芊, 郝然. 多能互补、集成优化能源系统关键技术及挑战[J]. 电力系统自动化, 2018, 42(4): 2-10, 46.

[11] 徐韵, 颜湘武, 李若瑾, 等. 电力市场环境下含"源-网-荷-储"互动的主动配电网有功/无功联合优化[J]. 电网技术, 2019, 43(10): 3778-3788.

[12] 宋蕙慧, 于国星, 曲延滨, 等. Well of cell 体系——适应未来智能电网发展的新理念[J]. 电力系统自动化, 2017, 41(15): 1-5.

[13] 杨挺, 翟峰, 赵英杰, 等. 泛在电力物联网释义与研究展望[J]. 电力系统自动化, 2019, 43(13): 9-20.

[14] 张亚健, 杨挺, 孟广雨. 泛在电力物联网在智能配电系统应用综述及展望[J]. 电力建设, 2019, (6): 1-12.

[15] 朱青, 曾利华, 寇凤海, 等. 考虑储能并网运营模式的工业园区风光燃储优化配置方法研究[J]. 电力系统保护与控制, 2019, 47(17): 23-31.

[16] 郭昊坤. 电力系统通信技术发展现状综述与展望[J]. 电子元器件与信息技术, 2017, (6): 1-6.

[17] 张宁, 杨经纬, 王毅, 等. 面向泛在电力物联网的 5G 通信: 技术原理与典型应用[J]. 电机工程学报, 2019, 39(14): 4015-4025.

[18] 中华人民共和国电力行业标准. 配电网规划设计技术导则(DL/T 5729—2016)[S]. 北京: 中国电力出版社, 2016.

[19] 李子韵, 陈楷, 龙禹, 等. 可靠性成本/效益精益化方法在配电网规划中的应用[J]. 电力系统自动化, 2012, 36(11): 97-101.

[20] 王主丁. 高中压配电网可靠性评估——实用模型、方法、软件和应用[M]. 北京: 科学出版社, 2018.

附 录

附录 A CEES 软件简介

CEES 软件是重庆星能电气有限公司研发的一个简单实用的电力系统仿真与分析智能计算系统，具有路网图绘制、空间负荷预测和变电站规划优化等规划计算分析功能，以及电气接线图绘制、潮流计算、短路计算、线损计算、无功优化和可靠性评估等网络计算分析功能，对配电网精细规划和计算分析起到了强有力的支撑作用。

1. CEES 软件概述

CEES 软件是国际电力仿真商业软件理念与国内电力系统实际需求的结晶，具有完全独立自主知识产权，能够帮助电气工程师进行便捷的电网仿真、分析、规划、设计和运行维护计算，是具有卓越集成化、智能化和交互式的图形化辅助计算工具，包括路网图和一次接线图辅助设计环境、计算模块、报表模块、数据交换模块、工程数据库和设备信息库等部分。

CEES 软件是在研究国内和国际同类系统主流产品的基础上独立研发的，兼有国内外同类产品的诸多优点，实现了"智能、简单、趣味、实用"的最终用户需求。

2. 配电网规划界面的直观认识

附图 1 为 CEES 配电网规划模块主界面，包括标题栏、菜单栏、计算工具面板和快捷工具按钮栏(含模式工具条，包括"编辑状态"、"负荷分布状态"和"变电站规划优化"等按钮)。标题栏包括显示产品名称，支持最大化、最小化和关闭当前窗口；菜单栏包括文件、操作模式、设置、视图和帮助等菜单项；计算工具面板用于构建规划区域的路网图及显示计算结果。

基于政府用地规划的路网图的图片文件或 CAD 文件，可在 CEES 主界面创建 CEES 格式路网图：单击主界面中模式工具条上"编辑状态"按钮，界面切换到编辑状态模式(见附图 1)，"编辑工具条"会出现在屏幕的右边，用于绘制 CEES 格式路网图；单击"图形载入"按钮，弹出"图形载入"对话框，可载入路网图背景，也可直接导入 CAD 文件路网图进行格式的自动转换。

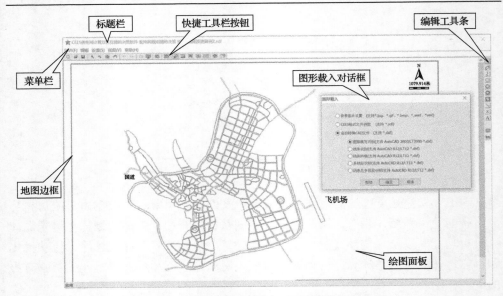

附图 1　CEES 配电网规划路网图编辑状态主界面

附图 2 为一个实际空间负荷预测结果的展示图，图中每一个地块可直观显示不同规划年份的负荷大小(各地块中数值)；基于该空间负荷预测结果，可进行变电站规划以及网格链图的自动生成，结果如附图 3 所示，图中可直观展示不同年份变电站位置、容量和负载率，以及各网格供电范围及其线路条数。

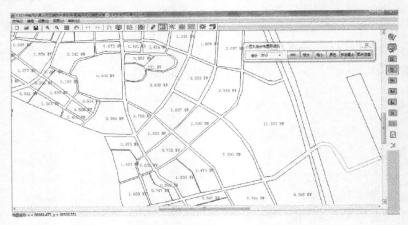

附图 2　空间负荷预测结果示意图

3. 网络计算分析界面的直观认识

附图 4 为一个实际县级电网 CEES 软件算例的图形界面。主界面为 35kV 及以上电网的电气接线图，各 35kV 或 110kV 变电站及其低压供电网以嵌套的子网

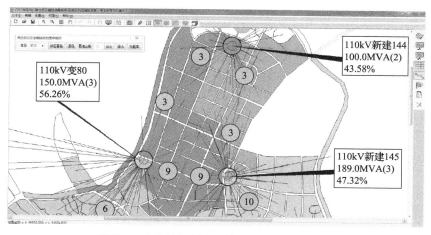

附图 3　变电站规划和网格链生成结果示意图

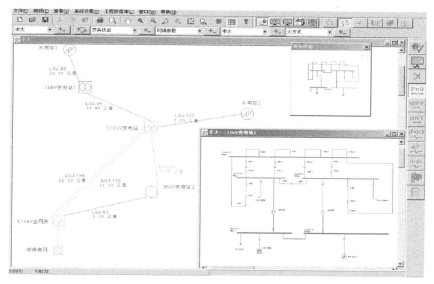

附图 4　一个实际县级电网 CEES 软件算例的图形界面

络表示。双击子网络图元可打开其内部的电气接线图，如附图 4 中右下方为一变电站内部电气接线图，包含变电站的电气主接线、两台主变、一个集中负荷及两个子网络(分别表示 1 条 10kV 馈线和小水电接入该变电站方案)。

CEES 软件支持一次接线图多视窗不同数据版本的同时设计、计算分析和结果显示对比。附图 5 为某算例两个视窗分别对应不同开关运行状态、不同发电方式、不同网络参数和不同负荷大小的图形界面。

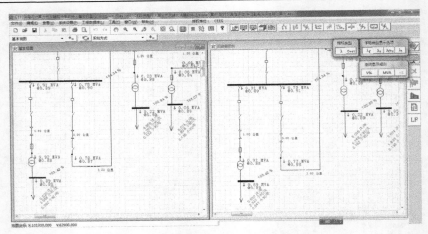

附图 5　两个视窗不同数据版本的图形界面

4. CEES 软件特点

CEES 软件侧重于配电网规划工程实用性和规划效率，用户界面直观友好，易学易用，对用户知识水平要求不高。经多地区配电网实际应用表明，规划人员仅需 1～2h 培训即会使用该软件产品，经 1～2 天训练即可独立应用该软件。

与其他同类软件相比较，CEES 软件的许多关于配电网规划的重要功能（如空间负荷预测、高压变电站规划优化和中压配电网网格化规划）是大多数商业软件没有的。

与国内其他同类软件相比较，CEES 软件的优势是界面友好，主要表现在直观便捷的主界面、功能强大的单线图、高效的数据输入方式和图形化智能辅助计算分析。

与国外其他同类软件相比较，CEES 软件是针对国内实际生产需要设计和开发的，能方便解决国内生产实际问题，主要表现在技术术语的不同习惯、软件数据输入的不同习惯、国内生产实际需要的不同、工程计算标准的不同和工程数据库的不同。

CEES 软件的特点可归纳如下：

（1）易学易用，是日常运行及规划计算分析的有力工具。

①直观便捷的主界面：符合电气工程师日常工作习惯的辅助功能、智能化的操作模式。

②即学即用的提示及帮助信息（如任意窗口中单击"帮助"按钮可自动定位到帮助手册的相应信息）。

③软件实现网络自动升级，随时更新到最新版本。

（2）国内外优势结合。

①国际电力仿真商业软件理念与国内电力系统实际需求相结合。

②算法先进，计算速度快，占用系统内存小。

③丰富的工程数据库囊括了国内大部分电气设备及线路的典型数据。

④提供大量典型的负荷曲线供用户参考。

(3)高效的数据输入。

①自动识别不同计算模式(如潮流或短路)所需要的数据：元件编辑器中仅指定计算模式所需数据项被激活。

②支持工程数据库和设备信息库的集成化和图形化管理：工程数据库可在元件编辑器中调用以节省用户时间。

③设备典型值：大部分设备编辑器中设置典型值按钮，单击此按钮，则设备自动生成近似值，方便用户数据输入。

④图元复制：图元复制功能使该图元中的数据同时被复制，不需要重新输入。

⑤已有不同格式数据可自动转换到 CEES 数据库，可据此快速绘制其 CEES 图形。

附录 B　CEES 软件规划部分功能简介

B1　基于用地规划的 CEES 负荷预测

空间负荷预测需要对为数众多的每个地块进行负荷预测，涉及每个地块面积计算，以及饱和密度、需用系数和容积率数值的设置和着色，还需要考虑分区负荷同时率等，使计算和绘图工作量巨大。

1. 实现的功能

1)负荷总量及分类负荷总量预测

负荷总量及分类负荷总量预测方法包括"自然对数"多项式、多项式、S 曲线和"混合次幂"多项式，可方便考虑其饱和值。

2)城乡负荷分布预测

城乡负荷分布预测实现的功能如下：

(1)城乡负荷分布预测计算方法可选择考虑小区发展不均衡的改进分类分区法(需要总量和分类负荷的历史数据)或饱和度法；分区负荷累加可选择使用日负荷曲线或同时系数方法。

(2)核心算法可用于无历史数据的老城区和新城区；新城区可考虑各地块建设年限或有负荷的起始年限，还可考虑城市负荷由市中心向周边逐步发展的规律，也可将已知其预测值的点负荷纳入总体空间负荷预测中。

(3)用地规划路网图可由 CAD 交换文件(.dxf)格式自动转换为 CEES 格式。

(4)工程数据库提供了比较完备的典型参数供参考使用，涉及同时率、需用系数、最大负荷利用小时数、饱和密度及饱和年限的取值。

(5)自动生成逐年的负荷分布及负荷密度主题图。

(6)出图的地块负荷密度颜色、显示方式(平面或立体)、图例和图名边框的位置及大小可直观方便地设置。

(7)总负荷、分类负荷、大区、中区和小区(地块)预测可采用报表输出,也可采用图形输出。

2. 所需资料和数据

CEES 负荷预测所需的基本资料和数据包括:

(1)用地现状图和规划图(详规、控规或总规),最好为 CAD 格式文档,标明属于新区(目前还基本没有负荷)的地块,新区最好有建成年限或负荷起始年限。

(2)市政用地规划文本,最好有各地块的容积率,否则标明高层(10 层以上)、中层(3～9 层)和低层(1～2 层)地块(如城乡接合部一般为低层)。

(3)小区饱和负荷密度指标可采用用户手册提供的其他城市调查结果类比得到,但最好能对研究地区典型小区负荷密度指标进行调查研究。

(4)输入数据的多少与空间负荷预测的方法有关。若采用饱和度法,需要输入新、老地块各年的饱和系数;若采用分类分区实用法,需要输入规划区域的总量、分类和部分老区的历史负荷。

3. 计算分析

若单击主界面中模式工具条上"负荷分布状态"按钮,界面切换到"空间负荷预测"计算模式,其计算工具面板(即"负荷分布工具条",如附图 6 所示)会出现在屏幕的右边,使用鼠标可显示该工具条上按钮的功能。

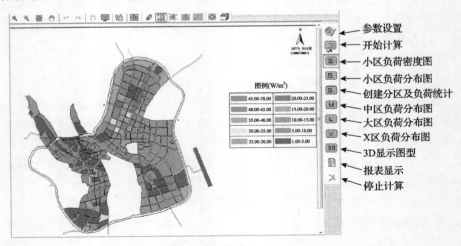

附图 6 　CEES 负荷分布预测主界面

基于创建的 CEES 路网图，CEES "空间负荷预测" 功能模块可直观地在图形平台和参数设置页上输入数据，以及显示和输出空间负荷预测结果。若单击路网图中某地块，可弹出相应的地块编辑器，用于输入小区数据；若单击负荷分布工具条 "参数设置" 按钮，可弹出参数设置编辑器，用于选择采用的方法和输入相关计算参数；若单击负荷分布工具条上 "开始计算" 按钮且计算成功后，可单击下方激活的按钮显示或输出计算结果，如附图 6 所示的小区负荷分布预测主界面（可采用不同颜色填充代表不同小区负荷密度）。

B2　CEES 变电站规划优化和网格链自动生成

基于 CEES "空间负荷预测" 功能模块预测结果，CEES 变电站规划优化和网格链自动生成功能模块可直观地在图形平台和参数设置页中输入数据，以及显示和人工修改变电站规划结果和网格链图。

1. 实现的功能

(1) 计算平台与空间负荷预测平台兼容。

(2) 计算方法包括：单阶段或多阶段规划；线路费用基于变电站负载和出线数进行估算；初始站址自动寻找；变电站交替定位分配法；多阶段规划基于变电站供区单位负荷成本的多路径前推法；路径数可依据电网规模设置，可用于大规模系统变电站动态规划；尽量按两座变电站供电的站间主供和就近备供的大小适中的负荷区域划分网格。

(3) 可自动生成逐年的图形化站址站容优化规划方案。

(4) 可自动生成逐年的图形化变电站供电范围图。

(5) 可直观方便地对规划结果进行图形化的人工干预（包括站址站容和供区）。

(6) 报表含有变电站规划容量进度表和规划网供电能力评估表。

(7) 现有和事先规划好的 35kV 和 220kV 变电站（位置和容量）可作为软件已知参数输入，在优化过程中不变，但会对 110kV 变电站优化规划结果产生影响。

(8) 丰富的工程数据库提供了较完备的典型参数供参考使用，涉及负荷曲线、同时率、需用系数、最大负荷利用小时数、饱和密度及饱和年限的取值。

(9) 基于变电站规划结果可自动生成优化的网格及其链图。

2. 所需数据

除了上述空间负荷预测所需的基本资料和数据外，CEES 变电站规划优化还需要单击计算工具条上 "参数设置" 按钮输入附加数据，主要包括 "一般参数" 页和 "变电站/线路参数" 页。其中，"一般参数" 页主要用于输入变电站规划需要的一般系统参数，如目标年、最大/最小主变台数/容量、变压器最大允许负载率、电价、功率因数等；"变电站/线路参数"页主要用于输入变电站和线路的投资费用和最大允许供电半径等。

3. 计算分析

单击模式工具条上"变电站规划优化"按钮，界面切换到变电站规划优化计算模式，其计算分析工具条（即"变电站规划优化工具条"）会出现在屏幕的右边，使用鼠标可显示该工具条上按钮的功能。

单击"变电站规划优化"工具条上"变电站规划优化"按钮可在主界面中用线条或颜色显示相应年份和过渡年份现有和新建变电站的供区划分，并弹出各变电站属性和负载率显示框，以及"供区划分及变电站规划显示细则"工具条，其次点击"网格优化生成和显示"按钮会以不同颜色显示网格优化划分结果（未着色区域为辐射型网格），再次点击"网格链图自动生成和显示"会以红色链式线路显示变电站间的联络关系（即网格链图，图中圆圈内的数字表示相邻变电站的中压出线条数），如附图 7 所示。

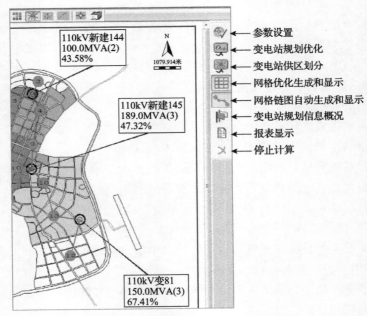

附图 7　变电站规划和网格链生成主界面

附录 C　CEES 软件网络计算部分功能简介

CEES 软件供电网络计算主界面如附图 8 所示。

1. CEES 潮流计算分析

1）实现的功能

CEES 潮流计算分析实现功能如下：

（1）支持多种潮流计算方法及其自动选择（快速分解法、前推回推法、牛顿法）。

（2）计算分析参数（包括多负载率：额定负荷、需求负荷、设计负荷，以及单个负荷的同时率）可自定义。

（3）集中负荷的复合模型（包括恒功率、恒阻抗和恒电流）及其比例可自定义。

（4）潮流控制功能（包括平衡机、PV 节点、PQ 节点、PI 节点和 PQV 节点）可自定义。

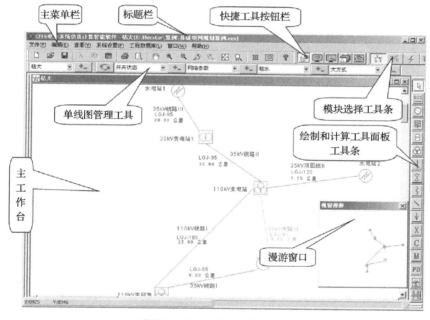

附图 8　供电网络计算主界面

（5）自动调节变压器分接头。

（6）自动设备越限报警（包括母线电压、设备长期允许电流、发电无功等）。

（7）计算分析功能包括母线潮流、支路潮流、电压损耗和有功无功损耗等。

2）所需资料和数据

CEES 潮流计算所需的基本资料和数据包括：

（1）电网拓扑结构，指设备间的物理连接关系及其电气工作状态，可以通过已审定的规划或可研资料获得，包括纸质版、CAD 版或其他版式的规划期地理接线图、系统图和单线图。

(2) 母线数据，包括额定电压和长期允许载流量等。

(3) 支路数据，包括支路设备的类型、型号和长度等参数，支路指变压器、架空线、电缆、串联电抗、串联电容和 Ⅱ 等值阻抗。

(4) 等值电网数据。等值电网是计算区域供电电网的等效模型，其参数包括控制方式(如平衡节点、PV 节点或 PQ 节点)和额定电压等。

(5) 发电机数据，包括控制方式(如平衡节点、PV 节点或 PQ 节点)、额定电压、额定容量和功率因数等。

(6) 电动机数据，包括额定电压、输出功率、额定容量、功率因数和效率等。

(7) 并联电抗器数据，包括联结方式、额定电压、额定电流、电抗百分值和有功损耗等。

(8) 并联电容器数据，包括联结方式、额定电压、每组容量和电容器组数等。

(9) 集中负荷数据，包括负荷类型、额定电压、视在功率和功率因数等。

3) 计算分析

(1) 进入潮流计算模式。

若单击主界面中模式工具条上"潮流状态"按钮，界面切换到潮流计算模式，其计算分析工具条(即"潮流工具条"，如附图 9 所示)会出现在屏幕的右边，使用鼠标可显示该工具条上按钮的功能。

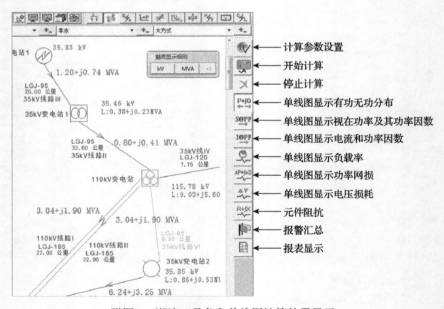

附图 9　潮流工具条和单线图计算结果显示

(2) 潮流计算参数设置。

单击潮流工具条上的"计算参数设置"按钮可打开潮流计算参数设置的编辑

器。计算参数设置包括三个页面，分别为“一般参数”页面、“潮流报警”页面和“备注”页面。在“一般参数”页面中选择潮流计算的负载方式、最大迭代次数和收敛精度，在“潮流报警”页面中设定各种设备报警临界值。

(3) 开始计算。

单击潮流工具条上的“开始计算”按钮，系统开始计算。

(4) 在单线图上显示计算结果。

潮流计算的结果在单线图中可以用不同的方式显示，如附图 9 所示潮流工具条中的部分功能。

(5) 查找报警元件和系统功率汇总。

单击“报警信息汇总”按钮，出现“报警信息汇总”页面，如附图 10 所示。若双击报警设备行，可以在单线图中定位，找到相应报警设备。

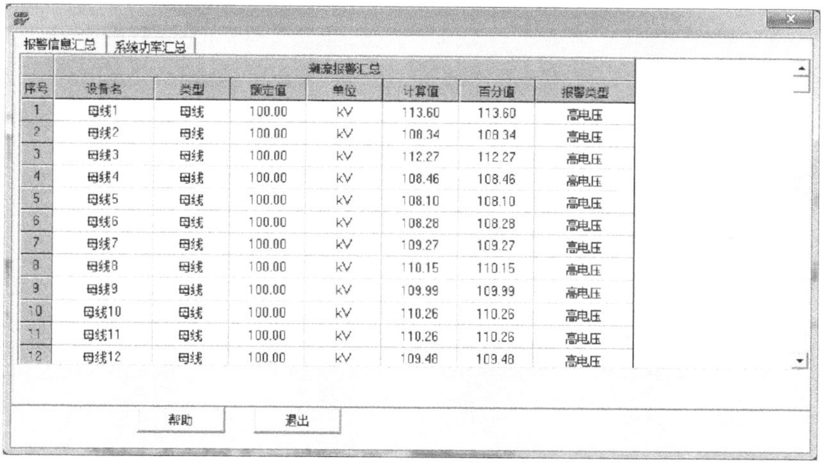

	潮流报警汇总						
序号	设备名	类型	额定值	单位	计算值	百分值	报警类型
1	母线1	母线	100.00	kV	113.60	113.60	高电压
2	母线2	母线	100.00	kV	108.34	108.34	高电压
3	母线3	母线	100.00	kV	112.27	112.27	高电压
4	母线4	母线	100.00	kV	108.46	108.46	高电压
5	母线5	母线	100.00	kV	108.10	108.10	高电压
6	母线6	母线	100.00	kV	108.28	108.28	高电压
7	母线7	母线	100.00	kV	109.27	109.27	高电压
8	母线8	母线	100.00	kV	110.15	110.15	高电压
9	母线9	母线	100.00	kV	109.99	109.99	高电压
10	母线10	母线	100.00	kV	110.26	110.26	高电压
11	母线11	母线	100.00	kV	110.26	110.26	高电压
12	母线12	母线	100.00	kV	109.48	109.48	高电压

附图 10　“报警信息汇总”页面

打开“系统功率汇总”页面，如附图 11 所示，方便用户直接查看总的系统功率和损耗。

2. CEES 短路计算分析

1) 实现的功能

CEES 短路计算分析实现的功能如下：

(1) 支持运算曲线法。

(2) 支持所有短路类型(三相短路、单相接地、两相短路和两相接地)。

(3) 可计算任意时刻短路电流的有效值、峰值以及序分量。

(4) 可计算故障位置的系统正、负、零序戴维南等值阻抗。

(5) 自动校验设备参数(包括短路电流开断能力、动稳定和热稳定)。

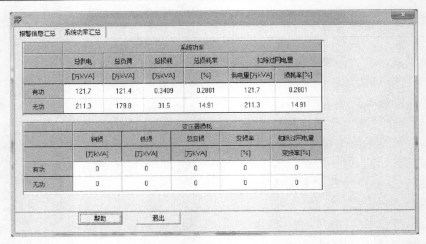

	系统功率				扣除过网电量	
	总供电	总负荷	总损耗	总损耗率	供电量[万kVA]	损耗率[%]
	[万kVA]	[万kVA]	[万kVA]	[%]		
有功	121.7	121.4	0.3409	0.2801	121.7	0.2801
无功	211.3	179.8	31.5	14.91	211.3	14.91

	变压器损耗				扣除过网电量
	铜损	铁损	总变损	变损率	变换率[%]
	[万kVA]	[万kVA]	[万kVA]	[%]	
有功	0	0	0	0	0
无功	0	0	0	0	0

附图 11 "系统功率汇总"页面

(6) 支持分布式电源(同步机、异步机、双馈感应电机和功率转换单元)的影响。

(7) 自动识别设备绕组联结和接地。

(8) 故障前的电压(指定电压、固定分接头、潮流计算)可自定义。

(9) 报告故障电流分布的母线层次可自定义。

(10) 单线图设置故障母线。

(11) 单线图显示故障电流的分布。

(12) 单线图显示故障电流的类型可自定义(包括周期分量有效值、全电流有效值、峰值和相/序分量)。

(13) 单线图显示故障电流的计算时间可自定义(如 0、0.5、2、3、5、8 和 30 周期)。

2) 所需数据

CEES 短路计算所需的基本资料和数据包括:

(1) 电网拓扑结构(同潮流计算的电网拓扑结构)。

(2) 母线数据,包括额定电压、长期允许载流量和最大允许短路电流峰值等。

(3) 支路数据。支路包括变压器、架空线、电缆、串联电抗、串联电容和 Π 等值阻抗,其参数涉及阻抗及其材料、单位、温度、允许载流量、变压器额定电压、额定容量、分接头、联结方式和接地阻抗等。

(4) 等值电网数据,包括额定电压、短路容量、电抗与电阻之比、短路阻抗和联结方式等。

(5) 发电机数据,包括控制方式(如平衡节点、PV 节点或 PQ 节点)及其相应设置、极数、转子类型、额定电压、额定容量、功率因数、联结方式和接地阻抗等。

(6) 同步电动机数据,包括转子类型、极数、同时系数、台数、额定电压、输出功率、额定容量、功率因数、联结方式、接地阻抗和正负零序阻抗等。

（7）感应电动机数据，包括极数、同时系数、台数、额定电压、输出功率、额定容量、功率因数、效率、联结方式、接地阻抗和正负零序阻抗等。

（8）并联电抗器数据，包括联结方式、额定电压、额定电流、材料、电抗百分值和有功损耗等。

（9）并联电容器数据，包括额定电压、每组容量、电容器组数和联结方式等。

（10）集中负荷数据，包括联结方式、额定电压、视在功率、功率因数和负荷类型等。

3）计算分析

（1）进入短路计算模式。

若单击主界面中模式工具条上"短路状态"按钮，界面切换到短路计算模式，其计算分析工具条（即"短路工具条"，如附图 12 所示）会出现在屏幕的右边，使用鼠标可显示该工具条上按钮的功能。

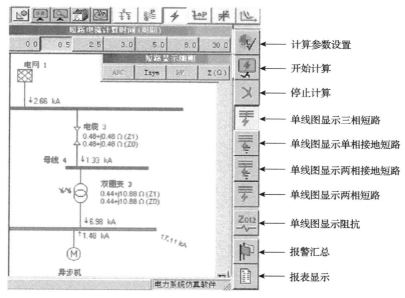

附图 12　短路工具条和单线图计算结果显示

（2）短路计算参数设置。

单击短路工具条上的"计算参数设置"按钮可打开短路电流计算参数设置编辑器。该编辑器包括 5 个页面，分别为"一般参数"页面、"参数细则"页面、"潮流参数"页面、"故障报警"页面和"备注"页面。在"一般参数"页面选定短路计算的方法、故障类型和短路母线，输入短路阻抗；在"参数细则"页面选择报告故障电流深度、电流计算时刻和报告短路电流相分量类型；在"潮流参数"页面输入负荷系数和计算控制参数；在"故障报警"页面输入负载临界值。

(3)开始计算。

单击短路工具条上的"开始计算"按钮系统开始进行短路计算。

(4)单线图显示短路计算结果。

可以在单线图中显示不同的短路计算结果，例如，可以显示短路电流的周期分量有效值(I_{sym})、全电流有效值(I_{asym})和峰值(I_p)。

单击短路计算工具条的显示按钮可以显示不同类型短路结果；单击"短路显示细则"的按钮可以用不同方式或单位显示结果；单击"短路后电流计算时刻"的按钮可以显示不同时间短路计算结果，如附图 12 所示。

3. CEES 配电网可靠性评估

1)实现的功能

(1)可靠性详细评估。

可靠性详细评估模块适用于信息相对完整的现状电网评估，可以得到各负荷点和系统的可靠性指标，可用于辨识系统和重要用户的薄弱环节，并有针对性地提出改善措施，其功能特点如下：

①元件故障后网络连通性分析仅需要对网络进行几次元件遍历，可用于大规模复杂(含环或联络开关)配电网可靠性快速评估。

②支持考虑元件容量约束和节点电压约束影响的失负荷分析(可选择"平均削减"、"分级削减"和"随机削减"三种切负荷方式)。

③系统/母线/负荷可靠性指标对系统所有元件、各单个关键元件及其可靠性参数影响的图形化薄弱环节分析和灵敏度分析。

④支持采用最大负荷(可考虑负荷率)或典型日负荷曲线仿真不同的负荷方式。

⑤可靠性评估结果的单线图可视化显示和便捷的报表输出。

⑥停电类型包括故障停电、计划停电和瞬时停电。

⑦可考虑所有元件影响(包括各种开关设备)。

⑧可靠性参数，包括分元件参数设置和/或分元件类型、分电压等级可方便自定义。

⑨可考虑分布式电源对可靠性指标的影响。

评估的可靠性指标如下：

①负荷点指标。

基本指标包括平均停电率 λ，平均停电持续时间 γ，年平均停电持续时间 U。

费用/价值指标包括年缺供电量 ENS，年停电费用 ECOST 和单位电量停电费用 IEAR。

②系统可靠性指标包括：系统平均停电频率 SAIFI、系统平均停电持续时间

SAIDI、用户平均停电持续时间 CAIDI、平均供电可靠率 ASAI、平均供电不可靠率 ASUI、电量不足期望值 ENS、停电损失期望值 ECOST、用户平均停电缺供电量 AENS 和单位电量停电损失期望值 IEAR。

(2)可靠性近似估算。

由于大规模中压配电网可靠性评估数据录入烦琐且收集困难或缺乏，可靠性指标的近似估算显得实用和必要，特别是对于缺乏详细数据的规划态配电网，其功能特点如下：

①基于典型供电区域和典型接线模式进行馈线分类的简化评估思路。

②建立各典型接线模式涉及馈线故障和预安排停运的 SAIDI 和 SAIFI 估算模型。

③可考虑不同类别开关(断路器、负荷开关和隔离开关)同时存在的影响。

④可考虑大分支、双电源和带电作业的影响。

⑤可考虑设备容量约束和负荷变化的影响。

2)所需资料和数据

CEES 可靠性评估所需的基本资料和数据包括如下几项。

(1)基础参数。

①可靠性详细评估。

(a)电网拓扑结构(同潮流计算的电网拓扑结构)。

(b)用户数，一般按照配变台数进行统计。

(c)用户重要级别。重要级别用于重要用户供电可靠性分析，重要用户级别可分为特级、一级、二级和临时性。

②可靠性近似估算。

首先，按供电区域(如 A+~E 类)将线路分为不同大类；然后，将各大类的线路按架空线有无联络和电缆有无联络进一步分为不同的中类；最后，将各中类的线路按平均长度再进一步细分为各小类，每小类需收集的参数包括线路条数、用户数、分段数和负载率，以及分段开关有/无选择性、双电源率和带电作业率等。

(2)可靠性参数。

①设备(如线路和配电变压器)的故障率和平均故障修复时间。

②线路(架空或电缆)的预安排停运率和平均预安排停运持续时间。

③平均故障定位隔离时间、平均故障点上游恢复供电操作时间、平均故障停电联络开关切换时间。

④平均预安排停电隔离时间、平均预安排停电线段上游恢复供电操作时间、平均预安排停电联络开关切换时间。

3)计算分析

(1)可靠性评估模式。

单击模式工具条上"可靠性评估"按钮，界面切换到配电网可靠性评估模式，其计算分析工具条(即"可靠性工具条",如附图 13 所示)会出现在屏幕的右边,使用鼠标可显示该工具条上按钮的功能。

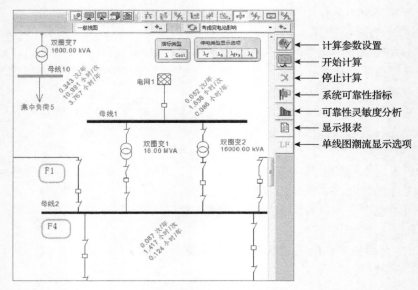

附图 13　可靠性工具条

(2)可靠性评估参数设置。

单击可靠性工具条上的"计算参数设置"按钮打开配电网可靠性评估参数设置页面,包括"一般参数"页面、"薄弱环节分析"页面、"缺电费用"页面、"约束及负荷"页面、"发电方式"页面、"潮流参数"页面、"报警"页面和"备注"页面。在"一般参数"页面设置全局计划停运和故障停电可靠性参数;在"薄弱环节分析"页面选择需要进行薄弱环节分析的目标(系统/负荷),以及影响因素为元件组块和/或单个元件;在"缺电费用"页面选择分类负荷缺电费用或单一缺电费用曲线;在"约束及负荷"页面选择是否考虑容量电压约束及其相关参数;在"发电方式"页面选择设置各发电水平数及其概率;在"潮流参数"页面选择计算方法、负载方式和计算控制参数;在"报警"页面输入可靠性指标越限、负载临界值、电压越限、发电机激磁越限和可靠性指标越限等。

(3)开始计算。

单击可靠性工具条上的"开始计算"按钮,系统开始进行可靠性评估。

(4)单线图显示结果。

若计算成功,会在主界面中显示单线图计算结果,并出现"指标类型"和"停电类型显示选项"工具条,如附图 13 所示。

可以在单线图中显示不同的可靠性评估结果。例如,单击附图 13 中的"λ"按钮可以显示母线或负荷点的基本可靠性指标,单击"Cost"按钮显示母线/负荷点的费用/价值指标，单击"λ$_f$"按钮显示永久性故障停电母线/负荷点可靠性指标，单击"λ$_s$"按钮显示计划停电母线/负荷点可靠性指标，单击"λ$_{f+s}$"按钮显示长时（包括计划停电）停电母线/负荷点可靠性指标，单击"λ$_t$"按钮显示瞬时故障停电母线/负荷点可靠性指标。

（5）查看系统/地区/线路可靠性指标。

若"系统可靠性指标"按钮处于激活状态，单击该按钮后会出现"系统可靠性指标/灵敏度分析"页面，如附图 14 所示。

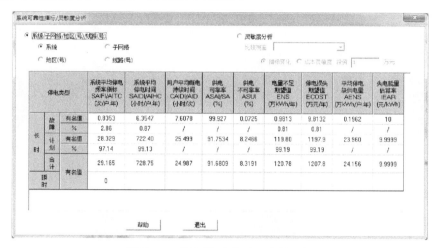

附图 14　系统/地区/线路可靠性指标

（6）系统薄弱环节分析。

若"可靠性灵敏度分析"按钮处于激活状态，单击该按钮后将显示"系统薄弱环节分析"页面，如附图 15 所示。

对于附图 15 CEES 配电网"系统薄弱环节分析"页面，用户可以选择多种不同"影响目标选择"和不同的"影响因素选择"进行灵活组合分析，可以方便、快捷、准确地在单线图上从多角度、有针对性地自动定位影响系统可靠性的薄弱环节。

"影响目标选择"包括"指标对象"（系统或负荷点）、"指标类型"（SAIDI、ENS、SAIFI、停运率、年平均停电持续时间）和"停电类型"（故障、计划或合计）。

"影响因素选择"可选择最大影响选择目标的"元件"或"元件组块"，以及各种可靠性故障或时间"参数"。其中，"参数"可选择"停电类型"（故障或计算）和"停电时间"。"停电时间"可显示故障"定位隔离"、"故障矫正"和"故障切换"，以及"计划隔离"、"计划作业"和"计划切换"六个参数的影响大小或占比。

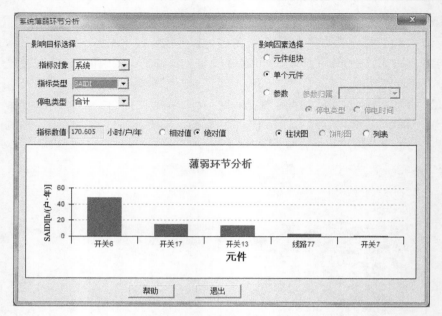

附图 15　系统薄弱环节分析页面

　　双击"列表"中的最大影响元件可在单线图上自动定位其位置,方便分析和寻找影响系统可靠性的薄弱环节。

4. CEES 线损计算分析

1)实现的功能

CEES 线损计算分析实现的功能如下:

(1)支持多种线损计算方法,包括多时段潮流计算方法、等值电阻法、等值阻抗法、线性回归法和低压网络线损评估算法。

(2)各时段潮流具有一般潮流计算的所有功能(无电压等级限制)。

(3)潮流计算方法支持多种降损措施的计算分析,包括并联无功补偿灵敏度、增加并列线路的灵敏度、增大导线截面的灵敏度、合理调整电压的计算分析、环网开环和升压改造的计算分析。

(4)支持中低压网络线损计算实用等值模型,包括等值电阻模型、等值阻抗模型和线性回归方程。

(5)支持中低压网络等值模型的实用能量损失计算方法,包括均方根电流法和形状系数法。

(6)电压线路(<1kV)考虑了其供电方式("三相四线制"、"单相两线制"或"三相三线制")。

(7)改进后的等值电阻法及其"等效容量法"支持各种时段仪表读量值的使用,

可用于计算功率方向动态改变的供电网络(如小水电上网)。

(8)单线图显示任一时段的潮流计算结果。

(9)图形显示全系统、分地区(台区)和分片区的线损电量及线损率棒图。

(10)棒图显示多种降损措施的计算效果。

(11)可自动按国家电网公司的"线损理论计算分析报告格式"生成报表。

(12)报表包括各种分类表格、分台区分压分片区统计、自动分级上报统计,自动分级上报涉及 0.4～500kV 电网,包括等值电阻法计算结果或潮流方法计算结果。

(13)支持日负荷曲线的工程数据库和图形化。

2)所需资料和数据

CEES 线损计算所需的基本资料和数据包括:

(1)电网拓扑结构(同潮流计算的电网拓扑结构)。

(2)母线数据,包括额定电压和长期允许载流量等。

(3)支路数据。支路指变压器、架空线、电缆、串联电抗、串联电容和 Π 等值阻抗,其参数涉及支路设备的类型、型号和长度等。

(4)等值电网数据。等值电网是计算区域供电电网的等效模型,其参数包括控制方式(如平衡节点、PV 节点或 PQ 节点)、额定电压和日电压曲线等。

(5)发电机数据,包括控制方式(如平衡节点、PV 节点或 PQ 节点)、额定电压、额定容量、功率因数和日电压曲线等。

(6)电动机数据,包括额定电压、输出功率、额定容量、功率因数、效率日负荷曲线等。

(7)并联电抗器数据,包括联结方式、额定电压、额定电流、电抗百分值和有功损耗等。

(8)并联电容器数据,包括联结方式、额定电压、每组容量和电容器组数等。

(9)集中负荷数据,包括负荷类型、额定电压、视在功率、功率因数和日负荷曲线等。

3)计算分析

(1)进入线损计算模式。

单击模式工具条上"线损状态"按钮,界面切换到线损计算模式,其计算分析工具条(即"线损工具条",如附图 16 所示)会出现在屏幕的右边,使用鼠标可显示该工具条上按钮的功能。

(2)线损计算参数设置。

单击线损工具条上"计算参数设置"按钮可打开线损计算参数设置的编辑器。计算参数设置包括 5 个页面,分别为"一般参数"页面、"潮流参数"页面、"潮流报警"页面、"降损措施"页面和"备注"页面。在"一般参数"页面选定线损

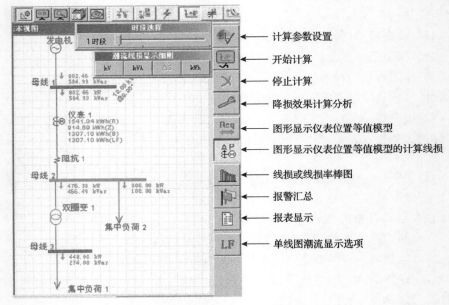

附图 16　线损工具条

计算的方法和统计输出文件;在"潮流参数"页面设置控制参数和潮流报告时段;在"潮流报警"页面设置负载临界值、电压越限值和发电机激磁越限值;在"降损措施"页面设置具有最佳效果的并联无功补偿母线个数和并联线路条数,以及线路单位长度固定造价和可变造价。

(3)开始线损计算。

单击线损工具条上"开始计算"按钮开始线损计算。若计算成功,线损工具条下面的图标激活,同时出现"线损显示细则"和"时段选择"的工具条。

(4)降损效果分析。

单击"降损效果计算分析"可打开到降损效果计算结果分析页,如附图 17 所示。图中共有七种降损措施,不同降损措施可得到其相应的降损效果。

5. CEES 配电网无功规划优化

1)实现的功能

CEES 配电网无功规划优化实现的功能如下:

(1)支持 0.4~10kV 的辐射型和环型的一般网络结构。

(2)支持规模较大、多分支、任意负荷分布、含分布式电源的实际配电网。

(3)可自动优化调节非"平衡"控制节点的分布式电源无功出力。

(4)可自动优化调节有载调压变的分接头。

(5)支持中压馈线连同配变低压母线作为一个整体进行规划。

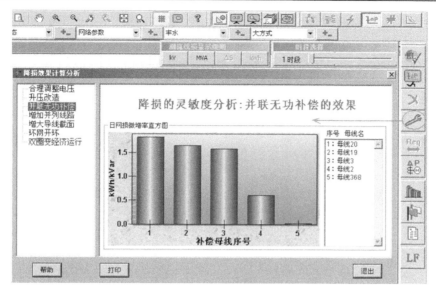

附图 17　降损效果分析示例

（6）电能损耗计算方法包括最大负荷损耗小时数法、损耗因数法和三种负载水平法。

2）所需资料数据

CEES 配电网无功优化所需的基本资料和数据包括：

（1）电网拓扑结构（同潮流计算的电网拓扑结构）。

（2）母线数据，包括额定电压和长期允许载流量等。

（3）支路数据。支路指变压器、架空线、电缆、串联电抗、串联电容和 Π 等值阻抗，其参数涉及支路设备的类型、型号和长度等。

（4）等值电网数据。等值电网是计算区域供电电网的等效模型，其参数包括控制方式（如平衡节点、PV 节点或 PQ 节点）和额定电压等。

（5）发电机数据，包括控制方式（如平衡节点、PV 节点或 PQ 节点）、额定电压和额定容量和功率因数等。

（6）电动机数据，包括额定电压、输出功率、额定容量和功率因数等。

（7）并联电抗器数据，包括联结方式、额定电压、额定电流、电抗百分值和有功损耗等。

（8）并联电容器数据，包括联结方式、额定电压、每组容量和电容器组数等。

（9）集中负荷数据，包括负荷类型、额定电压、视在功率和功率因数等。

3）计算分析

（1）进入配电网无功优化模式。

单击模式工具条上“无功优化状态”按钮，界面切换到无功计算模式，其计算分析工具条(即"无功优化工具条",如附图 18 所示)会出现在屏幕的右边,使用鼠标可显示该工具条上按钮的功能。

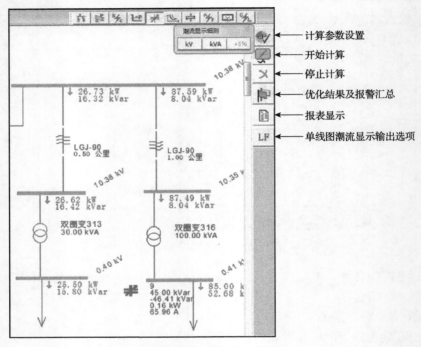

附图 18　无功优化工具条

(2)配电网无功优化参数设置。

单击"计算参数设置"按钮即可打开无功优化计算参数设置编辑器。该编辑器包括 5 个页面,分别为"一般参数"页面、"电容器及补偿母线"页面、"潮流参数"页面、"潮流报警"页面和"备注"页面。在"一般参数"页面选择无功优化计算的类型、计算方法和设定经济参数设置;在"电容器及补偿母线"页面设定补偿电容器参数,选择无功补偿母线和设定其最大补偿组数;在"潮流参数"页面设置负荷系数和控制参数;在"潮流报警"页面设置负载临界值、电压越限值和发电机激磁越限值。

(3)计算和结果输出。

单击无功优化工具条上"开始计算"按钮开始进行无功优化计算,若计算成功,可在单线图显示计算结果,如附图 18 所示。单击"优化结果及报警汇总"可显示计算结果概况、母线新增补偿结果和报警信息汇总列表。